Info-Communication Policy in the IoT Era

IoT時代の情報通信政策

福家秀紀 著
Hidenori FUKE

東京 白桃書房 神田

はしがき

　前著『ブロードバンド時代の情報通信政策』（2007年，NTT出版）を上梓してから，9年が経過した。この間の情報通信分野の変化には，目覚ましいものがある。固定ブロードバンドの主役はADSL（Asymmetric Digital Subscriber Line）からFTTx（Fiber To The x）へと交代し，その速度は1Gbpsが謳われるようになった。さらにこの数年で，スマートフォンが急速に普及し，それを支える携帯電話ネットワークはLTE（Long Term Evolution）で最大300Mbpsと進化してきている。こうした進化とともに，ブロードバンド・携帯電話ネットワークにあらゆるものがつながるIoT（Internet of Things）の時代が喧伝されている。わが国の情報通信政策は，こうした新しい展開に対応できているのであろうか。これが，筆者の最大の問題意識である。

　情報通信産業の新しい展開自体の分析が大きな課題であると同時に，それがもたらす情報通信の構造変化にも目を向ける必要がある。情報通信産業は，垂直統合からレイヤー別分離への変化が進み，今やグーグル，アップル，フェイスブックやアマゾン等の米国IT（Information Technology）企業が，物理的なネットワークを展開する通信事業者・放送事業者から主役の地位を奪いつつある。グーグルは検索エンジンを武器としたアドワーズ，アドセンス等からの広告収入に支えられてスマートフォンOS Androidをオープン化して検索市場における競争力をさらに高めている。同時に，豊富な資金力をベースとしてコンテンツ提供，CDN（Content Delivery Network），さらには物理的なネットワークの分野にまで進出してきている。アップルはと言えば，独自の端末iPad，iPhoneを武器としてApp Storeと一体となったコンテンツビジネスへと新たな形態の垂直統合を展開している。さらに，フェイスブックはSNS（Social Networking Service）を基盤として広告ビジネスを展開している。アマゾンは，オンライン書籍販売から，電気製品・お

もちゃ等のオンライン販売に拡大するとともに，音楽・映像等の定額制配信サービスを強化し，さらには，オンライン販売用のサーバーを活用して，クラウド事業に進出し，事実上世界最大のクラウド事業者になっている。

しかも，「通信の秘密」の遵守義務，個人情報保護の規制等が，わが国のIoT事業者をも含めた「通信事業者」には厳しく適用される一方で，米国IT企業には事実上適用できていない，という状況も生まれてきている。

このような中で，わが国の情報通信業界を見てみると，固定系既存通信事業者たるNTT東日本・NTT西日本（以下，「東西NTT」），NTTコミュニケーションズの経営状況は芳しくない。これに対して，携帯電話市場は，周波数割当に守られて，NTTドコモ，KDDI，ソフトバンクの3社の寡占市場となり，「暗黙の協調」による高収益を享受している。

以上のような市場構造の背景にある規制政策とその問題点，及び新しい課題を解明するのが，本書の最大の目的である。そのため，第1章では，固定電話からブロードバンド，スマートフォンへと変化してきている電気通信市場の構造変化を財務データに基づいて分析する中で，市場の主役がOTT（Over The Top）事業者，あるいはIoT事業者に移りつつあることを明らかにする。その上で，第2章ではこの10年の規制政策の推移と特徴を，ブロードバンド政策，携帯電話政策，ブロードバンドの普及に伴う通信・放送融合への対応に絞って時系列的に俯瞰する。

第3章以下では，第1章，第2章の分析から見えてきた課題を明らかにするために個別のテーマに焦点を当てて分析する。まず，第3章では，前著（福家［2007］）で論じた問題であるNTTの構造分離問題が，POTS（Plain Old Telephone Service）の終焉の時期が迫っているにもかかわらず，依然として電気通信政策を巡る論議のアジェンダになっているという問題点を，米国，EU（European Union）との対比も含め，理論的にも明らかにする。次に，第4章においては，こうした規制政策や電波の周波数割当を巡る論議が，既存事業者の既得権益から出発した主張に彩られていることへの対応策として，独立規制機関設立の必要性を論じる。これは，現在国会でも議論されている，放送分野のコンテンツ規制問題の解決策としても必要であることを示す。

第5章では，グローバル化に伴って利用が増えている国際ローミングの卸売・小売の構造を分析した上で，その料金が高止まりしている原因として，携帯電話料金全てを非規制とした規制緩和の行き過ぎを指摘し，EU で実施されているプライス・キャップや，データ通信量の通知サービス等の導入を検討すべきことを指摘する。第6章では，さらに視野を広げて，ブロードバンドと携帯電話分野における消費者保護の必要性を論じる。両者に共通する2年縛り等の長期契約が未だ抜本的には解決されていないこと，経験財的な特徴を持っているにもかかわらず，通信速度やつながりやすさに関する利用者の不満を解消する方策としてのクーリングオフ制度も不十分であることを指摘する。さらに携帯電話市場の問題として，SIM（Subscriber Identity Module）ロックの解除が不徹底であること，さらには，安倍首相の見直し指示をきっかけとして問題となった携帯電話料金対策で明らかになった規制緩和された市場における行政指導について，規制のあり方についての原則的な視点から問題提起をする。

　第7章では，米国 IT 企業のビジネス拡大の背後に隠されている，平等なインターネットにおける，ピアリング（Peering）とトランジット（Transit）という相互接続上の不平等の問題を再確認した上で，グーグル等の CDN 事業者や BIAS（Broadband Internet Access Service）事業者による市場支配力の濫用の可能性について問題提起する。この点で，わが国の規制当局の既存のネットワーク事業者への規制への偏り，米国 IT 企業に対する弱腰の姿勢への批判的な指摘につなげる。

　第8章では，通信自由化の前段階となった回線開放の歴史を振り返った上で，電気通信事業法上の「通信の秘密遵守義務」の適用が，グーグル等の米国 IT 企業に対して甘くなる一方で，わが国 IT 企業に対しては，厳密に適用されているという非対称性が深刻な問題であることを明らかにする。特に，IoT の普及は，「通信の秘密」と密接に関連する。IoT は文字通り，あらゆるヒト・モノがインターネットに接続されるということであり，そこには，必ず「通信」が伴う。わが国の企業には，「通信の秘密」の遵守義務が厳密に適用され，米国 IT 企業には実質的に適用できないという現状は，国際競争力の上でも，大きな問題であることに注意を喚起する。

第9章では，近年急速に拡大しているビッグデータの利用における個人情報保護のあり方を議論の俎上に載せる。IoT もビッグデータの利活用という文脈で理解する必要があるが，米国型のビジネス優先と，EU 型の消費者優先とのトレードオフが存在する。いずれにおいても，グローバルな競争力の確保という視点が，隠されているのは疑問のないところであり，わが国においても，消費者の保護と国際競争力の確保という視点のバランスをとることが重要であることを強調する。

　最後に第10章では，ブロードバンド，スマートフォンの普及と IoT の展開に伴って，プラットフォームの重要性が高まっているが，NTT の NGN（Next Generation Network）を例にとり，Two-Sided Markets 理論に依拠してプラットフォームに対する新しい規制のあり方について，その必要性を含め検討を加える。

　以上，この10年の情報通信市場の構造変化の特徴を明らかにした上で，規制政策上の課題を俯瞰する。現在，急速に変化しつつある情報通信市場であり，本書執筆の時点でも現在進行形の規制政策を取り扱うという困難性もある。本書をきっかけとして研究者ばかりでなく，事業者，利用者，規制当局の間での交流を通じて議論がさらに活発化することを期待したい。

2016年9月
著　者

目　次

はしがき
初出一覧

第1章　電気通信市場の変化：固定電話からブロードバンド，スマートフォンへ　1

1　問題の所在　1
2　日本の通信産業の現状　2
3　通信産業の構造変化　6
 3.1　IP化の進展　6
 3.2　携帯電話の成長　9
 3.3　通信事業者の収入構造の変化　11
 3.4　通信事業者の3グループへの再編成　12
4　米国IT企業の影響力の拡大　15
 4.1　高い収益性　15
 4.2　グーグル　18
 4.3　アマゾン　20
 4.4　アップル　21
 4.5　フェイスブック　22
5　本章のまとめ　23

第2章　電気通信分野の規制政策の推移と特徴　25

1　問題の所在　25
2　ブロードバンド市場の規制政策　26
 2.1　通信・放送分野の改革に関する工程プログラム　26

- 2.2 新競争促進プログラム2010　27
- 2.3 グローバル時代におけるICT政策に関するタスクフォース　30
- 2.4 「ブロードバンド普及促進のための環境整備の在り方」についての情報通信審議会答申　32
- 2.5 FTTxの「サービス卸」　33
3. 携帯電話市場の規制政策　36
    - 3.1 新競争促進プログラム2010（2007年，2009年改定）　36
    - 3.2 第二種指定電気通信設備制度　37
    - 3.3 周波数割割当　39
    - 3.4 MVNOとの競争促進　44
4. 通信・放送融合法制の検討　48
    - 4.1 挫折した情報通信法　48
    - 4.2 放送関連法の一元化　52
5. 本章のまとめ　53

第3章　取引費用から見たブロードバンド市場の構造分離政策　55

1. 問題の所在　55
2. 電気通信分野における構造分離政策の意義　56
    - 2.1 垂直統合と競争政策　56
    - 2.2 電気通信と垂直統合　58
    - 2.3 電気通信分野における構造分離の事例　60
    - 2.4 ブロードバンド化の進展に伴って多様な展開を見せる構造分離政策　61
3. 日本のブロードバンド市場　63
4. 米国のブロードバンド市場　66
5. EUのブロードバンド市場　69
    - 5.1 EUのブロードバンド市場　69
    - 5.2 英国の「機能分離」と構造分離政策の評価　70
6. ブロードバンド市場における構造分離　72
    - 6.1 ブロードバンド市場と構造分離　72

6.2　POTSとブロードバンド市場の相違　73
  6.3　ブロードバンド市場の構造分離と取引費用　75
7　本章のまとめ　79

第4章　規制の透明性の確保：第三者機関化の必要性　81

1　問題の所在　81
2　放送・通信産業と規制　82
3　FCCとは何か　83
  3.1　OECD諸国における放送・通信分野の独立規制機関　83
  3.2　FCCの機能　84
  3.3　FCCの組織　87
  3.4　FCCの実際の役割　87
4　WTOと独立規制機関　88
5　OECDにおける独立規制機関化の動き　90
6　英国の規制機関：Ofcom　90
7　「日本版FCC構想」の問題点　92
8　通信・放送分野の独立規制機関のあり方　96
9　本章のまとめ　98

第5章　国際ローミングの現状と課題　99

1　問題の所在　99
2　基本的な問題点　100
3　国際ローミングの基本的な仕組み　103
  3.1　音声通話の場合　103
  3.2　データ通信の場合　105
  3.3　SMSの場合　106
4　国際ローミング料金は何故高額になるのか　106
  4.1　国際通信と比べても高額な国際ローミング料金　106
  4.2　国際ローミングのサービス構造　108

  4.3 需要者サイドの特徴 109
  4.4 供給者サイドの特徴 110
 5 EUにおける国際ローミング料金規制の動き 112
  5.1 2003年・2006年の規制の枠組み 112
  5.2 2007年の国際ローミング規制 113
  5.3 2007年規制の見直し 114
  5.4 2012年の構造規制の導入 116
  5.5 国際ローミング料金の廃止 117
  5.6 EUのアプローチの限界と他国への含意 119
 6 国際ローミング市場の変化と規制の必要性 120
  6.1 国際ローミング市場の変化 120
  6.2 急がれる国際ローミング問題への取り組み 122
  6.3 小売料金規制 122
  6.4 わが国における卸売料金規制 123
  6.5 構造的措置 125
  6.6 透明性の確保 126
 7 本章のまとめ 127

第6章　電気通信と消費者保護　129

 1 問題の所在 129
 2 ブロードバンドとスマートフォンの普及 130
 3 ブロードバンド 131
  3.1 最低契約期間（長期契約） 131
  3.2 ベストエフォート型の伝送速度 133
 4 携帯電話 134
  4.1 複雑な契約内容 134
  4.2 SIMロックによるロックイン 136
  4.3 経験財的なサービス 136
 5 総務省の対応 137
  5.1 事業法の2003年改正 137
  5.2 利用者視点を踏まえたICTサービスに係る諸問題に関する研究会 138

5.3　ICT サービス安心・安全研究会　138
5.4　事業法の2015年改正　140
5.5　事業者による自主的な取り組みの限界　142
5.6　安倍首相による携帯電話料金引き下げの要請　143
5.7　スマートフォン適正化の現状　147

6　本章のまとめ　151

第7章　インターネットの変貌と相互接続問題　153

1　問題の所在　153
2　インターネットの相互接続　154
3　インターネット環境の変化　157
4　FCC とインターネット相互接続　162
　4.1　ネットワーク中立性の議論　163
　4.2　新オープンインターネット規則の規制内容　163
　4.3　BIAS を情報サービスから電気通信サービスに再定義　164
　4.4　新オープンインターネット規則と ISP の相互接続　166
　4.5　ISP 間の相互接続規制に関する評価　168
5　本章のまとめ　170

第8章　回線開放の歴史的意義と通信の秘密　171

1　問題の所在　171
2　第一次回線開放　172
　2.1　第一次回線開放の経緯　172
　2.2　第一次回線開放の概要　174
3　第二次回線開放　177
　3.1　第二次回線開放の経緯　177
　3.2　第二次回線開放の概要　178
　3.3　回線開放の意義と限界　182
4　NTT の民営化・競争導入と回線利用の自由化　185
　4.1　競争導入の枠組み　185

  4.2　回線利用の完全自由化と一種・二種の区分の廃止　188
5　ビッグデータと通信の秘密　189
  5.1　ビッグデータ問題の表面化　189
  5.2　電気通信事業の定義の経路依存性と通信の秘密　190
6　本章のまとめ　192

第9章　ビッグデータ問題と個人情報保護　193

1　問題の所在　193
2　ビッグデータと米国IT企業　195
  2.1　グーグル　195
  2.2　アップル　197
  2.3　アマゾン　197
  2.4　フェイスブック　198
3　ビッグデータと個人情報・プライバシー　198
4　個人情報・プライバシー問題に対する各国の取り組み　200
5　わが国におけるデータ活用ルール化の動き　203
6　ビッグデータ問題にどう取り組むか　205
7　本章のまとめ　207

第10章　プラットフォーム機能とTwo-Sided Markets理論　209

1　問題の所在　209
2　NGNとプラットフォーム機能　210
3　Two-Sided Marketsとは　212
4　Two-Sided Marketsにおける外部性　216
5　Two-Sided Marketsと価格設定　217
  5.1　加入料と使用料　217
  5.2　価格の水準と配分　221

6　Two-Sided Markets 理論から見た NGN　223
　　6.1　NGN とは　223
　　6.2　NGN と料金設定　224
　　6.3　NGN と規制　229
　7　本章のまとめ　230

参考文献
あとがき
事項索引
人名索引

初出一覧

　本書の執筆に当たって加筆・修正の上，利用した既発表論文等は，以下の通りである。

1．「インターネットの変貌と相互接続問題」，『JOURNAL OF GLOBAL MEDIA STUDIES』，Vol.17・18，2016年，駒澤大学グローバル・メディア・スタディーズ学部
2．「回線開放の歴史的意義」，『JOURNAL OF GLOBAL MEDIA STUDIES』，Vol.13，2014年，駒澤大学グローバル・メディア・スタディーズ学部
3．「NGN のプラットフォーム機能と Two-Sided Markets 理論」，『JOURNAL OF GLOBAL MEDIA STUDIES』，Vol.2，2008年，駒澤大学グローバル・メディア・スタディーズ学部

第1章

電気通信市場の変化：
固定電話からブロードバンド，スマートフォンへ

1 問題の所在

　ブロードバンドインターネットとスマートフォンの普及で伝統的な通信事業者の経営が悪化してきている。特に，OTT（Over The Top）と言われる，インターネットを利用し，インターネットを通じて，音声，電子メール，音楽・動画コンテンツ等を提供する事業者の登場は，伝統的な通信事業者の収入源を侵食している。Skype，LINE等のアプリを利用した音声サービスは，IP電話と携帯電話の普及で音声収入を奪われてきた固定通信事業者の音声サービスばかりではなく，携帯電話自体の音声収入をも奪っている。さらに，アップル，グーグル，アマゾン等による音楽・動画配信サービスはわが国の携帯電話事業者が世界に先駆けて開発したi-mode等の携帯インターネットアクセスサービスのビジネスモデルを破壊し，携帯電話事業者を土管（Dum Pipe）化の瀬戸際に追い込んでいる。

　これらの新しい潮流は，消費者にとっては，これまで利用できなかったようなサービスを安価に利用できるという意味で，歓迎すべき側面がある。他方で，こうした新しい分野を主導しているのは，グーグル，アップル，アマゾン，及びフェイスブックをはじめとする米国の巨大IT企業であり，わが国通信産業の競争力の喪失という新しい課題も認識する必要がある。

　本章では，こうしたインターネットを利用した新しいサービスとそれらが通信産業に与える影響を分析し，今後の課題を提示する。

2
日本の通信産業の現状

　まず，通信産業の規模を見てみよう（図表1-1）。総務省によれば，2013年の通信業の実質国内生産額は，18兆5660億円で，情報通信産業に占める比率は18.9％，全産業に占める比率は2.0％である。通信産業の2005年と比較した場合の伸び率は13.5％と大きく伸びているように見えるが，2008年以降は，多少の増減はあるもののほぼ横ばいと言ってよい。通信業の情報通信産業，全産業に占める比率も，それぞれ，19.0％，2.0％前後であり，実質生産額で見ると，成長産業とは言い難い状況である。
　次に，主要通信事業者の経営状況の推移を見てみよう（図表1-2）。NTTの連結ベースの営業収益を2005年度と2014年度とで比較してみると，わずか3.3％の伸びにとどまっており，営業利益は，8.9％のマイナスとなっている。これは，NTTの連結決算に占めるNTTドコモの営業収益，営業利益の比率は2006年以降低下しているものの，2014年においても，それぞれ

図表1-1　通信産業の規模の推移（実質国内生産額）　　　　　（10億円）2005年価格

(年)	2005	2006	2007	2008	2009	2010	2011	2012	2013	対2005年変化率(%)
通信業	16,358	17,576	18,507	18,355	18,521	18,738	18,925	18,107	18,566	13.5
放送業	3,678	3,679	3,745	3,658	3,704	3,564	3,197	3,109	3,547	-3.6
情報サービス業	17,403	17,955	18,354	18,765	18,312	17,890	17,531	17,716	17,959	3.2
インターネット付随サービス業	1,216	1,406	1,905	2,403	2,325	3,071	4,051	4,112	4,932	305.6
映像・音声・文字情報制作業	7,201	7,190	7,186	7,113	6,937	6,818	6,658	6,641	6,472	-10.1
情報通信関連製造業	13,235	14,075	15,702	15,857	13,856	16,440	13,869	13,122	12,071	-8.8
情報通信関連サービス業	19,974	20,088	20,555	19,617	18,068	18,496	18,702	19,605	19,512	-2.3
情報通信関連建設業	312	248	398	380	312	288	274	329	306	-1.9
研究	13,153	13,833	14,636	14,761	13,738	13,526	13,988	14,117	14,691	11.7
情報通信産業合計	92,532	96,048	100,990	110,908	95,772	98,830	97,195	96,857	98,056	6.0
全産業	961,620	971,881	980,133	963,193	884,439	912,113	906,601	915,952	922,327	-4.1
通信業の対前年比伸び率(%)	—	7.4	5.3	-0.8	0.9	1.2	1.0	-4.3	2.5	—
情報通信産業の対前年比伸び率(%)	—	3.8	5.1	9.8	-13.6	3.2	-1.7	-0.3	1.2	—
情報通信産業に占める通信業の比率(%)	17.7	18.3	18.3	16.5	19.3	19.0	19.5	18.7	18.9	—
全産業に占める通信業の比率(%)	1.7	1.8	1.9	1.9	2.1	2.1	2.1	2.0	2.0	—

出所：総務省［2015］，『ICTの経済分析に関する調査報告書』を基に作成

chapter 01
電気通信市場の変化

図表1-2 主要通信事業者の経営状況の推移

(単位：百万円)

	(年度)	2005	2006	2007	2008	2009	2010	2011	2012	2013	2014	対2005年比伸び率(%)
NTT	営業収益	10,741,136	10,760,550	10,680,891	10,416,305	10,181,376	10,305,003	10,507,362	10,700,740	10,925,174	11,095,317	3.3
	営業利益	1,190,700	1,107,015	1,304,609	1,109,752	1,117,693	1,214,909	1,222,966	1,201,968	1,213,653	1,084,566	△8.9
	純利益	498,685	476,907	635,156	538,679	492,266	509,629	467,701	521,932	585,473	518,066	3.9
	売上高営業利益率(%)	11.1	10.3	12.2	10.7	11.0	11.8	11.6	11.2	11.1	9.8	△11.8
NTTドコモ	営業収益	4,765,872	4,788,093	4,711,817	4,447,980	4,284,404	4,224,273	4,240,003	4,470,122	4,461,203	4,383,397	△8.0
	営業利益	832,639	773,524	808,312	830,959	834,245	844,729	874,460	837,180	819,199	639,071	△23.2
	純利益	610,481	457,278	491,202	471,873	494,781	490,485	463,912	495,633	464,729	410,093	△32.8
	売上高営業利益率(%)	17.5	16.2	17.2	18.7	19.5	20.0	20.6	18.7	18.4	14.6	△16.6
KDDI	営業収益	3,060,814	3,335,259	3,596,284	3,497,509	3,442,146	3,434,545	3,572,098	3,662,288	4,333,628	4,573,142	49.4
	営業利益	296,596	344,700	400,451	443,207	443,862	471,911	477,647	512,699	663,245	741,298	149.9
	純利益	190,569	186,747	217,786	222,736	212,764	255,122	238,604	241,469	322,038	427,931	124.6
	売上高営業利益率(%)	9.7	10.3	11.1	12.7	12.9	13.7	13.4	14.0	15.3	16.2	67.3
ソフトバンク	営業収益	1,108,665	2,544,219	2,776,168	2,673,035	2,760,406	3,004,640	3,202,435	3,378,365	6,666,651	8,670,221	682.0
	営業利益	62,299	271,065	324,287	359,121	465,871	629,163	675,283	745,000	1,085,362	982,703	1477.4
	純利益	57,550	28,815	108,624	43,172	96,716	189,712	313,752	289,403	586,149	1,128,262	1860.5
	売上高営業利益率(%)	5.6	10.7	11.7	13.4	16.9	20.9	21.1	22.1	16.3	11.3	101.7

注1：KDDIは、2006年1月にパワードコムを買収、2007年1月に東京電力の光通信事業を統合、2013年7月にJ:COMを買収している。
2：ソフトバンクは、2006年4月にボーダフォンを、2013年7月にスプリントを買収している。
出所：各社決算短信を基に作成

図表1-3 NTT（連結）に占めるNTTドコモの比率

(単位：百万円)

	(年度)	2005	2006	2007	2008	2009	2010	2011	2012	2013	2014	2014年度と2005年度の比較(%)
営業収益	NTT(連結)	10,741,136	10,760,550	10,680,891	10,416,305	10,181,376	10,305,003	10,507,362	10,700,740	10,925,174	11,095,317	3.3
	NTTドコモ	4,765,872	4,788,093	4,711,817	4,447,980	4,284,404	4,224,273	4,240,003	4,470,122	4,461,203	4,383,397	△8.0
	比率(%)	44.4	44.5	44.1	42.7	42.1	41.0	40.4	41.8	40.8	39.5	△11.0
営業利益	NTT(連結)	1,190,700	1,107,015	1,304,609	1,109,752	1,117,693	1,214,909	1,222,966	1,201,968	1,213,653	1,084,566	△8.9
	NTTドコモ	832,639	773,524	808,312	830,959	834,245	844,729	874,460	837,180	819,199	639,071	△23.2
	比率(%)	69.9	69.9	62.0	74.9	74.6	69.5	71.5	69.7	67.5	58.9	△15.7

出所：各社決算短信を基に作成

39.5％，58.9％となっており（図表1-3），このNTTドコモの営業収益が，8.0％減少し，営業利益が23.2％と大幅に減少していることが影響していると考えられる。

　NTTドコモの収益性の悪化は，スマートフォン，特にiPhone戦略の失敗が大きく影響している。iPhoneは，ソフトバンクが2008年7月に販売開始，KDDIが2011年10月に販売を開始したのに対し，NTTドコモがようやく取り扱いを開始したのは，2013年9月のことである。このため，近年のNTTドコモの純増数シェアは2007年度の12.8％をはじめとしてKDDI・ソフトバンク両社の後塵を拝している[1]。その結果，NTTドコモの携帯電話契約数シェアが急激に低下し（図表1-4，図表1-5），後述するように，ARPU（Average Revenue Per Unit：1契約当たり平均月額収入）の低下も著しい。NTTドコモの契約数シェアは，2005年度には55.7％と50％を大きく超えていたが，2014年度には，45.0％と10.7ポイントも低下している。

図表1-4　携帯電話契約数シェアの推移　　　　　　　　　　　　　　（単位：％）

（年度）	2005	2006	2007	2008	2009	2010	2011	2012	2013	2014	2014年度と2005年度の比較
NTTドコモ	55.7	54.4	52.0	50.8	50.0	48.5	48.4	46.7	45.2	45.0	△10.7
KDDI	27.7	29.1	29.5	28.7	28.4	27.6	28.3	28.6	29.0	29.4	1.7
ソフトバンク	16.6	16.4	18.1	19.2	19.5	21.3	23.3	24.7	25.7	25.5	9.0
イー・モバイル	―	―	0.4	1.3	2.1	2.6	―	―	―	―	―

出所：電気通信事業者協会の資料を基に作成

図表1-5　携帯電話純増数シェアの推移　　　　　　　　　　　　　　（単位：％）

（年度）	2005	2006	2007	2008	2009	2010	2011	2012	2013	2014	2014年度と2005年度の比較
NTTドコモ	48.4	30.0	12.8	25.5	31.5	26.2	27.3	18.7	20.0	42.1	△6.2
KDDI	48.1	55.8	35.8	10.6	21.9	15.3	27.2	34.5	35.9	35.7	△12.4
ソフトバンク	3.5	14.2	44.6	43.0	26.5	48.0	45.6	46.8	44.0	22.2	18.7
イー・モバイル	―	―	6.9	21.0	20.0	10.4	―	―	―	―	―

出所：電気通信事業者協会の資料を基に作成

1）NTTドコモの2014年度の純増数シェアは，回復を見せているが，これは，MVNO（Mobile Virtual Network Operator）の拡大等の特殊要因も影響していると考えられる。

これに対して，携帯電話事業の占める比率がNTTよりもはるかに大きいKDDIは営業収益が49.4％と大幅に増加し，ソフトバンクに至っては，682.0％もの増収である。営業利益も，KDDIが149.9％増加し，ソフトバンクも1477.4％と極めて大幅な増益となっている。

　2006年10月の携帯電話の番号ポータビリティ（MNP：Mobile Number Portability）[2]の導入をきっかけとして，携帯電話端末販売奨励金の見直しと通信料金の低廉化・サービスの多様化が進んだ。携帯電話市場においては，携帯電話事業者が販売代理店に対して，多額の販売奨励金を支払い，販売代理店はこれを原資として，携帯電話端末を「ゼロ円」，又は極めて低廉な価格で販売してきた。この仕組みは，消費者の初期費用を抑えることによって，携帯電話契約者の増加に寄与したことは否定できない。しかし同時に，そこには消費者間の負担の不公平という重大な問題が存在していた。携帯電話事業者が，販売奨励金の支出に伴うコストを通信料金に上乗せしてきたからである。短期間のうちに頻繁に携帯電話機を買い替える消費者にとっては，魅力的な仕組みであるが，同じ電話機を長期にわたって使い続ける消費者は，継続して高い通信料金を払い続けなければならないのであるから，前者に比べて明らかに不利な状況に置かれていた。

　そこで，総務省は，2007年9月に公表したモバイルビジネス活性化プラン（総務省［2007e］）[3]の中で，「モバイルビジネスにおける販売モデルの見直し」を打ち出し，
① 新料金プラン「通信料金と端末価格の分離プラン」[4]を2008年度を目途に部分導入（遅くとも2010年時点で全面的導入を検討）
② 販売奨励金に係る会計整理の明確化（2007年度中を目途に電気通信事業会計規則を改正）
を提唱した。

　これを受けて，ソフトバンクが先陣をきって端末販売価格を見直し，その

2）携帯電話事業者を変更しても，もともと使っていた携帯電話番号を継続して使える仕組み。携帯電話市場における事業者間の競争を促進する効果があるとされる。
3）詳しくは，第2章で取り上げる。
4）第6章で分析するように，通信料金と端末価格のアンバンドリングは未だに実現していない。

分，割安な通信料金を設定した。同時に，消費者の負担感を軽減するために，端末機に割賦販売の仕組みを導入した。KDDI は「学割」等の割安な料金プランを提示するとともに，音楽のダウンロード等のサービスを充実させた。これに対して NTT ドコモは料金競争[5]でもサービス競争でも立ち遅れた。その結果，図表 1-4 に示すように NTT ドコモのシェアは低下することとなった。

さらに，KDDI，ソフトバンクの両社とも iPhone 販売で NTT ドコモに先行したことに加えて，前者はパワードコムやケーブル TV 最大手の J:COM の買収，後者は，ボーダフォンや，米国のスプリントの買収等，積極的な M&A を展開してきたことが成長につながっていると考えられる。

但し，一旦消滅するかに見えた端末販売奨励金も，iPhone をはじめとするスマートフォンの販売競争の激化とともに復活した。高額な端末が実質「ゼロ円」で販売され，SIM ロック，利用者との契約の「2 年縛り」の一般化等の問題が表面化してきた[6]。この問題については，消費者保護の視点から第 6 章で詳細に検討する。

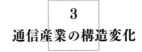

3
通信産業の構造変化

3.1 IP 化の進展

それでは，主要通信事業者の中で，なぜ NTT のみが取り残されたのであろうか。その原因は，通信産業の構造変化に求めることができる。その第一はインターネットの普及，特にブロードバンドの急速な普及である。総務省の資料によれば，2014年末のインターネット利用者数は，1 億人を超え，人

---

5) 料金プランがあまりにも複雑化しすぎて，消費者にとって，何が有利か分からなくなってきているのは，消費者保護の面で問題がある。
6) ソフトバンクによる2008年の iPhone 取り扱い開始以後，MNP を利用して，他の事業者から転入してきた契約者向けに端末が「実質ゼロ円」で提供されてきたが，2013年に NTT ドコモも iPhone の取り扱いを開始し，KDDI を含めた 3 社が iPhone を取り扱うようになると，MNP を伴わない「機種変更」にも「実質ゼロ円」が適用されるようになった。

図表1-6　インターネットの普及

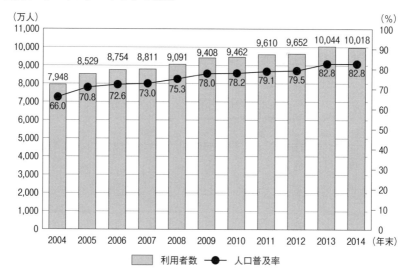

出所：総務省［2014］,『平成26年版情報通信白書』ぎょうせい

図表1-7　ブロードバンド化の進展

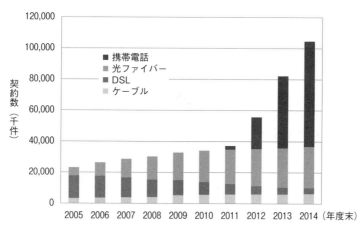

出所：総務省［2015］,『電気通信サービスの契約数およびシェアに関する四半期データの公表（平成26年度第4四半期）』

口普及率は80％を超えている（図表1-6）。中でも，ブロードバンドへの移行が急速に進んでいる。特に，ケーブルモデムとADSL（Asymmetric Digital Subscriber Line）が中心の米国や，依然としてADSLが中心のEUと比べて，FTTx（Fiber To The x）の普及が進んでいることがわが国の特徴である（図表1-7，1-8）。さらに，近年では携帯電話を利用したブロードバンドアクセス（LTE：Long Term Evolution）の成長も著しい（図表1-7）。

ブロードバンドの普及とともに，固定電話の契約数が年々減少する一方，IP電話は急速に普及している（図表1-9）。NTTの固定電話の契約数が2014年度末には2411万と2005年度に比べ，55.6％減少する一方で，「０AB

図表1-8　技術別ブロードバンドの国際比較　　　　　（％）

	FTTx	ADSL	ケーブルモデム	その他	備　　考
日本	72.6	9.6	17.6	0.2	2015年6月末
米国	8.1	32.1	56.2	3.6	2013年12月末
EU	8.1	67.8	22.6	1.5	2014年12月末

出所：総務省，FCC，OECD資料を基に作成

図表1-9　固定電話等契約数の推移

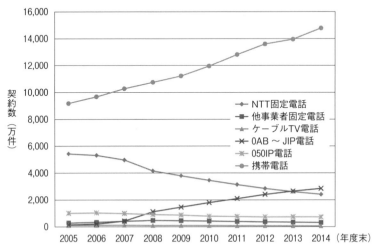

出所：総務省［2015］，『電気通信サービスの契約数およびシェアに関する四半期データの公表』（平成26年度第4四半期）

~J」と「050」を合わせたIP電話は2012年度にはNTTの固定電話を上回り，2014年度には3564万と2005年度に比べて211.3％増と3倍以上に増加している。近年では，FTTxにおいては，1Gbpsも珍しくなくなり，64Kbpsもあれば十分な音声通話はブロードバンドのおまけのようなサービスと化しているのである。さらに，近年では，SkypeやLINEのようにOTT事業者がインターネット上のアプリとして音声通話サービスを提供していることから，固定電話の実質的な利用はさらに減少していると考えられる。

3.2　携帯電話の成長

固定電話の契約数が減少する一方で，携帯電話の契約数は増加を続けている（図表1-9）。2014年度の契約数は1億4784万となり，2005年度に比べて61.6％の増加となっている。このうち，スマートフォンの増加は著しく，2014年度末においては，携帯電話全体の54.1％と半数を超えている（図表1-10）。このスマートフォンの増加とともに，LTEの契約数も急増し，2014年度末で携帯電話契約数の45.8％を占めるまでに至っている（図表1-11）。

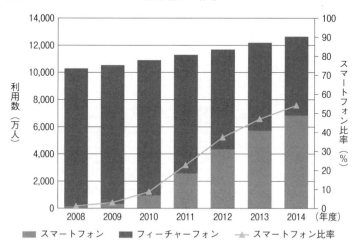

図表1-10　スマートフォン利用者数の推移

出所：MM総研（http://www.m2ri.jp/newsreleases/main.php?id=010120150611500），総務省［2014］，『情報通信白書26年版』を基に作成

図表1-11　LTEの契約数

（年度末）	2011	2012	2013	2014
契約数（万件）	230	2,037	4,641	6,778
携帯電話契約数（万件）	12,820	13,602	13,955	14,784
LTE比率（％）	1.8	15.0	33.3	45.8

出所：総務省［2016］,『電気通信サービスの契約数およびシェアに関する四半期データの公表（平成26年度第4四半期）』

図表1-12　携帯電話事業者ARPUの推移　　　　　　　　　　　　（単位：円）

	（年度）	2005	2006	2007	2008	2009	2010	2011	2012	2013	2014	対2005年度比伸び率(%)
NTTドコモ	音声	5,030	4,690	4,160	3,330	2,900	2,530	2,200	1,730	1,410	1,180	△326.3
	データ	1,880	2,160	2,260	2,380	2,450	2,540	2,590	2,690	2700	2,600	27.7
	計	6,910	6,700	6,360	5,710	5,350	5,070	4,790	4,420	4,110	3780	△82.8
KDDI	音声	5,150	4,590	4,130	3,590	3,150	2,620	2,020	1,980	1,920	1,820	—
	データ	1,890	2,020	2,130	2,210	2,260	2,320	2,490	2,850	3,220	3,450	—
	計	7,040	6,610	6,260	5,800	5,410	4,940	4,510	4,180	4,150	4,230	△66.4
ソフトバンク	音声	4,099	4,153	3,170	2,320	2,050	1,890	1,640	1,400	1,520	—	—
	データ	1,791	1,360	1,493	1,740	2,020	2,310	2,510	2,590	2,930	—	—
	計	5,890	5,513	4,663	4,070	4,070	4,210	4,150	3,990	4,450	4,230	△39.2

注：KDDI,ソフトバンクはM&Aの影響もあり，また対象となる収入，データ専用端末の扱い等契約数も異なるため厳密な比較は困難である。
　　KDDIは2012年以降音声，データの料金割引前の数字を表示。
出所：各社決算短信に基づいて作成

図表1-13　固定通信収入の推移

		（年度）	2005	2006	2007	2008	2009
NTT	地域通信	売上高	4,467,262	4,307,989	4,209,729	4,064,772	3,964,343
		営業利益	172,862	115,939	285,631	70,454	82,105
	長距離・国際通信	売上高	1,200,097	1,289,833	1,322,810	1,315,496	1,259,642
		営業利益	62,367	59,719	105,815	96,861	98,230
KDDI	固定通信	売上高	680,622	714,350	718,645	848,712	839,626
		営業利益	△61,308	△49,036	△64,667	△56,559	△44,030
ソフトバンク	固定通信	売上高	166,878	354,233	374,129	363,632	348,692
		営業利益	△36,065	△25,158	△2,965	18,968	22,990
	ブロードバンドインフラ	売上高	205,306	268,451	258,824	235,199	203,428
		営業利益	△53,747	20,672	26,809	47,253	48,779

注：KDDI,ソフトバンクの両社はM&Aの影響があるため、経年比較は困難である。
　　KDDIは2012年度から、セグメントの計上方法を変更したため、データが利用できない。
　　ソフトバンクの固定通信は2013年1月から子会社化したイーアクセスの固定部門売上を
　　ソフトバンクのブロードバンドインフラは2013年度からセグメント区分にない。
出所：各社決算短信のセグメント別情報を基に作成

これは，携帯電話回線が事実上ブロードバンドのアクセス回線として利用されるようになったことを示している。

スマートフォン，LTE の増加は，OTT 事業者と言われる事業者の増加を促している。特に，Skype や LINE 等はインターネット上のアプリとして音声通話サービスを提供していることから，携帯電話事業者自身の音声通話収入が減少するという現象も生じている。図表1-12に示した主要携帯電話事業者3社の ARPU を見ると，音声収入は，2005年度以降の比較が可能なNTT ドコモの326.3％減をはじめとして，KDDI・ソフトバンクの両社も大幅に低下していることが分かる。各社とも，音声 ARPU の低下をデータ収入で補おうとしているが，NTT ドコモのデータ収入は，2014年度では，27.7％の増加にとどまっており，音声収入の減少分をカバーするには至っていないことが分かる。

3.3 通信事業者の収入構造の変化

ブロードバンド化と携帯電話の普及は，通信事業者の収入構造に，大きな影響を及ぼしている。図表1-13は主要通信事業者の固定通信収入の推移を示したものである。KDDI，ソフトバンク両社は M&A の影響があるため，

（単位：百万円）

2010	2011	2012	2013	2014	対2005年度比伸び率(%)
4,027,208	3,764,771	3,659,820	3,572,310	3,505,519	△21.5
127,252	86,906	92,965	127,240	168,860	△2.3
1,332,652	1,678,656	1,657,947	1,809,902	1,998,641	66.5
97,089	116,669	121,293	127,476	113,567	82.1
897,251	915,536	—	—	—	
23,989	53,431	—	—	—	
356,561	367,645	531,028	548,090	541,056	
38,006	57,950	114,232	108,612	100,263	—
190,055	171,904	163,427	—	—	
43,154	34,327	34,734	—	—	

計上している。

経年別の分析は困難であるので，NTTについて見てみると，2014年度の地域通信（県内通信）収入は2005年度と比べて21.5％減少し，営業利益も2.3％と若干ではあるが，減少している。一方，2014年度の長距離通信（県間通信）・国際通信収入は，対2005年度比で66.5％増加し，営業利益も，82.1％増加しているが，地域通信，長距離・国際通信を合わせた固定通信全体の収益規模は，大幅に縮小している。

　通信事業者の収入構造の変化をさらに見るために，経年データの比較可能なNTTグループの営業収益の内訳を図表1-14-1に示す。2014年の音声収入は，固定・移動ともに2005年と比較すると大幅に減少し，2014年度の固定音声収入の営業収益全体に占める比率は，13.0％，移動音声収入の比率は7.9％にとどまっている（図表1-14-2）。その一方で，IP系・パケット通信，システムインテグレーション等が順調に成長し，2014年度には両者の営業収益全体に占める比率は，それぞれ，33.1％と24.3％，合わせて57.4％と，今やNTTグループは，「電信電話」会社とは言えなくなってきている。社会全体のICT（Information and Communication Technology）化の動きを反映していると言ってよいであろう。こうした収益構造の変化の結果，NTTグループ全体としては，2014年度の営業収益が2005年度比で3.2％と微増にとどまっている。

3.4　通信事業者の3グループへの再編成

　1985年の電電公社の民営化・NTTの発足と競争導入[7]以降，当初は長距離通信分野を中心として，さらには，携帯電話への新規参入が相次いだが，現在では，NTT，KDDI，ソフトバンクの3グループに集約された（図表1-15）。

　ここでは，2点問題を指摘しておく。第一は，イー・モバイルが2007年6月に携帯電話事業に参入して，携帯電話が4社体制になったものの，ソフトバンクが2012年10月に経営統合し，2013年2月に買収したため，再び3社体制になってしまったことである。ソフトバンクによる，イー・モバイルの買

7）詳しくは，福家［2000］［2007］を参照。

chapter 01
電気通信市場の変化

図表 1-14-1 NTTグループ営業収益の内訳

(単位：百万円)

(年度)	2003	2004	2005	2006	2007	2008	2009	2010	2011	2012	2013	2014	対2005年度比伸び率(%)
固定音声	3,882,166	3,578,092	3,382,720	3,113,549	2,831,138	2,581,048	2,355,597	2,180,778	1,949,557	1,712,877	1,578,941	1,441,383	△134.7
移動音声	3,393,947	3,216,107	3,125,780	3,021,263	2,739,832	2,283,890	2,150,734	2,021,579	1,870,064	1,257,490	1,052,622	872,062	△258.4
IP系・パケット通信	1,639,591	1,772,737	1,953,251	2,247,948	2,567,440	2,897,976	3,113,411	3,341,112	3,602,541	3,712,766	3,711,866	3,672,157	46.8
通信機器販売	713,352	688,083	592,220	583,349	653,449	709,590	598,318	565,874	580,900	844,883	969,664	996,996	40.6
システムインテグレーション	863,008	910,273	976,582	1,092,738	1,156,997	1,211,681	1,242,729	1,382,195	1,776,941	2,009,953	2,275,034	2,691,766	63.7
その他	1,053,012	640,576	710,580	701,703	731,985	732,127	720,587	813,465	727,359	1,162,771	1,337,047	1,420,953	50.0
計	11,095,537	10,805,868	10,741,136	10,760,550	10,680,891	10,416,305	10,181,376	10,305,003	10,507,362	10,700,740	10,925,174	11,095,317	3.2

出所：NTTの決算短信に基づいて作成

図表 1-14-2 NTTグループ営業収益の比率

(単位：％)

(年度)	2003	2004	2005	2006	2007	2008	2009	2010	2011	2012	2013	2014	対2005年度比伸び率
固定音声	35.0	33.1	31.5	28.9	26.5	24.8	23.1	21.2	18.6	16.0	14.5	13.0	△142.4
移動音声	30.6	29.8	29.1	28.1	25.7	21.9	21.1	19.6	17.8	11.8	9.6	7.9	△270.3
IP系・パケット通信	14.8	16.4	18.2	20.9	24.0	27.8	30.6	32.4	34.3	34.7	34.0	33.1	45.1
通信機器販売	6.4	6.4	5.5	5.4	6.1	6.8	5.9	5.5	5.5	7.9	8.9	9.0	38.6
システムインテグレーション	7.8	8.4	9.1	10.2	10.8	11.6	12.2	13.4	16.9	18.8	20.8	24.3	62.5
その他	9.5	5.9	6.6	6.5	6.9	7.0	7.1	7.9	6.9	10.9	12.2	12.8	48.3

出所：NTTの決算短信に基づいて作成

図表1-15　通信事業者の3グループへの集約

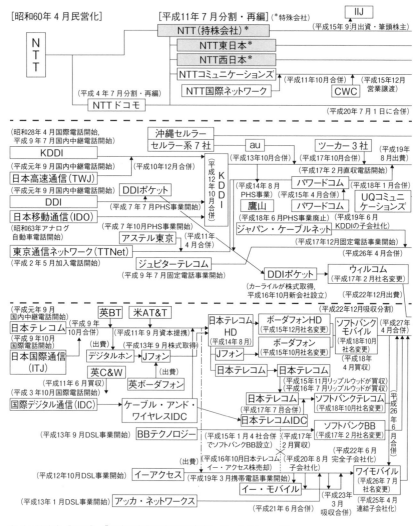

出所：総務省［2015］,『平成27年版情報通信白書』ぎょうせい，p.36

収は，民間企業による経済活動であるが，独占禁止法の視点からの検討が十分になされたのか，疑問が残る。また，この買収によって，「比較審査方式[8]」によって，イー・モバイルに割り当てられた周波数を自動的にソフト

バンクが手に入れたことも問題である[9]。

第二に，NTTグループが支配的な事業者規制によって，持株会社方式の下での再編成を求められ，その事業分野に関しても制約があるのに対して，KDDI，ソフトバンクはコンテンツ事業を含めて事業展開しているという，非対称性である。先に見たように，固定電話からブロードバンドへの移行が進み，また，電気通信事業者の売上高が携帯電話中心となり，その携帯電話事業において，KDDI，ソフトバンク両社のシェアが大きく上昇している今日，支配的な事業者規制の存在意義が問われていることを示している。

このようなわが国の通信産業の構造変化の中，米国のIT企業がコンテンツ層から，プラットフォーム層，サービス層，さらには物理層にまで影響力を拡大してきている。次節において，その経営指標を中心として分析する。

[現在]
- NTT（持株会社）
- NTT東日本
- NTT西日本
- NTTコミュニケーションズ
- NTTグループ
- NTTドコモ

- 沖縄セルラー
- KDDIグループ
- KDDI
- UQコミュニケーションズ
- ジュピターテレコム（J：COM）
（平成25年4月に連結子会社化）

- Wireless City Planning
（平成25年4月に連結子会社化）
- ソフトバンク
（平成25年7月に社名変更）
- ソフトバンクグループ

4　米国IT企業の影響力の拡大

4.1　高い収益性

米国の主要通信事業者は，ケーブルTV事業者に対抗して，光ファイバー化を進め，映像，電話，ブロードバンドを一体で提供するトリプルプ

---

8) 比較審査方式の問題点については，福家［2007］を参照。
9) ソフトバンクは，イー・モバイルに割り当てられていた周波数の価値込みで買収したと考えることもできるが，そうするとイー・モバイルに無償で割り当てられた周波数から，旧イー・モバイルの株主が利益を得ていることになる。

図表1-16 米国主要通信事業者の経営状況の推移

(単位:百万USドル)

	年	2005	2006	2007	2008	2009	2010	2011	2012	2013	2014	2014年と2005年の比較
Verizon	売上高	69,518	88,182	93,469	97,354	107,808	106,565	110,875	115,846	120,550	127,079	82.8
	営業利益	12,581	13,373	15,578	2,612	15,978	14,645	12,880	13,160	31,968	19,599	55.8
	当期利益	7,397	6,197	10,574	3,962	11,601	10,217	10,198	10,557	23,547	11,956	61.6
	売上高営業利益率(%)	18.1	15.2	16.7	2.7	14.8	13.7	11.6	11.4	26.5	15.4	-14.8
AT&T	売上高	43,764	62,518	118,322	123,443	122,513	124,280	126,723	127,434	128,752	132,447	202.6
	営業利益	6,168	17,997	29,141	△1,690	21,000	19,573	9,218	12,997	30,479	11,746	90.4
	当期利益	4,787	12,547	17,228	△2,364	12,447	20,179	4,184	7,539	18,553	6,518	36.2
	売上高営業利益率(%)	14.1	28.8	24.6	△1.4	17.1	15.7	7.3	10.2	23.7	8.9	-37.1
CenturyLink	売上高	2,479	2,448	2,656	2,600	4,974	7,042	15,351	18,376	18,095	18,031	627.3
	営業利益	736	666	793	721	1,233	2,060	2,025	2,713	1,453	2,410	227.4
	当期利益	334	370	418	366	511	948	573	777	△239	772	131.1
	売上高営業利益率(%)	29.7	27.2	29.9	27.7	24.8	29.3	13.2	14.8	8.0	13.4	-55.0

出所:各社IR資料

図表1-17 米国主要IT企業の経営状況の推移 　　　　　　（単位：百万USドル）

		2011	2012	2013	2014	2015	2015年の対2011年伸び率(%)
アルファベット(Alphabet)(旧グーグル)	売上高	37,905	46,039	55,519	66,001	74,989	97.8
	営業利益	11,742	13,834	15,403	16,496	23,425	99.5
	当期利益	9,737	11,553	13,347	13,928	16,348	67.9
	売上高営業利益率(%)	31.0	30.0	27.7	25.0	31.2	0.8
	広告収入	36,531	43,686	50,547	59,056	67,390	84.5
	広告収入比率(%)	96.4	94.9	91.0	89.5	89.9	△6.8
アマゾン(Amazon)	売上高	48,077	61,093	74,452	88,988	107,006	122.6
	営業利益	862	676	745	178	2,233	159.0
	当期利益	631	△39.0	274.0	△241.0	596	△5.5
	売上高営業利益率(%)	1.8	1.1	1.0	0.2	2.1	16.4
アップル(Apple)	売上高	108,249	156,508	170,910	182,795	233,715	115.9
	営業利益	33,790	55,241	48,999	52,503	71,230	110.8
	当期利益	25,922	41,733	37,037	39,510	53,394	106.0
	売上高営業利益率(%)	31.2	35.3	28.7	28.7	30.5	△2.3
マイクロソフト(Microsoft)	売上高	69,943	73,723	77,849	86,833	93,580	33.8
	営業利益	27,161	21,763	26,764	27,759	18,161	△33.1
	当期利益	23,150	16,978	21,863	22,074	12,193	△47.3
	売上高営業利益率(%)	38.8	29.5	34.4	32.0	19.4	△50.0
フェイスブック(Facebook)	売上高	3,711	5,089	7,872	12,466	17,928	383.1
	営業利益	1,756	538	2,804	4,994	6,225	254.5
	当期利益	1,000	53	1,500	2,940	3,688	268.8
	売上高営業利益率(%)	47.3	10.6	35.6	40.1	34.7	△26.6
	広告収入	3,154	4,279	6,986	11,492	17,079	441.5
	広告収入比率(%)	85.0	84.1	88.7	92.2	95.3	12.1

注：アップルは9月決算，マイクロソフトは6月決算。
　　グーグルの2014年以降はアルファベット。
出所：各社IR資料

レーサービスの拡大に注力し，また携帯電話との一体経営を推進しているが，その収益性（図表1-16）は図表1-2に示したわが国の主要通信事業者に比べて特別に高い訳ではない。また，わが国においてのプレゼンスも，顕著なものは見られない。

　むしろ，コンテンツ，端末事業を中心として，高い収益性を誇り，伝統的な通信事業者の事業分野に進出して行っている主要IT事業者に注目したい。ここでは，日本においても幅広くビジネス展開している，グーグル，アマゾン，アップル，マイクロソフト，及びフェイスブックの5社を取り上げ

る。5社の経営状況を図表1-17に示す。2015年を2011年と比較すると，グーグル，アマゾン，アップルの3社が売上高を大幅に伸ばし，2012年に上場したフェイスブックの伸び率も大きい。グーグル，アップル，フェイスブックの3社の営業利益も大幅に伸びている。特に，グーグル，アップル，フェイスブック3社の売上高営業利益率の高さには目を瞠るものがある。また，マイクロソフトも他の4社に比べると，売上高の伸び率こそ低いものの，依然として売上高営業利益率は高率を維持している。

　図表1-17からも分かるように，グーグルとフェイスブックの売上高の大部分は，広告収入である。主要国においては，GDPに占める広告費の比率はほぼ一定であると言われている[10]ので，広告収入に依存している地上波テレビ事業者，新聞事業者に与える影響は大きいものがある。しかし，ここでは，これら米国IT企業が，高い収益性を背景にして，通信産業に影響を及ぼしていることに注目したい。

4.2　グーグル

　グーグル[11]の2016年1月時点でのインターネット検索の世界シェアは88.36％と世界一である（Statista［2016］）。わが国における2015年9月時点のシェアは57.0％であるが，同社の検索エンジンを採用したヤフーのシェア40.0％を合わせると97.0％と圧倒的である（Return On Now［2015］）。同社は「世界中の情報を整理し，世界中の人々がアクセスできて使えるようにする」（同社ホームページ）を旗印に，ページランク方式という独特の検索技術を売り物に急成長を遂げてきた。ページランク方式とは，多くのサイトからリンクされているサイト，重要なサイトからのリンクの多いサイトが重要であるとして，上位に表示するものである（Auletta［2009］：土方訳［2010］pp.64-65）[12]。

　グーグルの収入源は，検索結果と連動させた「アドワーズ（AdWords：

---

10) 電通の調査（電通［2016］）では，わが国の広告収入においても，調査対象を見直した2005年以降を見ると，概ね1.3％前後で推移している。
11) グーグルは2015年10月に，持株会社Alphabetの1事業部門となったが，本章では，一般に用いられている「グーグル」を用いる。

図表 1-18　スマートフォン OS 別シェア（国際）

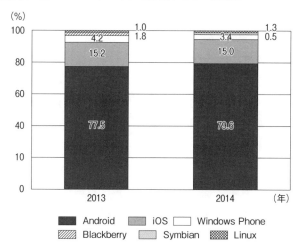

出所：総務省［2015］,『平成27年版情報通信白書』ぎょうせい, p.276

検索連動広告）」と，ホームページへのアクセス履歴に基づいて広告内容を選択する「アドセンス（AdSense：コンテンツ連動広告）」である。図表1-17に示すように，グーグルの売上高の約90％は広告収入であり，その高収益を生かして通信関連分野にも進出している。

　第一に取り上げるべきは，アップルに対抗して開発したスマートフォン用のOSであるAndroidの無償提供である。各国の携帯電話メーカーはこのAndroidを搭載したスマートフォンを製造・販売しており，2014年度の国際シェアは79.6％となっている（図表1-18）。第二は，移動体通信事業への参入の動きであり，落札には至らなかったものの，2008年3月の米国の携帯電話用の周波数オークションにも参加し，Wi-Fi にも投資している。さらに，YouTube 等のコンテンツ事業を梃子とした，下位レイヤーへの進出である。他の ISP（Internet Service Provider）のサービスを利用した CDN

12）グーグルが検索サービスにおける圧倒的なシェアを背景として，市場支配力を濫用している可能性にも注目する必要がある。EU（European Union: 欧州連合）は，検索結果の表示に当たって，自社のショッピング比較サービス（Google Shopping）を優遇して表示しているとして，2015年4月15日に競争法違反の疑いで Statement of Objections を送付している（EC［2015a］）。

(Content Delivery Network）を拡張して，自らが事実上の ISP 事業者となり，各国のブロードバンドアクセスを提供する ISP とピアリング（Peering）契約を締結するようになってきている。さらには，米国においては，光ファイバーを自ら設置する他，国際間の海底ケーブルも保有するようになってきている。このように，上位レイヤーのサービスから，物理層を含む下位レイヤーへとビジネス領域を拡大してきており，既存の通信事業者の脅威になりうる事業展開である[13]。

4.3 アマゾン

次に，アマゾンは書籍のインターネット販売の世界最大手である。創業当初はなかなか利益を上げることができなかったが，近年では，図表1-17に示したように，売上高の伸びにつれて，利益を計上するようになり，書籍ばかりでなく，家電・日用品等様々な商品のインターネット販売を拡大している。中でも，情報メディア産業に大きな影響を与えているのが，電子書籍である。2007年11月に電子書籍専用の端末キンドルを売り出し，本格的に新聞・書籍の電子化に乗り出した。キンドルには，米国 AT&T ワイヤレスの携帯電話モジュールが組み込まれており，日本から利用する場合には，国際ローミングを利用することになるが，その通信料金は利用者から見えない形になっている。アマゾン社が MVNO（Mobile Virtual Network Operator）として，通信料金を負担し，その分を書籍の販売価格に上乗せして回収するというビジネスモデルである[14]。また，現在ではキンドルは，スマートフォンやタブレット型コンピュータ向けのアプリとしても提供されている。さらには，2014年にはアマゾンファイアーフォンというスマートフォンの販売を開始している。

アマゾンはデジタルコンテンツ配信事業にも注力するようになった。アマゾンビデオという名の映像配信サービス，アマゾンミュージックという名の音楽配信サービスを提供している。特に，年間会費3900円で購入商品の翌日

---

13) 詳しくは，第7章を参照。
14) 国際版では，書籍の価格が一律に2ドル高く設定されており（西田 [2010] p.32)，これが通信料相当であると考えられる。

配達サービスが受けられるアマゾンプライムに加入すると、動画・音楽とも無料でストリーミング利用することができるのは、他の事業者にはない試みとして注目される[15]。

　また、アマゾンはAWS（Amazon Web Services）というクラウドサービスを展開しており、実質的には世界最大のクラウド事業者の1つである。同社の発表した2015年度決算（Amazon [2015]）によれば、クラウド事業の売上高は、対前年度比69.7％増の78億8000万ドルであり、営業利益は、前年度の約2.82倍になる18億6300万ドルであった。同期のアマゾン全体の営業利益が、22億3300万ドルであったから、クラウド事業がアマゾン全体の営業利益の83.4％を稼ぎ出していることになる。わが国の通信事業者が固定電話に代わる収益源として注力しているクラウド事業において、アマゾンが先行していることは、脅威と言わざるを得ない。

4.4　アップル

　アップルは1976年創業のパソコンメーカーである。独自のOSを搭載したマッキントッシュを主力商品としていたが、マイクロソフトのウィンドウズに押されて旗色が悪かった。しかし、近年では、iPodで音楽配信市場を制覇したのに加えて、2007年に販売開始されたiPhoneブランドのスマートフォン端末が、携帯電話市場に大きな影響を与えている。アップルはiPhoneブランドのスマートフォンで、携帯電話機市場に参入し、さらに、2010年4月に、タブレット型端末であるiPadの販売を開始した。iPhoneは、タッチパネルを利用した操作性とiアプリを通じて様々なアプリケーションを利用できることが評価され、日本市場においては、スマートフォン販売数のトップの地位を獲得している（図表1-19）。国際的には、図表1-18に示した通り、Androidが圧倒的なシェアを獲得していることから、わが国のスマートフォン市場は世界的に見ても、特異な存在である。

　アップルの提供する携帯情報端末は、次々と進化を遂げているが、いずれもアップルの提供するプラットフォームを通じて提供・販売されるコンテン

---

15) 2015年9月にプライムビデオ、11月にプライムミュージックを開始している。

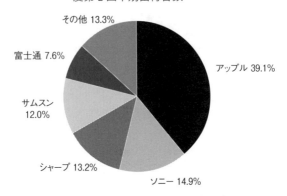

図表1-19　スマートフォンシェア（国内）：2015年度第2四半期出荷台数

出所：2015年8月27日付けIDC Japan発表資料（http://www.idcjapan.co.jp/Press/Current/20150827Apr.html）

ツとセットにしてビジネス展開しているのが特徴である。また，携帯電話事業者との関係では，iPhoneの登場以前は，わが国の携帯電話事業者は，端末開発から販売に至るまで，垂直統合してきたが，スマートフォン，特にiPhoneにおいては，アップルが主導権を握り，携帯電話事業者側は，iPhoneの販売代理店に堕していると言っても過言ではない。アップルがiPhoneとApp Storeを梃子としてコンテンツ販売までコントロールしており，新たな形での垂直統合の動きとして注目する必要がある。

4.5　フェイスブック

　フェイスブックは，上記3社に比べると新しい，2004年創業のSNSを提供する企業である。2015年1月時点でのインターネット利用者に占めるシェアは，登録アカウント数で約80％，アクティブユーザー数で約40％強である（Smart Insights［2016］）。同社は，図表1-17にも示した通りグーグルと同様に広告を収入源とし，極めて収益性の高い事業者である。現時点ではフェイスブックの事業はSNSの提供がメインであるが，既に，フェイスブック・コネクトや，フェイスブックオープンAPI（Application Programming Interface）等を公開し，プラットフォーム化への動きを加速化させている

(Kirkpatrick［2010］：滑川・高橋訳［2011］p.444, p.457）。また，自社サービスのためのCDNを整備しており，高い収益性を梃子にして，上位レイヤーから下位レイヤーへの事業展開を図る可能性も否定できない[16]ことから，通信事業者に与える影響について，注視する必要がある。

5 本章のまとめ

　以上見てきたように，わが国の通信産業は固定電話から，ブロードバンド，スマートフォンへの移行が進む中で，売上高は成長を続け，他産業に比べれば，安定した利益を確保してきた。他方で，グーグル，アマゾン，及びアップル等の米国IT企業は，伝統的な通信産業に大きな影響を与えつつある。また，これらの企業の提供するサービスや情報端末が一体となって，プラットフォーム化しつつあることのリスクにも注目する必要がある。さらに，高い収益性を梃子として，上位レイヤーから下位レイヤーへの進出を図っていることも忘れてはならない。わが国の通信産業は，戦略を誤ると，これら米国IT産業から，収益性の低い「土管（Dum Pipe）」に甘んじる状態に追い込まれかねない。

　さらに，米国IT企業が展開している行動ターゲティング広告・ビッグデータの利活用等がわが国の憲法，電気通信事業法（以下，「事業法」）で保障された「通信の秘密」を侵害している蓋然性にもかかわらず，わが国の規制機関の対応が消極的であることも問題視しなければならない[17]。これら米国のIT企業の動向に対して，必要であれば適切な対処策を講じることが重要である。

---

16) 2013年にはフェイスブックフォンという名のスマートフォンの提供を試みている。
17) 詳しくは，第9章で取り上げる。

第2章

電気通信分野の規制政策の推移と特徴

1 問題の所在

　総務省は2006年以降，情報通信審議会の他，数々の委員会・研究会を設け，競争促進政策，消費者政策，通信・放送融合への対応等を展開してきた。しかし，第1章で俯瞰したように，電気通信市場が，伝統的な固定電話から，ブロードバンド，携帯電話へ大きく転換し，米国のIT事業者等のOTT事業者に市場の主役が交代しつつあるにもかかわらず，地域通信市場におけるNTTの市場支配力を前提とした規制政策から脱皮できていない。また，携帯電話市場においては，料金等を完全に規制緩和する一方で，周波数の割当は，オークション採用の世界的な潮流に反して，依然として比較審査方式が採用されている。このため，寡占状態が維持されて，消費者が契約の「2年縛り」等という理不尽な業界慣行に泣かされ，端末への行き過ぎた販売奨励金をカバーするために通信料金が高止まりし，規制緩和された市場において，政府が携帯電話事業者に料金の引き下げを要請するという，本末転倒した事態にまで陥っている。

　また，インターネットのブロードバンド化の急速な展開によって，クラウド・コンピューティングが採用され，ストリーミング方式の音楽配信・動画配信が急速に普及して通信と放送の境目が消滅しつつあるにもかかわらず，EUに見られるような「融合法制」が日の目を見ないという状況が続いている。

本章では，2006年以降の電気通信分野の規制政策を，ブロードバンド市場の規制政策，携帯電話市場の規制政策，メディア融合への対応という3つの視点から分析し，後続の各章での議論の展開につなげる。

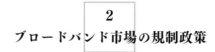

2.1 通信・放送分野の改革に関する工程プログラム

　ブロードバンド市場の規制政策は，政府の情報通信政策において，重要な位置を占めている。政府は，2005年以降，国際競争力の強化の視点から，IT 国家戦略を展開した（図表2-1）。総務省の情報通信政策も，これを受

図表2-1　2005年以降の IT 国家戦略

年号	出　来　事
2006年1月	IT 新改革戦略
同年7月	重点計画-2006
2007年4月	IT 新改革戦略　政策パッケージ
同年11月	IT による地域活性化等緊急プログラム骨子
2008年2月	IT による地域活性化等緊急プログラム
同年6月	IT 政策ロードマップ
同年8月	重点計画-2008
同年9月	オンライン利用拡大行動計画
2009年4月	デジタル新時代に向けた新たな戦略～三か年緊急プラン～
同年5月	地上デジタル放送への移行完了に向けて緊急に取り組むべき課題への対応策について
同年7月	i-japan 戦略2015
2015年5月	新たな情報通信技術戦略
同年6月	新たな情報通信技術戦略　工程表
2011年8月	新たな情報通信技術戦略　工程表　改訂版
同年8月	情報通信技術利活用のための規制・制度改革に係る対処方針
同年8月	電子行政推進に関する基本方針
同年8月	ITS に関するロードマップ
2013年6月	世界最先端 IT 国家創造宣言及び工程表
2014年6月	世界最先端 IT 国家創造宣言及び工程表　改訂
2015年6月	世界最先端 IT 国家創造宣言及び工程表　再改定

出所：総務省［2015］，『平成27年版情報通信白書』ぎょうせい，p.25

けて，競争促進に重点を置いて進められた。通信・放送分野の規制政策の方向性については，2006年6月6日付けの「通信・放送の在り方に関する懇談会」の報告書（総務省［2006a］），及び同6月20日に公表された「通信・放送の在り方に関する政府与党合意」（総務省［2006b］）に基づいて，「経済財政運営と構造改革に関する基本方針2006」（2006年7月7日閣議決定）（経済財政諮問会議［2006］p.9）の中に，「通信・放送分野の改革を推進する」ことが織り込まれた。これを受けて，総務省では，同9月1日に「通信・放送分野の改革に関する工程プログラム」（総務省［2006c］）を決定した。

　この工程プログラムでは，①NHK関連，②放送関連，③融合関連，④通信関連の4項目が取り上げられているが，通信分野の規制政策については，公正競争ルールの整備が俎上に載せられ，以下の点について検討し，結論が得られたものから順次実施するとされた。
　①　固定電話に係る接続料の算定ルールの見直し
　②　東・西NTTの次世代ネットワークに係る接続ルールの整備
　③　指定電気通信設備制度等の見直し
　④　その他公正競争確保のための競争ルールの整備

　また，NTTの組織問題について，市場の競争状況の評価等に係るレビューを毎年実施するとともに，2010年の時点で検討を行い，その後速やかに結論を得ることとされた。「市場の競争状況の評価に関するレビューの実施」それ自体は，市場競争の進展状況に基づいて，競争政策を見直そうとするものとして評価されるが，各論に入ると，従来のPOTS（Plain Old Telephone Service）に対する規制の発想から抜け出せていないという限界があった[1]。

2.2　新競争促進プログラム2010

　総務省では引き続き，2006年9月15日に「IP化の進展に対応した競争ルールの在り方に関する懇談会」の報告書（総務省［2006d］）を公表し，同19日には，「新競争促進プログラム2010」（総務省［2006e］）を策定した。ここで，取り上げられているのは，以下の9項目である（図表2-2）。

---

1) 詳しくは，福家［2007］を参照。

図表2-2　新競争促進プログラム

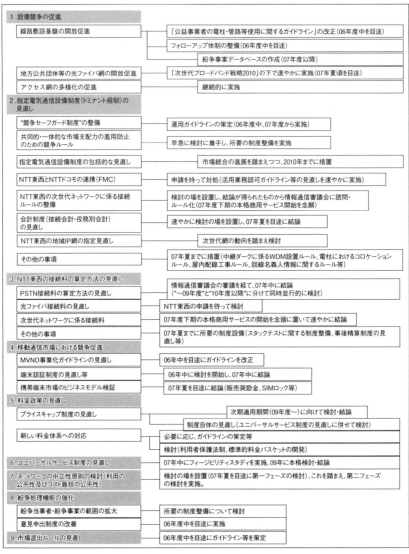

出所：総務省［2006e］要旨

図表 2 - 3　新競争促進プログラム（2007年10月改定）

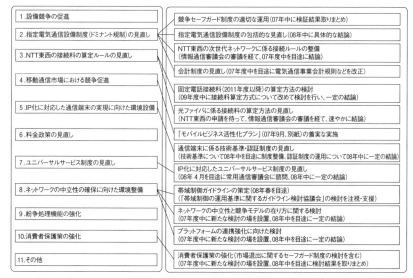

出所：総務省［2007f］

① 設備競争の促進
② 指定電気通信設備制度（ドミナント規制）の見直し
③ NTT東西の接続料の算定方法の見直し
④ 移動通信市場における競争促進
⑤ 料金政策の見直し
⑥ ユニバーサルサービス制度の見直し
⑦ ネットワークの中立性原則の検討（利用の公平性及びコスト負担の公平性）
⑧ 紛争処理機能の強化
⑨ 市場退出ルールの見直し

　この新競争促進プログラムは，翌2007年10月23日に改定され（総務省［2007f］）（図表 2 - 3），さらに，2009年 6 月26日に再改定された（総務省［2009a］）が，その骨格は，大きくは変わっていない。ここでは，①設備競争の促進，②指定電気通信設備制度（ドミナント規制）の見直し，③NTT東西の接続料の算定方法の見直し，⑦ネットワーク中立性原則の検討，が，

29

ブロードバンド政策に関連する。第1章で分析した市場の展開を踏まえると，①設備競争の促進が市場構造との依存関係にあることが十分には認識されていないことを問題点として指摘しておきたい。POTS を前提として，地域通信市場が競争的ではないという理解に立って，NTT 東日本，NTT 西日本（以下，「東西 NTT」）に過剰なドミナント規制を課し，接続料を規制すると，目的とすべき設備ベースの競争が抑圧されるおそれがある[2]。産業構造に応じて規制政策が採用されるべきであることは言うまでもないが，逆に規制政策が産業構造を固定化するリスクも忘れてはならない。

2.3 グローバル時代における ICT 政策に関するタスクフォース

上記の問題点は，2009年から2012年の民主党政権下の政策展開で，より顕著な形で現れる。まずは，2009年10月に発足した「グローバル時代における ICT 政策に関するタスクフォース」である。同タスクフォースには，

① 過去の競争政策のレビュー部会
② 電気通信市場の環境変化への対応検討部会
③ 国際競争力強化検討部会
④ 地球的課題検討部会

の4つの部会が置かれた（総務省［2009d］）。2010年5月には，「すべての世帯でブロードバンド利用を実現する『光の道』構想」が示され，NTT の構造分離・機能分離がまたもや議論の俎上に載せられた（総務省［2010c］）。そして，NTT の経営形態を含め，「光の道」の実現に向けた具体策を検討するために，①，②の両部会の下に，2010年10月に「光の道」ワーキンググループが置かれた（総務省［2010d］）。ワーキンググループと合同部会の議論を経て，総務省は，2010年12月14日に「『光の道』構想に関する基本方針」（総務省［2010e］）を，同24日に「『光の道』構想実現に向けた工程表」（総務省［2010f］）を公表した。

ここでは，大きな柱として，
① 未整備地域における基盤整備の推進

2）福家［2007］の第2章，第3章で詳しく論じた。

② 競争政策の推進
③ 規制改革等によるICT利活用の推進

の3つが示されているが，本節の議論との関連では，②競争政策が重要であるので，その詳細を見てみよう。取り上げられているのは，以下の6項目である。

(1) 線路敷設基盤の開放等（アクセス網のオープン化等）
　ア．電柱・管路等の線路敷設基盤の更なる開放に向けた検討
　イ．ワイヤレスブロードバンドに関する取組（周波数再編等）
(2) 加入者光ファイバー接続料の見直し（アクセス網のオープン化等）
(3) 中継網のオープン化
(4) ボトルネック設備利用の同等性確保
(5) ユニバーサルサービス制度の見直し
(6) 今後の市場環境の変化への対応

　(1)の中で，周波数オークションの検討が俎上に載せられているのは，次節で取り上げるが，ここでは，(4)において，「機能分離，子会社等との一体経営への対応」として，NTTの経営形態がまたもや，取り上げられていることを問題点として指摘しておきたい[3]。NTTの分割こそ背面に退いたものの，依然としてNTTの経営形態が取り上げられているということは，その後の携帯電話の高速化と競争の進展によりブロードバンド市場において設備ベースの競争が進んでいることを考えると，違和感のあるところである。

　このような問題を包含した方針ではあるが，これを受けて2011年に事業法と日本電信電話株式会社法（以下，「NTT法」）が改正された（電気通信事業法及び日本電信電話株式会社等に関する法律の一部を改正する法律（平成23年法律第58号））。まず，第一種指定電気通信設備設置事業者[4]が，子会社等に通信業務等を委託する場合に，当該子会社等が反競争的行為（接続情報の目的外利用等）を行わないよう適切に監督することが定められた（事業法

---

[3] NTTの業務範囲の見直しも一応触れられているが，その後のNTTの競争事業者による携帯電話・ブロードバンドのセット割引の積極的な展開を見ると，抜本的な対応になっていないと言わざるを得ない。そもそも，グローバルに利用されるインターネット時代における業務区分規制の時代錯誤こそ問題にされるべきことである。

[4] 東西NTTが該当する。

第30条第3項・第4項)。第二に，設備部門とその他の部門との間のファイアーウォールを強化することにより接続の業務に関して知り得た情報を適切に管理し，他の通信事業者を不利に取り扱わないことを確保するための体制の整備等の措置を講ずることとされた(事業法第30条第5項・第6項)。これらは，東西NTTによる子会社等への業務の委託が拡大し，子会社による反競争的な行為が発覚する事例があったこと，また，接続に関して入手した情報の東西NTTによる流用に関する事例が明らかになったことを踏まえると，必要な改正であると言えよう。第三に，東西NTTが地域通信事業の経営を達成するために必要な業務(目的達成業務)及び同社が保有する設備，技術又は職員を活用して行う業務(活用業務)等を営む際において，総務大臣による認可制を改め，事前の届出により同社が当該業務を営めるようにする，とされた(NTT法第2条第3項・第4項)。この「認可」から「届出」への変更は，一定の規制緩和と言ってよいだろう。IP時代の事業展開に足かせとなっている東西NTTの業務範囲を県間通信に限定する業務範囲規制の見直しが行われないという限界はあるものの，県間IP通信の提供等に道を拓くものとして，それなりに評価されるべきである。

2.4 「ブロードバンド普及促進のための環境整備の在り方」についての情報通信審議会答申

　2011年12月には，情報通信審議会から，「ブロードバンド普及促進のための環境整備の在り方」について答申(総務省[2011b])があった。同答申は，「電話網からIP網への円滑な移行の在り方について」と「ブロードバンド普及促進のための競争政策の在り方について」の2編構成となっている。後者については，以下の項目が取り上げられている。
　① NGNのオープン化によるサービス競争の促進[5]
　② モバイル市場の競争促進
　③ 線路敷設基盤の開放による設備競争の促進
　④ 今後の市場環境の変化等を踏まえた公正競争環境の検証の在り方等

---

5) NGNについては，第10章で取り上げる。

ここでは，次年以降も「競争政策委員会」を存置した上で，公正競争レビュー制度に基づく検証の結果等について調査審議することが確認されたことが注目される。

これを受けて，2012年にはFTTxについて，一芯単位接続料に係る乖離額補正認可がなされ，また2013年には，「メタル回線のコストの在り方に関する検討会」の報告書（総務省［2013a］）が出されている。前者は，FTTxの1芯単位の接続料については，3年間の需要予測に基づいて接続料を算定してきたが，FTTxのような新規サービスについては，予測と実績が異なるのは避けられないことであり，予測と実績の乖離が生じた場合に補正を認めることは，公正競争の観点からも妥当なことである[6]。なおNTT以外の事業者からの要望が強い，分岐単位の接続料の設定については，継続検討となった。これも，設備ベースの競争を促進する観点から妥当なことである。

総務省は「光の道」構想の基本方針に基づき，2014年2月に情報通信審議会の下に「2020-ICT基盤政策特別部会」を設置し，「2020年代に向けた情報通信政策の在り方」を検討することとした。

2.5 FTTxの「サービス卸」

こうした中で，NTTは2014年5月13日に「光コラボレーションモデル」を発表した（NTT［2014］）。これは，他事業者に対してNTT法第2条第5項に基づき「活用業務」として，FTTxの卸売（以下，「サービス卸」）を提供するというものである[7]。従来，FTTxの直販に力を入れてきた東西NTTのビジネスモデルの転換と言ってよい。これに対して，KDDI等の競合事業者は公正競争を阻害するとして反対の声を上げたが，上記の2020-

---

6）新規市場の規制問題については，福家［2007］を参照。
7）同項では，「地域会社は，前2項（地域通信業務や目的達成業務等：筆者注）に規定する業務のほか，第3項に規定する業務（地域通信業務：筆者注）の円滑な遂行及び電気通信事業の公正な競争の確保に支障のない範囲内で，同項に規定する業務を営むために保有する設備若しくは技術又はその職員を活用して行う電気通信業務その他の業務を営むことができる。この場合において，総務大臣は，地域会社が当該業務を営むことにより同項に規定する業務の円滑な遂行及び電気通信事業の公正な競争の確保に支障を及ぼすおそれがないと認めるときは，認可をしなければならない。この場合において，地域会社は，総務省令で定めるところにより，あらかじめ，総務省令で定める事項を総務大臣に届け出なければならない。」，と定められている。

ICT基盤政策特別部会における議論[8]を経て、2014年12月18日付けの情報通信審議会の答申「2020年代に向けた情報通信政策の在り方：世界最高レベルの情報通信基盤の更なる普及・発展に向けて」（総務省［2014f］）において、サービス卸の提供が認められることとなった。NTTドコモも、サービス卸を利用すれば、携帯電話とFTTxのバンドリング提供が可能となった[9]。KDDIとソフトバンクが携帯電話とFTTxのバンドリング提供を行っていたのに対して、NTTドコモはできないという非対称性が、卸電気通信役務との活用という変則的な形ではあるが、解消の方向に向かったことは、公正競争条件の整備という点では一歩前進であると評価できる。

この答申を受けて、東西NTTは2014年12月26日付けで、総務省に対してサービス卸を活用業務として届出を行った（NTT東日本［2014］）。総務省は、「サービス卸」の具体化のために、2015年1月20日に「NTT東西のFTTHアクセスサービス等の卸電気通信役務に係る電気通信事業法の適用に関するガイドライン（案）」（総務省［2015a］）を公表し、意見募集を行った。この意見募集の集約前に本案を踏まえて、東西NTTは、同1月22日付けで、2月1日より、サービス卸の提供を開始すると発表した（NTT東日本［2015］）。この発表の後追いとなったが、総務省は意見募集の結果を踏まえ、2015年2月27日に「NTT東西のFTTHアクセスサービス等の卸電気通信役務に係る電気通信事業法の適用に関するガイドライン」（総務省［2015b］）を公表した。

本ガイドラインは、東西NTTによるサービス卸を「特定卸役務」と位置づけ、適用対象を卸提供事業者（即ち、NTT東西）、卸先事業者（支配的な電気通信事業者以外）、卸先事業者（支配的な電気通信事業者）、及び卸先契約代理業者の4タイプに区分している。まず、卸提供事業者には、

① 競争阻害的な料金の設定
② 提供手続・期間に係る不当な差別的取扱い
③ 技術的な条件に係る不当な差別的取扱い

8）詳しくは，総務省［2014c］等を参照。
9）NTTドコモも2015年3月1日から「ドコモ光」のサービス名でISPとしてのサービスもバンドリングして提供するが，利用者は他の事業者のISPサービスを利用することもできる。

④　サービス仕様に係る不当な差別的取扱い
⑤　競争阻害的な情報収集
⑥　情報の目的外利用
⑦　情報提供に係る不当な差別的取扱い
⑧　卸先事業者の業務に関する不当な規律・干渉
⑨　業務の受託に係る不当な差別的取扱い

と9項目にもわたる禁止事項が挙げられている。さらに，卸提供事業者たる東西NTTは事業法第20条に定める指定電気通信役務を提供する事業者であることから，保障契約約款の事前届出（事業法第20条第1項）や公表（同法第23条第1項）の義務もあることを，確認している。

第二の，卸先事業者（支配的な電気通信事業者以外）には，
①　競争阻害的な料金の設定の禁止
②　提供条件の説明義務
③　苦情等の処理の実施義務

を規律している。

第三に，卸先事業者（支配的な電気通信事業者）には
①　競争阻害的な料金の設定の禁止
②　提供条件の説明義務
③　苦情等の処理の実施義務
④　特定の電気通信事業者に対する不当な優先的取扱の禁止

を規律している。

　最後に，卸先契約代理業者には，提供条件の説明義務を課している。いずれも，事業法の根拠条文を示し，違反した場合には，事業法第29条の「業務改善命令」の対象ともなりうるとして，強制力を持たせようとしている。しかし，ここには疑問が残る。事業法や電気通信事業法施行規則（以下，「施行規則」）を改正することなく，ガイドラインの名目でここまで詳細な事前規制を課すことの妥当性である。前著（福家［2007］）でも論じたように，ブロードバンド市場について，設備競争か，サービス競争かという産業政策の方向性を明確にしないままに，事前規制を課すこと，それもガイドラインという形で課すことの妥当性が議論されねばならない。

このように，東西 NTT によるサービス卸の提供が先行すること自体が規制の根拠が曖昧であることを示している。以上のような経過を辿る中で，2015年5月に事業法が改正された（電気通信事業法等を改正する法律（平成27年5月22日法律第26号））。この改正では，電気通信事業の公正な競争の促進と電気通信サービス・有料放送サービスの利用者・受信者の保護が主眼とされており，前者では，
① 光回線の卸売サービス等に関する制度整備
② 移動通信市場の禁止行為規制の緩和
③ 第二種指定電気通信制度の充実
④ 登録の更新制の導入等（合併・株式取得等の審査）

が主要な規制内容であるが，ブロードバンドに関しては，①が重要である。事業法第38条の2が新設され，第一種指定電気通信設備，又は第二種指定電気通信設備を設置する事業者の卸電気通信役務が総務大臣への事後的な届出となり，また届出内容を総務大臣が整理・公表することとされた。これによって，東西 NTT のサービス卸の制度的な位置づけも再確認された。

3
携帯電話市場の規制政策

3.1　新競争促進プログラム2010（2007年，2009年改定）

　前節のブロードバンド市場の項でも取り上げた新競争促進プログラムの4.が，「移動通信市場における競争促進」である。ここでは，以下の3点を検討対象としている。
① モバイルビジネス活性化プラン（2007年9月）（総務省［2007e］）に基づく措置の検証・評価
② MVNO の新規参入促進
③ 「電気通信市場の環境変化に対応した接続ルールの在り方」に関する情報通信審議会の審議結果を踏まえた措置

モバイルビジネス活性化プランはこの新競争促進プログラム（2009年再改

定）（総務省［2009a］）の一部をなすと位置づけられているが，ここでは，
　①　モバイルビジネスにおける販売モデルの見直し
　②　MVNOの新規参入の促進
　③　モバイルビジネスの活性化に向けた市場環境整備の推進

が3本柱となっていた。①の中では，新料金プラン（端末料金と端末価格の分離プラン）の遅くとも2010年までの導入[10]，販売奨励金に係る会計整理の明確化（2007年度中の電気通信事業会計規則（以下，「会計規則」）の改正），SIMロックの解除（2010年度中に義務化の結論）が重要であるが，このうち早期に実現したのは会計規則の見直しのみである。2015年の安倍首相指示による携帯電話料金見直しの検討の中でも，新料金プランは実現していない。SIMロック[11]の解除にしても，2010年に総務省からガイドラインが発出された（総務省［2010g］）が，実効を上げることができず，2014年に至りガイドラインが改定されて（総務省［2014e］）条件付きで実現に向けて動き出したに過ぎない。また，MVNOの参入促進についても，2002年に制定された「MVNOに係る電気通信事業法及び電波法の適用関係に関するガイドライン」（総務省［2002］）が2007年，2008年，2012年，2013年（総務省［2013f］）と改正されたものの，実効を上げることができず，同様に，抜本的な解決策については，2016年に至るも依然として議論されている段階である（総務省［2015f］［2015g］）。

3.2　第二種指定電気通信設備制度

　2001年の事業法改正によって，固定通信を対象とした第一種指定電気通信設備制度と併せて携帯電話を対象とした第二種指定電気通信設備制度が導入された[12]。事業法第38条の3[13]と施行規則第23条の9の2に基づき，都道府県毎にシェアが25％を超える事業者の設備が指定されることとされ，当初は

---

10) これが，実現しなかったことが，2015年の安倍首相による携帯電話料金見直しの指示につながっている。
11) SIM（Subscriber Identity Module）カードとは，携帯電話等の電気通信役務を提供する電気通信事業者との間で当該役務の提供を内容とする契約を締結している者を特定するための情報を記録した電磁的記録媒体を指す（総務省［2014c］）。
12) 詳しくは，福家［2007］を参照。
13) 現事業法第34条

NTTドコモ9社と沖縄セルラーが指定された。その後，2005年12月にKDDIが指定された。2012年には施行規則が改正され，指定基準が10％となったため，ソフトバンクも指定されている。しかし，具体的な市場支配力の分析を行うことなく，一律にシェア25％，10％で規制対象の電気通信設備を指定することに合理性はない。むしろ，EUのように携帯電話の着信について，ボトルネック性に着目して，接続料を規制する方が，合理的であると考えられる。

第二種指定電気通信設備制度は設けられたものの，2009年までの間は，携帯電話事業者の接続料については，具体的な算定ルールがなく，事業者の自主的な判断に委ねられていた。

2009年の情報通信審議会の「電気通信市場の環境変化に対応した接続ルールの在り方について」の答申（総務省［2009c］）を受けて，2010年に事業法が改正され，接続約款の作成・公表・届出が義務づけられる（事業法第34条第2項）とともに，「第二種指定電気通信設備を設置する通信事業者に係る接続会計制度（同第6項）」が創設された。これを受けて，総務省は，第二種指定電気通信設備接続会計規則（平成23年3月31日総務省令第24号）を制定するとともに，「第二種指定電気通信設備制度の運用に関するガイドライン」（総務省［2010b］）が発表された。後者は，接続料の算定方法等に係る考え方を明確化することを目的としたものである。さらに，総務省は，2013年に取りまとめられた「モバイル接続料算定に係る研究会」における検討結果（総務省［2013b］）を参考とし，「モバイル接続料（携帯電話事業者の接続料）の適正性，検証可能性及び公平性を確保する観点」から，ガイドラインの改正を実施した（総務省［2013c］［2014a］）。

しかしながら，第二種指定電気通信設備を有する事業者の指定基準が25％から10％に引き下げられるまでは，ソフトバンクが除外されていた結果，図表2-4に示すように，ソフトバンクの相互接続料金がNTTドコモ，KDDI両社に比べて高いという矛盾が存在した。第二種指定電気通信設備制度の存在意義が問われていると言わねばならない。

図表 2 - 4　携帯電話の相互接続料金　　　（単位：円 / 秒）

		NTT ドコモ	KDDI	ソフトバンク
2010	区域内	0.087	0.104	0.127
	区域外	0.105	0.128	0.147
2011	区域内	0.068	0.093	0.099
	区域外	0.082	0.116	0.106
2012	区域内	0.067	0.082	0.082
	区域外		0.104	0.095
2013	区域内	0.057	0.071	0.073
	区域外		0.089	0.085
2014	区域内	0.054	0.066	0.069
	区域外		0.099	0.082

注：ソフトバンクの料金は2012年まで任意公表。
　　区域は，NTT ドコモの支社の営業区域。
　　NTT ドコモは2012年から区域内外の区分を廃止。
出所：総務省［2015］『平成26年版情報通信白書』ぎょうせい，p.364
　　　と各社接続約款より算出

3.3　周波数割割当

　携帯電話市場において，競争が進展しない一因は，総務省の周波数政策にある。新規参入を促進する方策の１つである電波周波数オークションの採用がアジェンダの１つとなっていないのは，競争政策として重大な瑕疵がある，と言わねばならない。電気通信事業の開始には，総務大臣への登録（事業法第９条），又は届出（事業法第16条）が必要であるが，携帯電話は電波の周波数を使用することから，携帯電話市場への参入を希望する事業者は，総務大臣から電波法第４条に基づく無線局の免許を取得しないことには事業が開始できない。携帯電話市場における事業者数は総務省の匙加減１つにかかっているのである。わが国の周波数の割当は，基本的に比較審査方式である。2005年に BB モバイル，イー・モバイル，アイピーモバイルの３社に新たに携帯電話用の周波数が割り当てられて，新規参入が認められたが，これも比較審査方式であった[14]。３社とも財政基盤が安定しているはずであったが，アイピーモバイルは，事業開始前に経営破綻した。また，ソフトバンク

14）詳しくは，福家［2007］第８章参照。

図表2-5　近年の周波数割当

年月	対象	備考
2007	WiMAX	ウィルコム，UQコミュニケーションズ，
2009	LTE	ソフトバンク，KDDI，NTTドコモ，イー・モバイル
2011	携帯電話向けマルチメディア放送	NTTドコモ
2012.2	プレミアム帯（900MHZ帯）30MHZ	ソフトバンク
2012.6	プレミアム帯（700MHZ帯）60MHZ	イー・アクセス，NTTドコモ，KDDI
2012.11		ソフトバンクによるイー・アクセスの株式取得を容認
2013.7	WiMAX（2.5GHZ帯）	UQコミュニケーションズ

系のBBモバイルは，ソフトバンクがボーダフォンを買収したため，免許を返上した。このため，結果的には1社のみが事業を開始して不十分な競争に陥ってしまった。財務基盤が優れていると判断した事業者が事業を開始前に経営破綻したことは，規制当局（総務省）が入手可能な情報の限界と判断の限界を示している。

　残った1社のイー・モバイルもイー・アクセスの子会社となり，ソフトバンクが2013年3月にそのイー・アクセスを子会社化した[15]ため，結局，携帯電話市場は，もとの3社寡占に戻ってしまった。欧米の規制当局が，既存事業者間の合併に対して，厳しい姿勢を見せているのに対して，総務省がソフトバンクによるイー・アクセスの子会社化を容認してしまったことは，携帯電話市場における競争政策としては，問題があったと言わねばならない。

　このように比較審査方式の問題点が明らかなったにもかかわらず，その後の電波免許に当たっても，比較審査方式が踏襲されている（図表2-5）。2009年から2012年の民主党政権時代に，「周波数オークションに関する懇談会」が設置され，その報告書（総務省［2011a］）においてオークションの導入が提案された。2012年3月にはオークションの導入を含む電波法の改正案が閣議決定され，国会に提出されたが，審議未了で廃案となった。このように挫折したオークション導入への動きの中でも，総務省による恣意的な周波

15）現在では，持株会社であるソフトバンクグループ㈱の傘下のソフトバンク㈱として国内通信事業が一体化されている。

図表 2-6　WiMAX の免許付与審査結果（2007年）

申請主体	事業主体	結果
ウィルコム	ウィルコム	○
オープンワイヤレスネットワーク		×
ワイヤレスブロードバンド	UQ コミュニケーションズ（KDDI が32.26％出資）	○
アッカ・ワイヤレス（NTT 系）		×

図表 2-7　LTE 向け周波数割当結果（2009年）

※東名阪等について、デジタルMCAの使用期限である平成26年3月末まで使用不可。

注：①1475.9MHzを超え1485.9MHz以下　ソフトバンクモバイル株式会社
　　②1485.9MHzを超え1495.9MHz以下　KDDI株式会社／沖縄セルラー電話株式会社
　　③1495.9MHzを超え1510.9MHz以下　株式会社エヌ・ティ・ティ・ドコモ
　　④1844.9MHzを超え1854.9MHz以下　イー・モバイル株式会社
【関係報道資料】
・3.9世代移動通信システムの導入のための特定基地局の開設に関する指針案等に係る電波監理審議会
からの答申（平成21年3月11日報道発表）
http://www.soumu.go.jp/menu_news/s-news/090311_8.html
・3.9世代移動通信システムの導入のための特定基地局の開設計画等の認定申請の受付（平成21年3月
25日報道発表）
http://www.soumu.go.jp/menu_news/s-news/090325_1.html
・3.9世代移動通信システムの導入のための特定基地局の開設計画等の認定申請の受付結果（平成21年
5月8日報道発表）
http://www.soumu.go.jp/menu_news/s-news/02kiban14_000010.html

出所：総務省報道資料（2009年6月10日付け）

数割当が継続された。

　2007年の WiMAX の免許付与に当たっても，申請4社の中から2社が選ばれた（図表2-6）。UQ コミュニケーションズ（KDDI が32.26％出資）とウィルコムに免許が付与されたのであるが，どう考えても，ウィルコムの方が財務的な基盤を含めて NTT グループよりも優れている，と評価されたことには疑問が残る。事実，ウィルコムは，2010年2月に会社更生法を申請し，2010年12月にソフトバンクの完全子会社となった[16]。

　また，2009年の LTE 向けの周波数割当においても，既存事業者3社が実質無審査で選ばれている（図表2-7）。さらに，2011年の携帯電話向けのマルチメディア放送の電波免許に当たっては，今度は，NTT ドコモに割り当てられた（図表2-8）。NTT グループを WiMAX から排除した埋め合わせ

---

16) 2014年6月にはワイモバイルに吸収され，現在ではソフトバンク㈱として一体化されている。

と疑われても仕方がないような不透明な決定である[17]。

また，2012年2月，6月のプレミアム帯の周波数割当においても，900MHZ帯が，ソフトバンクに，700MHZ帯がイー・アクセス，KDDI，NTTドコモという既存事業者に割り当てられている。また，2013年7月のWiMAX用の2.5GHZ帯も，既存事業者であるUQコミュニケーションズに割り当てられた。この間，総務省が2012年11月にソフトバンクによるイー・アクセスの株式取得を容認したことから，ソフトバンクがプレミアム帯において，2事業者分の周波数を取得したことになる[18]。このような不透明な周波数割当の結果として，現在では，携帯電話市場は寡占市場となり，しか

図表2-8 携帯電話向けマルチメディア放送の審査結果（2011年）

事業者	主要参加者	結果
マルチメディア放送（mmbi）	ＮＴＴドコモ	○
メディアフロージャパン企画	ＫＤＤＩ	×

図表2-9 電波オークション（移動通信用）導入国数（2015年2月末現在）

区分*		導入		未導入	計
		第Ⅰ群	第Ⅱ群		
地域	アジア	10	0	16	26
	オセアニア	2	1	13	16
	中東	4	2	10	16
	ヨーロッパ	19	17	18	54
	北米	2	0	0	2
	中南米	7	2	26	35
	アフリカ	1	3	50	54
OECD	加盟	25	8	1	34
	非加盟	20	17	132	169
	計	45	25	133	203

注：＊第Ⅰ群：少なくとも1回の周波数オークションを完了している。
　　第Ⅱ群：オークション制度を構築し，実施を試みたが，完了したケースはまだない。
　　未導入：オークション制度の構築が済んでいない，構築していない。
出所：鬼木［2015］p.4

---

[17] NTTドコモが2012年4月に鳴り物入りでサービス開始したNOTTVを2016年6月末で終了させる（NTTドコモ［2015］）という皮肉な結果になった。
[18] ソフトバンクが株式取得に当たり，電波の周波数分のプレミアムをイー・アクセスに支払っていると考えれば，イー・アクセスの株主は無料で取得した周波数から利益を得ていることになる。

も，新規参入の脅威も存在しないことから，「暗黙の協調」によって，競争が十分には働かない市場となっている[19]。

このように，比較審査方式に問題があることは，明らかである。OECD（Organisation for Economic Co-operation and Development：経済協力開発

図表 2 -10　電波オークション（移動通信用）導入国一覧（2015年 2 月末現在）

区分*	導入国		主な未導入国
	第Ⅰ群	第Ⅱ群**	
アジア	インド，インドネシア，韓国，シンガポール，タイ，台湾，パキスタン，バングラデシュ，香港，マカオ***		日本，カンボジア，北朝鮮，中国，東ティモール，ブルネイ，ベトナム，ミャンマー，モンゴル，ラオス
オセアニア	オーストラリア，ニュージーランド，	フィジー	サモア，ツバル，パプアニューギニア，トンガ
中東	サウジアラビア，トルコ，バーレーン，ヨルダン	イスラエル，イラク	アフガニスタン，イエメン，オマーン，クウェート
ヨーロッパ	イタリア，英国，エストニア，オーストリア，オランダ，ギリシャ，クロアチア，スイス，スウェーデン，チェコ，デンマーク，ドイツ，ノルウェー，フィンランド，フランス，ベルギー，ポーランド，ポルトガル，ルクセンブルク	アイスランド (D)***，アイルランド，アルバニア，ウクライナ，キルギス***，スペイン，スロバキア，スロベニア (J,F)，セルビア，ハンガリー (J,F)，ブルガリア，マケドニア (F)，ラトビア，リトアニア，ルーマニア，ロシア，モルドバ (F)	アルメニア，アゼルバイジャン，ジョージア，コソボ，ベラルーシ
北米	米国，カナダ		
中南米	アルゼンチン***，ウルグアイ，エクアドル，チリ，ブラジル，ペルー，ホンジュラス	コロンビア，メキシコ (F,J)	ニカラグア，パナマ，プエルトリコ
アフリカ	モロッコ***	アルジェリア，カーボヴェルデ，ブルキナファソ (F)	ウガンダ，エチオピア，カメルーン，コートジボワール，ニジェール，ベニン，ブルンジ，マラウイ，モザンビーク

注：下線は OECD 加盟国。
　＊図表 2 -9 注を参照。
　＊＊F：オークション失敗，D：オークション延期，J：訴訟などによりオークション中断。
　＊＊＊今回新規分。
出所：鬼木［2015］p. 5

19）鬼木［2016］p. 4，pp. 6 -8

機構）諸国ばかりでなく，途上国においてもオークション方式が採用されていろ（図表2-9，2-10）ことを考えると，鬼木も提唱するように[20]，わが国におけるオークション方式の採用が望まれる。

但し，携帯電話市場においては，ネットワークの外部性が顕著に働くことから，単純にオークション方式を導入するだけでは，競争が実現しない。新たな周波数の割当に当たって，新規事業者枠を設ける等の，工夫も必要であるし，鬼木の提唱するような既存事業者と新規参入事業者の「イコール・フッティング」[21]も考慮に入れる必要があろう。

3.4 MVNOとの競争促進

電波の周波数のオークションによる新規参入の促進に即効性が期待できないことから，MVNOの参入を促すことによる競争促進も必要とされる。MVNOは既存事業者のネットワーク設備に依存することから競争政策としては限界もあるが，既存のMNO（Mobile Network Operator）による「暗黙の協調」に風穴を開けることは期待できる。

MVNOの新規参入には，卸電気通信役務の提供による場合と事業者間接続による場合がある。総務省の資料（総務省［2015c］）[22]によれば，MVNO利用契約者数ベースでは，2014年12月時点で，卸電気通信役務の利用が96.4％と圧倒的に多い（図表2-11）。事業者ベースでも同様に卸電気通信役務の利用が圧倒的に多い（図表2-12）。

MVNOの契約数も，図表2-13に見るように，2015年12月末時点で991万であり，この3年間で2倍近い伸びを示し，全契約者数の7.2％と無視できない数になっている。但し，この数字には，図表2-14からも明らかなように，カーナビ，遠隔監視等のモジュール型が半数近く含まれており，スマートフォン等の携帯電話と競合するものは，約半数と見てよいだろう。同様に，近年，音声通信・データ通信双方を提供する事業者が増加してきている

---

20) 鬼木［2011］［2012］［2013］［2015］［2016］
21) 鬼木［2016］pp.16-17においては，イコール・フッティングを目的として，既存の事業者に追加の支払いを求めること等が提案されている。
22) 総務省［2015c］は基本的に事業者アンケートに基づくものであり，厳密性に欠ける面はあるが，大まかな傾向は示している。

図表 2 -11　卸電気通信役務 / 事業者間接続別 MVNO 契約数
　　　　　（2014年12月現在）

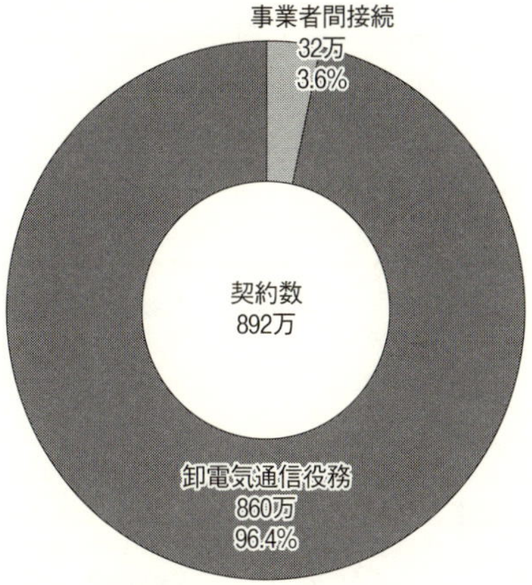

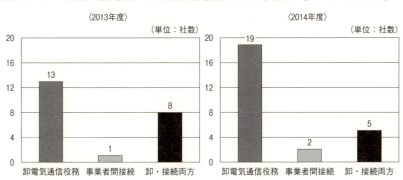

出所：総務省［2015c］

図表 2 -12　卸電気通信役務 / 事業者間接続別 MVNO 契約数（2014年12月現在）

〈2013年度〉（単位：社数）
- 卸電気通信役務：13
- 事業者間接続：1
- 卸・接続両方：8

〈2014年度〉（単位：社数）
- 卸電気通信役務：19
- 事業者間接続：2
- 卸・接続両方：5

出所：総務省［2015c］

（図表 2 -15）。

　こうした MVNO 事業者とその利用者の増加には，MVNO の新規参入を促進するために，総務省がガイドラインを示し，それを競争促進的に改定してきたことが効果を上げていると考えられる。2002年には「MVNO に係る電気通信事業法及び電波法の適用関係に関するガイドライン」（総務省［2002］）（以下，「MVNO ガイドライン」）を策定している。これは，2007年

図表 2-13　MVNO 契約数の推移

(年度)	2012		2013			2014				2015		
(月末)	3	6	9	12	3	6	9	12	3	6	9	12
契約数(携帯電話・PHS)(万)			485	537	596	645	688	737	788	839	904	991
契約数(BWA)(万)			127	132	143	147	154	158	166	161	163	164
MVNO 契約数比率(%)			4.2	4.6	4.9	5.2	5.5	5.8	6.1	6.3	6.7	7.2
MVNO 契約数比率事業者数			151	155	156	158	164	172	181	188	199	210

出所：総務省［2016］『電気通信サービスの契約数とシェアに関する四半期データ』

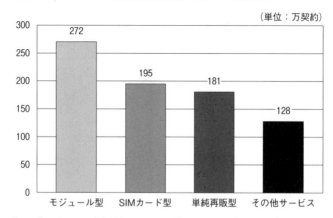

図表 2-14　MVNO 類型別契約者数：2014年12月現在

注　：「モジュール型」通信モジュール等を提供する事業形態（カーナビ、遠隔監視等）。
　　　「SIM カード型」MNO とは異なる独自の料金プラン（月間通信料の制限による低料金のプラン），月毎プラン変更可等であり，SIM カードによるデータ通信サービス単体を提供する事業形態。
　　　「単純再販型」MNO と同一の料金プランであり，全てのネットワークを MNO に依存したサービスを提供する事業形態。
　　　「その他サービス」MVNE 事業など，上記に該当しない事業形態。

出所：総務省［2015c］

2月に改定（総務省［2007a］），2008年5月に再改定（総務省［2008b］）され，また，2013年9月にも改定されている（総務省［2013f］）。本ガイドラインは，図表2-16に示した MVNO 向けデータ通信接続料の低下にも貢献していると考えられる。

　さらに，2015年の事業法改正によって，アンバンドリング機能や，接続料の算定方法を省令で定めることが法定化された（事業法第34条第3項）。現在，これを受けて施行規則等の改正作業が進められている（総務省［2016d］）。

図表2-15　MVNOの提供するサービス（2014年12月現在）

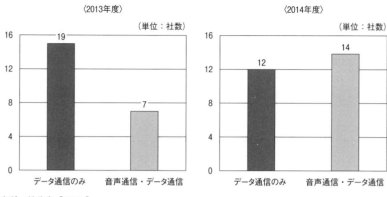

出所：総務省［2015c］

図表2-16　MVNO向けデータ通信接続料の推移（レイヤ2接続・10Mps当たり月額）

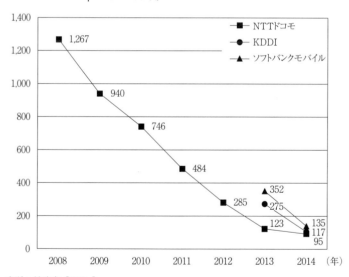

出所：総務省［2015c］

このように，MVNOの参入促進に向けて環境整備が進められている。

しかし，第6章で分析するように，暗黙の協調下でスマートフォン料金が高止まりしているが，MVNOの拡大が既存の携帯電話事業者に対する競争

圧力となるには，力不足の感は否めない。既存の携帯電話事業者が，SIMロック，2年縛り契約等によって，利用者をロックインしているからである。総務省が2015年12月に公表した「『スマートフォンの料金負担の軽減及び端末販売の適正化に関する取組方針』（総務省［2015f］）の策定及び携帯電話事業者への要請」（総務省［2015g］）においては，「加入者管理連係機能」を開放すべき機能とする方向で，MVNOガイドラインを見直すとしているが，これでは不十分である。SIMロックに関しては，2014年12月にガイドラインが改正され（総務省［2014e］），新規販売端末については，一定期間経過後は，SIMロックを解除する方向で動き出した。また，端末販売に際しての販売奨励金に関しても，「適正化」の方向が示されたことから，販売奨励金による「ゼロ円端末」がMVNOへの移行を阻害しているという状況にも一定の改善効果があるであろう。しかし，肝心の2年縛り契約には，基本的な改善は見られない[23]。これが，温存されたままでは，MVNOの普及にも限界がある。

さらに根本的な問題として，MVNOは既存の携帯電話事業（MNO）の設備に依存していることから，ブロードバンド市場における設備ベースの競争か，サービスベースの競争かという競争政策上の選択肢と同様の問題も検討する必要がある。

4
通信・放送融合法制の検討

4.1 挫折した情報通信法

ブロードバンド化に伴い情報メディア産業は従来のメディア毎の垂直統合から物理的なネットワーク，ネットワークサービス，コンテンツの3つのレ

---

[23] NTTドコモが2016年3月に至って，解約金のかからない期間を，2016年2月に2年定期契約の満了を迎える利用者から，契約満了月の翌月と翌々月の2ヵ月間に延長すると発表した（NTTドコモ［2016c］）。また，KDDIとソフトバンクも同様の措置を講ずると発表するとともに，3年目以降は，解約自由な料金を導入すると発表した（KDDI［2016b］，ソフトバンク［2016b］）が，2年縛り契約よりも，300円／月料金が高く設定される。

図表2-17　通信・放送融合法制検討の経緯

2006年6月	通信・放送の在り方に関する懇談会報告書	通信・放送の法体系の抜本的見直しを提言
2006年6月	通信・放送の在り方に関する政府与党合意	通信と放送に関する総合的な法体系について，基幹通信の概念の維持を前提に検討を着手し，2010年までに結論を得る
2006年7月	経済運営と構造改革に関する基本方針（骨太方針）	政府与党合意に基づき，世界の状況を踏まえ，通信・放送分野の改革を推進する
2006年8月30日	通信・放送の総合的な法体系に関する研究会設置	
2006年9月	通信・放送分野の改革に関する工程プログラム	2010年の通常国会への法案提出を目指す
2007年12月	通信・放送の総合的な法体系に関する研究会報告書	
2009年8月	通信・放送の総合的な法体系の在り方（答申）	
2010年3月	放送法等の改正案を国会提出	衆議院通過も不成立
2010年10月	放送法等の改正案を国会再提出	
2010年11月	放送法等の改正案成立	

イヤー別に分離してきている。その結果，通信と放送の境界も曖昧になり，両者をそれぞれ別の法律で規制していくことが，ますます困難になってきた。EUは，既にレイヤー別規制体系に移行している[24]。わが国においても，総務省が2006年以降，遅ればせながら通信・放送融合法制の検討に取り組んだ（図表2-17）。2006年6月には「通信・放送の在り方に関する懇談会」の報告書（総務省［2006a］）において，通信・放送の法体系の基本的な見直しが提言され，同月の政府与党合意（総務省［2006b］）において，「通信と放送に関する総合的な法体系について，基幹通信の概念の維持を前提として検討に着手し，2010年までに結論を得る」ことが確認された。

これを受けて，同年8月に総務省は通信・放送の総合的な法体系に関する研究会を設置して具体的な検討を進めることとし，同年9月には，通信・放送分野の改革に関する工程プログラム（総務省［2006c］）も示され，その中で，「融合関連」もアジェンダの1つとされた。「通信・放送の在り方に関する懇談会」からは，2007年12月には，報告書（総務省［2007h］）が発表された。これは，図表2-18に示す通り

24）詳しくは，福家［2007］を参照。

図表 2-18　通信・放送法制の抜本的再編

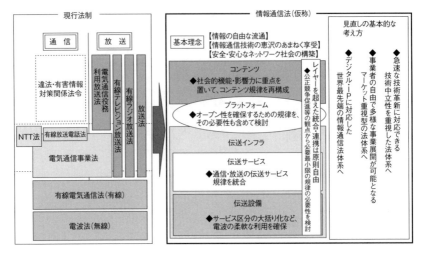

出所：総務省［2007g］

① 現行法制を「縦割り」から「レイヤー構造」へ転換し，
② 現在の通信・放送法制を「情報通信法（仮称）」として一本化する
という，EUの「2003年情報通信フレームワーク」を模した画期的な提案であった。

しかし，レイヤー別の法体系への移行は，放送業界とその代弁者たる新聞業界[25]等からの猛反発を招いた。特に，レイヤー別規制体系には，放送事業者が放送と通信には固有の役割があり，放送の信頼性・安全性の確保のためには，ハード／ソフトの一致が必要であるとして反対した。また，コンテンツ規制（図表 2-19）についても，社会的影響力を基に，特別メディア，一般メディアと公然通信に区分することは，区分自体が曖昧であるばかりでなく，インターネットを規制対象にすることにつながるとして，強い反対の意見が寄せられた。

総務省はこうした反対を無視することができず，2009年8月26日付けの

---

25) マスメディア集中排除原則が機能せず，放送事業者と新聞社が実質的には一体化していることは，言論の多様性という視点からも問題である。

図表2-19　コンテンツに関する規制案

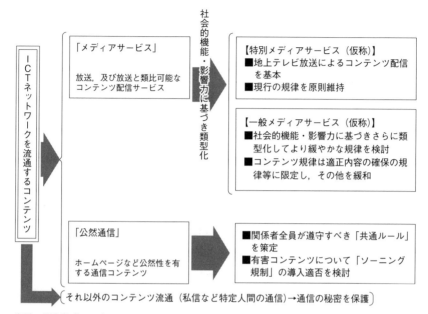

出所：総務省［2007g］

図表2-20　放送法等の改正案の枠組み

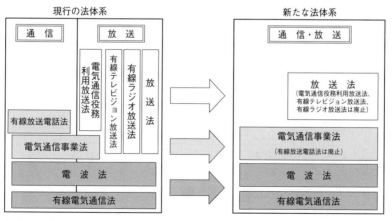

出所：総務省［2010a］

「通信・放送の総合的な法体系の在り方」に関する情報通信審議会の答申（総務省［2009b］）を受けて，翌2010年3月に放送法等の一部を改正する法律案を国会に提出した。これは，一旦衆議院を通過したものの，不成立になった末に，同年11月に成立した（平成22年法律第65号）。この改正は，図表2-20に示す通り，通信・放送の総合的な法体系を放棄して放送関係の法律を放送法に一元化するものであり，放送業界との妥協の産物であると言わねばならない。

4.2　放送関連法の一元化

この改正の第一は，放送の定義を公衆によって直接受信されることを目的とする「無線通信」の送信から，公衆によって直接受信されることを目的とする「電気通信」の送信へと変更し，放送法，有線ラジオ放送法，有線テレビジョン放送法，及び電気通信役務利用放送法の放送関連4法を放送法一本に統合したことである。これ自体は伝送路が有線か無線かを問わずに放送とすることで，インターネットを視野に入れたものとして評価されるが，放送扱いの「IPテレビ」と通信扱いのインターネット放送の区別，コンテンツ規制の問題，非対称的な著作権の取り扱いは残存した。規制の技術的な中立性という点では，基本的な問題点は解決されていない。

第二に，マスメディア集中排除原則を法定化する（放送法第93条第1項第4号，第2項）とともに，民放連が強く要望したローカル局への出資制限の緩和については，認定放送持株会社の下に，放送局を置くことを認め，持株会社に対する1株主の出資比率を10％以上，3分の1未満とすることが定められた（放送法第52条の33）。これによって，放送事業者と新聞社との実質的な一体化が解消されるとも思えず，キー局によるローカル局への支配が強化される点には危惧が残る。

この他細部では，当初3月に提出された法案と，再提出・可決された法案では以下の点が異なっている。

① 電波監理審議会の機能を強化し，独自に番組を調査し，総務相に建議できる権限を持たせるとしていたが，この部分は政府自ら条項を削除した。現在議論されている，放送法第4条が倫理規定か否かを巡る問

題にもつながるものであり,留意しておきたい。
② NHK会長を経営委員に加える規定と放送機器メーカーの役員が退任直後でもNHK役員に就任できるようにする規定も政府自らが条項を削除した。

以上見てきたように,大々的に議論されたにもかかわらず,ブロードバンドの普及に伴うメディア融合への対応という点では,複雑に利害が錯綜し,問題が先送りされているのが実態である。

5 本章のまとめ

　本章では,ブロードバンド政策と,携帯電話政策,メディア融合への対応の3点に焦点を絞って,過去10年の電気通信市場における規制政策を振り返った。そこで,明らかになった課題は,1985年の電気通信市場の自由化後30年が経過したにもかかわらず,規制政策の中心が,依然としてPOTS時代の発想に基づく,支配的な事業者たるNTTを如何に縛るかにあるという点である。同時に,携帯電話市場においては,比較審査方式に基づく,不透明な周波数割当と不十分な携帯電話事業者の合併審査の結果,寡占状態が維持され,事業者間の「暗黙の協調」ともいうべき状況が続いている。その一方で携帯電話市場に見られるように,極端な規制緩和の結果,SIMロック,「2年縛り契約」等の慣行が定着し,消費者保護の面から問題視しなければならない。この消費者保護の課題は極めて重要であるので,第6章において展開することとする。
　また,メディア融合への対応については,既存メディア業界の利害に深くかかわることから,問題が先送りされているが,ブロードバンド,スマートフォンの普及に伴う定額制の動画配信サービスの拡大,特に米国のIT企業による事業拡大を見ると,危機意識を強めざるを得ない。これは,インターネットを利用したCDNや通信の秘密とも関連するので,第7章,第8章の問題提起も参照して頂きたい。

第3章

取引費用から見たブロードバンド市場の構造分離政策

1 問題の所在

　産業組織論において，長年にわたって議論されてきたテーマの1つに「垂直統合（Vertical Integration）」がある。問題の所在は，独占的な投入財の提供者が，下流市場においても垂直統合して事業展開している場合に，上流市場における市場支配力を下流市場において濫用する可能性にある。これは，既存の垂直統合した企業に関して論じられることもあり，また，上流市場において市場支配力を有する企業が下流市場の企業と合併しようとする際の合併審査として論じられることもある。こうした市場支配力の濫用の防止が，競争政策上の重要課題の1つとして認識されてきた。そのための手段としては，行為規制と構造分離が挙げられる。

　電気通信分野においても，競争導入に伴って既存の独占的な事業者に対する重要な規制の1つに，垂直統合問題があった。既存の独占的な事業者が，市内通信事業と長距離通信事業を垂直統合して展開しているのに対して，新規に参入した長距離通信事業者は，既存事業者の市内通信サービスを投入財として長距離通信サービスを提供したからである。ここでも，相互接続の義務づけ等の行為規制と併せて，既存事業者の市内通信部門と長距離通信部門との構造分離が検討された。構造分離は，旧 AT&T を長距離通信会社としての新 AT&T[1] と複数の RBOC（Regional Bell Operating Company）に分割した米国を除いては，世界の主要国では，採用されることはなかった。

わが国においては，NTT の構造分離が1985年の NTT 発足・競争導入後も常に議論の俎上に載せられてきた。1999年に実施された持株会社制の下での NTT の再編成によって，NTT の経営形態問題も，一応決着したかに見えた。しかし，インターネット，特にブロードバンドの本格的な普及に伴って，市内通信・長距離通信の区分が意味を失ってきても，依然として NTT の経営形態問題を巡る議論が継続した。政治的には，一旦，「2010年の時点で検討を行う」（総務省［2006b］）とされた。その後，2009年から2012年の民主党政権時代に，2015年までにブロードバンド利用率100％を目指すとする「光の道」構想の中で，東西 NTT の光ファイバー管理部門の分離問題として議論された。

　本章では，ブロードバンド市場の発展に伴う，電気通信産業の構造変化を前提として，取引費用の経済学等産業組織論の研究成果を反映しながら，構造分離問題の再評価を行う。

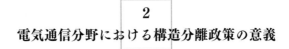

2 電気通信分野における構造分離政策の意義

2.1　垂直統合と競争政策

　「垂直統合」が問題にされるのは，垂直統合した事業者が上流市場における市場支配力を下流市場において濫用する可能性が存在するからである。垂直統合に伴う市場支配力の濫用としては，取引拒絶，競争事業者のコストの引き上げ等が典型的である。まず，上流市場において市場支配力を有する事業者が，下流市場における競争事業者に対して製品の提供を拒絶すると，競争事業者は代替品を他の事業者から仕入れることができない場合には，垂直統合した企業との競争力を失い，市場からの退出を迫られる。これが，取引拒絶の問題である。取引拒絶以外にも，競争事業者に提供する投入財の品質

1）現在の AT&T は，複数の RBOC の合併によって発足した SBC が，1985年に発足した新 AT&T の継承会社である AT&T を吸収合併して会社名を変更したものであり，この時点の AT&T とは事業範囲が大きく異なる。

を劣化させたり，発注から納入までの期間を長引かせたり，あるいは納入後に不十分なアフターサービスしか提供しないことも考えられる。これらを一括して非価格差別と呼ぶことができる。これに加えて，抱き合わせ販売・バンドリング，互換性の放棄等も問題になりうる。

また，垂直統合をした上流市場で支配的な事業者は，下流市場の競争事業者に対する卸売価格を引き上げることによって，競争事業者のコストを引き上げ，競争上不利な状況に追い込む価格差別も可能である。これが，ライバル企業のコストの引き上げと言われるものであり，マージン・スクイーズ（Margin Squeeze）も同様の問題である[2]。

こうした市場支配力の濫用を防止するために，垂直統合した事業者の投入財の提供条件を規制する行為規制と，垂直統合した事業者の独占的な投入財生産部門と下流市場における最終財の生産部門を分離する構造分離とが検討されてきた。

垂直統合にはこのように競争上の問題が指摘されるが，同時に，垂直統合には効率性を促進する側面もあることを忘れてはならない。即ち，垂直統合のメリットとして，規模の経済性，範囲の経済性に加えて，企業間に発生する非効率性の排除を挙げることができる。

その1つが，ホールドアップ（Hold Up）問題の解消である。特定の取引相手との関係においてしか価値を持たない資産に投資することは，関係特殊投資と呼ばれるが，一旦関係特殊投資を行うと，取引相手から事後的に不利な取引条件への変更，又は取引停止を迫られることが考えられる。これがホールドアップ問題であるが，このおそれがあると，有用な関係特殊投資が行われないという問題が発生する可能性がある。垂直統合は，この問題を解決することができる。

第二に調整問題の解消と取引費用の削減がある。上流市場と下流市場において，それぞれ個別の企業が活動していると，投入財を購入して最終財を生産するに当たり，仕様，品質等の調整が問題となる。垂直統合することにより調整問題を解決し，取引費用を削減することができる。

2）マージン・スクイーズについては，福家［2007］を参照。

また，二重の限界化（Double Marginalisation）の排除もメリットとして挙げられることがある。上流市場の事業者と下流市場の事業者がともに，市場支配力を有する場合，両市場において，高いプライス・コスト・マージンが発生して，小売価格が高くなるという非効率性が発生する可能性があるが，垂直統合はこの二重の限界化を防ぐことができる。つまり，垂直統合は，垂直的外部性を解決することができるのである（Tirole [1988]）[3]。

　このように，垂直統合には，競争上の問題の一方で，効率性の改善というメリットもある[4]ことから，近年の米国における合併審査においては，効率性と公共の利益のバランス分析が重視されるようになってきた（神野 [2009]）。

2.2 電気通信と垂直統合

　電気通信分野においては，一般的には，国家独占から出発して，国営企業の民営化・競争導入というプロセスが進行した[5]。電気通信分野における新規参入は，電気通信事業の費用構造と料金体系を背景として，長距離通信分野から始まった[6]。長距離通信分野に参入した新規事業者は，既存の独占事業者の地域通信設備と相互接続しないことには，事業展開が不可能である。従って，地域通信事業という上流市場で独占的な事業者が，競争的な長距離通信市場において，自社の提供する地域通信サービスを投入財として利用する新規参入事業者と競争することになる[7]。

　この場合，旧独占事業者による垂直的な排除行為（Vertical Foreclosure）が問題となる。旧独占事業者側には，自社の地域通信設備と競合他社の長距離通信設備の相互接続の拒否，あるいは地域通信設備の利用料金を高く設定する等によって，競合他社の市場からの退出を迫るというインセン

---

3) もちろん二重の限界化の前提は，上流市場の事業者と，下流市場の事業者がともに市場支配力を有することであるので，下流市場が競争的であれば，問題にならない。
4) 詳細な議論は，Joskow [2006], Rey & Tirole [2007], Riordan [2008] 等を参照。
5) 米国の電気通信事業は，その黎明期以来，一貫して民間企業によって展開されてきたが，AT&Tによる独占体制が形成されたため，民営化こそ伴わなかったが，競争導入という点では，問題の性格は同一である。
6) 詳しくは，福家 [2000] を参照。
7) 詳しくは，Armstrong [1998] を参照。

図表 3-1　構造分離の態様

区　分		備　考
資本分離		AT&T 分割（1984年）
分離子会社		NTT 再編成（1999年）
事業分離	自律運営	BT の Openreach 設立（2006年）
	独立のインセンティブ	
	単純	ネットワークの分離
仮想的な分離		ネットワークの変更なしで事実上の同一性を確保
卸売り部門の創設		自社と競争事業者の間の非差別的な取扱いの保証なし
会計分離		

出所：Cave［2006］を基に作成

ティブが存在する。従って，公正な競争を実現するためには，旧独占事業者による垂直的な排除行為を防ぐことが不可欠である。

そのための方策は，行為規制と構造分離とに分かれる。行為規制には，相互接続の義務づけや相互接続料金の規制等がある。一方，構造分離は，独占事業者の独占部門，即ち，地域通信事業と競争部門である長距離通信事業とを分離して，別個の企業の事業とする方法である。

電気通信分野における構造分離には，資本の分離を伴う狭義の「構造分離」から資本分離を伴わない単なる会計分離まで，多様な態様がある。Cave（, Martin）は図表 3-1 に示すように 8 つに区分している（Cave［2006］）が，ここでは，EU の分類（EC［2007c］）に従い，資本分離を伴うものを「構造分離」，伴わないものを「機能分離」としておこう。主要国で，資本分離を伴う「構造分離」が実行されたのは1984年の AT&T 分割[8]のみである。EU において言及されることの多い英国の BT（British Telecommunications）の Openreach は，BT という 1 つの株式会社内において，ボトルネック性を有するアクセス設備を担当する自律的な事業部門を創設したもので，機能分離のうちの事業分離の一種である[9]。わが国において，1999年に実施された，NTT の，東西 NTT と NTT コミュニケーションズ，NTT ドコモ等への，持株会社の下での再編成は，完全な資本の分離を伴う

---

[8] 形式的には，AT&T の長距離通信会社としての AT&T と地域通信会社（RBOC）への分割は，修正同意判決に基づく AT&T の自主的な組織再編成である。
[9] 詳しくは，福家［2007］を参照。

ものではないことから,「分離子会社」に位置づけられるものである。

　その他の主要国においては,構造分離が議論の俎上に載せられるものの実行には移されていない。その理由としては,構造分離には公正競争と効率的な経営との間のトレードオフが存在すること,構造分離を実施したとしても,相互接続料金規制等の行為規制は不可欠であること等が挙げられる。それ以上に無視できないのは,電気通信分野の市場構造の変化である。伝統的な電話サービス（POTS）の時代には,メタリックの通信回線と電話交換機によって構成される回線交換網という定着した技術に基づいて,物理的なネットワークからコンテンツ層までが垂直統合される形で提供されていた。しかし,ブロードバンドの普及とともに,光ファイバー,無線回線等様々な通信回線とIPという革新の激しい技術に基づいて,物理的なネットワークからコンテンツまでがレイヤー別に分離されて提供されるようになり,どこで構造分離するべきか,ということも不明確になってきたのである。また,一旦構造分離を実施してしまうと,新規サービスの発展を阻害することも危惧されるようになってきた。そのため,米国では,構造分離に関する議論がすっかり影を潜め,逆に,SBCとAT&Tの合併,ベライゾンとMCIの合併等垂直統合が進んでいる（神野［2009］）。

　このような中で,わが国においては,依然としてNTTの資本分離を伴う構造分離の議論が継続し,英国などEUの一部の国では既存の旧国営通信事業者の構造分離を巡る議論がくすぶり続けている。こうした状況下で,電気通信分野における構造分離の問題を,電気通信市場の構造変化と技術革新の両面から再評価することが重要である。

2.3　電気通信分野における構造分離の事例

　先にも述べたように,電気通信分野における構造分離を巡る議論は,競争導入と一体不可分である。競争導入とともに,既存事業者と新規参入事業者との間の公正競争の確保が課題となった。競争導入当初は,相互接続の義務づけ等の行為規制が中心であったが,行為規制のみでは,既存事業者の戦略的な競争阻害行為の防止には不十分であるとして,構造分離が議論されることとなった。そのモデルとされたのは,1984年のAT&Tの分割である。分

割後のAT&Tは長距離通信（LATA[10]間通信）を，新たに設立された23の RBOCは地域通信（LATA内通信）を，それぞれ扱うという事業分野規制が課せられた。ここで，留意しておく必要があるのは，当時の電気通信サービスは基本的にPOTSであったということである。つまり，ネットワーク構成上，長距離通信部分と地域通信部分を分離することは比較的容易であり，また技術的にも安定していたということである。また，AT&Tは，もともと，持株会社の下に事業運営会社が置かれるという運営形態をとっていた。構造分離の検討に当たっては，そのコストと便益の比較が問題となるが，AT&Tの場合には，この2つの要因が重なって，致命的に大きなコストが発生するものではなかったということができる。

一方，わが国においては，1985年の電電公社の民営化・NTTの発足とともに，競争が導入されたが，相互接続ルール等の行為規制の整備は不十分であった。NTT民営化の検討プロセスで，電電公社の分割民営化も検討の俎上に載せられたが，政治的な妥協の結果，全国1社体制でNTTが発足したということもあって，常にNTTの分割問題が議論されることとなった。行為規制としての相互接続ルールは，1996年になってようやく整備され，NTTの経営形態は，1999年に，持株会社の下での再編成が実施され，一応の決着をみた。この段階では，POTS網のデジタル化が完了し，地域通信設備と長距離通信設備の分離も比較的容易になっていた。但し，これはPOTS網に限ったことで，その後のインターネットの普及に伴い，地域通信／長距離通信の区分が無意味になったことは後述する。

2.4　ブロードバンド化の進展に伴って多様な展開を見せる構造分離政策

ブロードバンドの普及に伴って，地域通信／長距離通信の区分が消滅し，ネットワークとネットワークへのアクセスという区分が唯一残ることになる。構造分離の議論は既存の事業者のアクセス部門の取り扱いへと移っていった。

---

10) Local Access And Transport Areaの略。人口や人口密度等を考慮して全米で193のLATAが設けられた。

米国では，ブロードバンドへのアクセス事業において，地域通信事業者とケーブル TV 事業者との間の競争が進展したことから，構造分離に関する議論が影を潜め，構造分離とは逆に地域通信事業者による長距離通信事業者との大型合併が進行している。

　他方で，アクセス部門の機能分離が本格的に採用されたのは，英国である。英国においては，1984年の BT の民営化以降，一貫して行為規制が採用されてきたが，固定通信分野の競争は遅々として進展しなかった。このためOfcom（Office of Communications）によって「電気通信の戦略的レビュー（Strategic Review of Telecommunications）」が行われ，BT に対して資本分離をもちらつかせながら競争事業者と自社のアクセス設備利用部門との間の「アクセスの同等性」を確保するよう圧力をかけ続けた。その結果2005年2月に，BT 自らがアクセス部門の機能分離を提案し，2006年1月，Openreach という名のアクセス部門が設立された。Ofcom はこれによって，BT がアクセスサービスという市場支配力を有している上流市場と，それを利用した電気通信サービスという下流市場で垂直統合していることから生じる競争上の問題が，競争事業者と BT 内部との間で「アクセスの同等性」が確保されることで，解決されるとしている。

　これと同様の議論がわが国においても展開されている。2006年6月に発表された「通信・放送の在り方に関する懇談会　報告書」（以下，「竹中懇報告書」）（総務省［2006a］）において，「NTT 東西のボトルネック設備について，会計分離の徹底，接続ルールの遵守強化を図るための体制整備，ボトルネック設備へのアクセスの真の同等性の確保を実現するとともに，IP ネットワークによる映像配信サービスについても公正競争を確保するための措置等を一体として速やかに措置し，NTT 東西のボトルネック設備の機能分離を徹底すべきである」として，東西 NTT の中で，メタリック・ケーブルや光ファイバー等の「ボトルネック」部門の機能分離を図ることが提言された。さらに，NTT グループの資本分離について，2010年の時点で検討することとなっていた（総務省［2006b］）。

　2009年から2012年の民主党政権下では，FTTx の普及を進める「光の道」構想を巡る議論（総務省［2010c ～ f］）の中で，第2章で見たように，東西

NTTのFTTx管理部門の機能分離，資本分離が議論された。中には，東西NTTのFTTx管理部門を「国策会社化」する案まで飛び出し，議論が混迷したが，2011年に事業法とNTT法が改正され，東西NTTの第一種指定電気通信設備管理部門と利用部門間のファイアーウォールを強化すること等が実施され，一応の決着をみた。

英国では，依然としてメタリックの加入者回線が主流で，光アクセスの普及が遅れており，かつ，BTの市場支配力が強いことを背景として機能分離が採用されたものである。これをそのまま市場構造の異なるわが国において適用することはできない。しかも，機能分離に加えて，資本分離が必要か否かに疑問が残るところであり，市場構造の異なるわが国における議論において，留意すべきところである。

POTS市場のように，技術が成熟した市場と異なり，ブロードバンドアクセス市場は，今まさに様々な技術が登場しつつある市場である。近年のスマートフォン・LTEの普及に伴い，携帯電話も新たにブロードバンドへのアクセスサービスと見ることもできる。ここに構造分離を適用することには問題が多い。構造分離に伴って促進される競争の便益が，構造分離に伴うコストを上回るか否かを，冷静に分析する必要がある。具体的なコスト／便益分析の議論に入る前に，検討の前提となる日米欧のブロードバンド市場を比較してみよう。市場構造が異なれば，自ら結論が異なることになるからである。

3 日本のブロードバンド市場

わが国のブロードバンド市場は，2000年に加入者回線のラインシェアリングとコロケーションが認められて以降，DSLを中心として急成長し始めた。ラインシェアリングの料金が極めて低額に設定された（図表3-2）ことから，サービスベースの事業者の新規参入が促進され，特にソフトバンクは低料金を売り物に積極的なマーケティングを展開した。その結果，わが国のブロードバンドは価格，伝送速度の両面で，世界をリードしてきた。

図表3-2　ラインシェアリング料金の国際比較（2004年10月現在）

区　分		ドライカッパー	ラインシェアリング
日本	NTT 東	1,256円	158円
	NTT 西	1,318円	165円
英国		£8.76（1,752円）	£2.26（452円）
ドイツ		€11.80（1,652円）	€2.43（340円）
フランス		€10.50（1,470円）	€2.90（406円）

出所：Kamino & Fuke [2008]

図表3-3　ブロードバンド利用者数の推移

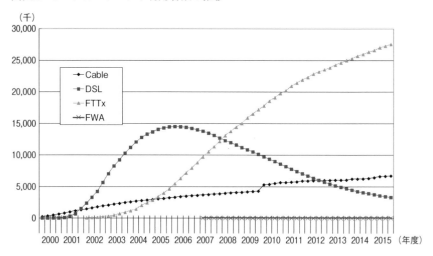

　わが国においては，DSLに引き続きFTTxの普及が進んだ。FTTx市場においては，電力系事業者と東西NTTが設備ベースの競争を展開したが，これらの事業者はソフトバンクの低額のDSLに対抗するために，FTTxの小売料金を引き下げていった。その結果，世界に先駆けてFTTxが主流を占めるようになり，FTTxの利用者数は，2008年度の第1四半期にはDSLを上回った（図表3-3）。また，2008年3月からはFTTxを利用して本格的にNGN（Next Generation Network：次世代ネットワーク）のサービスが開始されたことが特徴的である。

　但し，こうしたFTTxの急速な普及には規制上の歪みが伴った。東西NTTに対してはダークファイバーの提供義務と併せてマージン・スクイー

図表 3-4　固定端末系伝送路設備における東西 NTT のシェア　　（単位：％）

（年度末）	2004	2005	2006	2007	2008	2009	2010	2011	2012	2013	2014
メタリック	95.3	94.8	93.9	92.8	92.2	90.6	89.1	88.4	87.3	86.6	80.6
光	78.1	78.6	78.9	78.9	78.8	77.3	77.2	77.3	78.4	78.3	78.3
計	94.7	93.8	92.5	91.0	90.0	87.9	86.3	85.3	84.5	83.7	79.7

出所：総務省資料を基に作成
(http://www.soumu.go.jp/menu_news/s-news/2008/080617_4.html)

図表 3-5　FTTx 小売市場における東西 NTT のシェア　　（単位：％）

区分	戸建＋ビジネス向け			集合住宅			全　　体		
	2004	2008	2014	2004	2008	2014	2004	2008	2014
東西 NTT	74.6	78.7	70.6	35.0	67.6	69.7	57.5	74.1	70.3
電力系	22.3	11.8	10.4	12.4	6.2	5.9	16.2	11.1	8.8
USEN	1.6			20.3	8.0	5.9	9.7	3.4	2.2
KDDI		7.1	13.7	7.3	7.0	10.3		7.1	12.5
その他	1.4	2.4	5.2	22.9	11.0	8.2	16.7	5.9	6.1

出所：総務省資料を基に作成

ズ規制が課せられていたことから，東西 NTT にとっては，小売料金を低額に設定すると，卸売料金（ダークファイバーの使用料）を引き下げることが必要であった[11]。そのレベルは，東西 NTT が採算割れであると主張する水準であり，一部の電力系事業者を除いては，積極的に設備ベースの競争を展開しようとする事業者は存在しなくなった。その結果，FTTx においては，特に集合住宅向け市場において東西 NTT のシェアの上昇が著しい。図表3-4に示すように，FTTx の卸売市場では東西 NTT のシェアが微増し，図表3-5に示した小売市場でも，設備ベースの競争を展開する電力系事業者のシェアは低下し，サービスベースの競争が主体の USEN のシェアも低下している。こうした FTTx の卸売・小売両市場の状況を受けて，東西 NTT の FTTx を投入財として使用する小売事業者は，再び NTT のアクセス部門の資本分離を主張するようになった。しかし，総務省の規制政策が，FTTx の卸売市場における，電力事業者等の事業運営を困難にし，また，小売市場においても，東西 NTT に対する設備ベースの競争が進展しないとい

---

11) 詳しくは，福家［2007］を参照。

図表3-6　東西NTTとジュピターテレコムの経営規模の比較（2012年度）

（単位：百万円）

	NTT東	NTT西	ジュピターテレコム
売上高	1,831,797	1,627,980	376,835
営業利益	65,071	19,205	71,414

出所：各社報道資料を基に作成

う市場構造を形成したということを忘れてはならない。

　ここで，米国との比較で重要となる，ケーブルモデムについて触れておきたい。図表3-3に示すように，ケーブルモデムの利用者数は着実に増加しているものの，ブロードバンド全体に占めるシェアは，2015年度末現在で11.4％にとどまっている。これは，わが国においてMSO（Multiple System Operator）の形成が遅れていることの反映である。その背景には総務省のケーブルTV政策がある。ケーブルTV事業者のサービスエリアが同一市町村内に限定され，また米国において一般的なMSOが，わが国では認められなかったため，小規模のケーブルTV事業者が多数存在するという状況が長期にわたって継続した。1993年のMSOの解禁以後，ジュピターテレコムのようなMSOがM&Aによって規模を拡大したが，ジュピターテレコムの加入者数は，2015年末現在で，352万にとどまり，米国のComcastの2015年末現在の加入者数2230万の15.8％に過ぎない。また，売り上げ規模も東西NTTの10分の1程度である（図表3-6）。このように脆弱なケーブルTV事業者が，東西NTTに対抗することは期待すべくもなかった[12]。規制政策がブロードバンドにおけるFTTxとケーブルモデムとの間のモード間競争の進展を阻害する一因となったと言えよう。

4
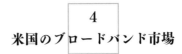
米国のブロードバンド市場

　米国のブロードバンド市場の特徴は，地域通信事業者のDSLとケーブル

---

12) 但し，2013年8月に，KDDIがジュピターテレコムを連結子会社化したことから，携帯電話とブロードバンドのセット割引等両者のビジネスの一体展開が可能となった。

モデムの間の設備ベースの競争が進展していることである。FCC（Federal Communications Commission：連邦通信委員会）の統計によれば（図表3-7），ブロードバンド市場[13]における2013年末現在のアクセス技術別シェアは，携帯電話を除外すれば，DSLが32.1％，ケーブルモデムが56.2％となっている。

　その背景には，ケーブルモデムとDSLに関する規制の非対称性がある。米国のケーブルTVはわが国とは異なり早くからMSOが認められていた。また，1992年 Cable Competition and Consumer Protection Act でケーブルTV料金は規制されたものの，ケーブルTV網を通じて提供されるケーブルモデムやVoIP（Voice over Internet Protocol）等のような新サービスは完全に非規制であった[14]。即ち，ケーブルTV事業者はアンバンドリング義務を負わないばかりでなく，'Open Access' も義務づけられていないため，@HomeやRoadrunner等の自社のISPサービスをケーブルモデムと一体で提供している。大手のMSOはその資金力を背景に積極的にケーブルモデム設備に投資することが可能であった。

　一方，DSLの場合には，1996年電気通信法に基づくFCC規則において，地域通信会社に対して，アンバンドリング義務を課した[15]。しかし，これに反発する地域通信会社からは，数度にわたる訴訟を起こされ，差し止め判決

図表3-7　米国のブロードバンド市場　　　　　　　　　　　　　　（単位：％）

区　　　分	2007年6月末	2007年12月末	2013年12月末
ケーブルモデム	34.1（52.4）	30.1（52.0）	18.4（56.2）
ＡＤＳＬ	27.3（41.9）	24.3（42.0）	10.4（32.1）
光ファイバー	1.4（2.1）	1.5（2.6）	2.6（8.1）
SD SL・伝統的な地上回線	1.0（1.1）	0.7（0.7）	0.2（0.8）
携帯	35.0	42.1	67.3
その他	1.2（1.9）	1.2（2.1）	0.6（2.6）

注：（　）内は携帯を除いた場合の比率。
出所：FCC［2008］［2014b］を基に作成

---

13) FCCは上り下り双方の伝送速度が200Kbps以上の回線をブロードバンドと位置づけており，少なくとも，数Mbpsクラスが常識となっているわが国とは大きく異なることに留意する必要がある。
14) 詳細は，Crandall［2005］参照。
15) FCC［1996］が当初の規則である。詳しくは，福家［2000］を参照。

が出るつど，FCC は新規則を制定してきた。この問題に一応の決着を見たのは，FCC の新規則（FCC［2003］［2004］）によってである。ここでは，銅線ループのフルアンバンドリング提供義務は維持されたものの，その他のアンバンドリング義務が以下の通り大幅に緩和された。

① 既存の CLEC（Competitive Local Exchange Carrier）の顧客に対するラインシェアリング義務は維持されたが，新規の顧客に対する義務は，徐々に緩和し，3年後に廃止することにされた。
② FTTx ループに対するアンバンドリング義務は，64Kbps の音声級パスを除いて廃止された。

さらに，FCC は2005年にケーブルモデムを 'Information Service（情報サービス）' であると位置づけたこととの整合性をとるため，DSL を 'Information Service' であるとした（FCC［2005a］）[16]。これによって DSL はようやくケーブルモデムと同一の土俵に立つことができ，地域通信会社も DSL サービスに注力を始め，ケーブルモデムと DSL の間の設備ベースの競争が進展した。このため，米国においては，地域通信会社の構造分離を巡る議論は鳴りを潜めている。むしろ，FCC は SBC と AT&T, Verizon と MCI 等の合併を承認したため，地域通信事業者と長距離通信事業者の垂直統合が進展し，FCC は構造分離政策を放棄したように見える。

そもそも，構造分離政策の狙いは，上流市場で支配的な事業者が下流市場において，その市場支配力を濫用することを防止することにある。ブロードバンド市場において設備ベースの競争が進展していることは，地域通信会社のアクセスサービスのボトルネック性が希薄となり，上流市場において，市場支配力を有するとは言えなくなり，下流市場において上流市場における市場支配力を濫用する蓋然性が消滅したことを意味する（図表3-8）。即ち，構造分離の必要性がなくなったのである。但し，これは，FCC が大規模 MSO の形成を容認することによって，ケーブルモデムサービスに積極的に投資することのできる資金力を有するケーブル TV 事業者が存在したのと同

---

16) FCC は2015年の新オープンインターネット規則（FCC［2015］）において，BIAS（Broadband Internet Access Service）を電気通信サービス（Telecommunications Service）に再定義したが，アンバンドリング義務については，変更はない。詳しくは第7章を参照。

図表 3-8　構造分離と米国のブロードバンド市場

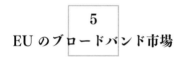

時に，ケーブル TV を非規制とする一方で，地域通信事業者に対するアンバンドリングを義務づけた，非対称規制の結果であるということに留意しなければならない．規制が米国特有の市場構造を形成したと言える．

5
EU のブロードバンド市場

5.1　EU のブロードバンド市場

　EU 諸国における競争導入は1984年に実施した英国を除き，日米に比べて大幅に遅れ，1996年の完全競争導入を求める指令（EC［1996］）に基づいて実施された．このため，ブロードバンド時代を迎えた時点で，POTS の競争の進展は日米より大きく遅れていた．即ち，日米でブロードバンドの競争政策が議論されている時に，競争政策を巡る議論は，依然として，POTS が中心であった．例えば，ドイツにおいて2000年代初頭に LLU（Local Loop Unbundling）[17] の利用が拡大したが，主として音声サービスに利用された．ドイツやフランスにおいて，ブロードバンドのために LLU が利用され始め

17）ここでは，LLU にドライカッパーとラインシェアリングを含めて考察する．

たのは2004年頃からであった。EUは，2000年にLLUの義務づけを行った（EC［2000］）が，2003年情報通信フレームワークの導入以後は，市場分析に基づいて規制するか否かを決定するアプローチに移行した。このため，LLUに関する規制は加盟国の市場構造によって異なることとなった。

一方，ケーブルTVは，普及率が高い国が一部にあり，これらの国においては米国のように，地域通信事業者とケーブルTV事業者との間に，設備ベースの競争が進展する可能性は存在した。しかし，例えば，ドイツにおいては，ケーブルTVの普及率が高かったものの，その大部分を通信事業者であるDT（Deutsche Telekom）が所有していた[18]。DTは通信サービスとの競合をおそれて，ケーブルモデムの展開に消極的であったため，ケーブルモデムは普及しなかった。

5.2 英国の「機能分離」と構造分離政策の評価

このようにブロードバンドの普及が日米に立ち遅れ，また競争事業者によるLLUを利用したDSLサービスの提供も拡大しなかった（図表3-9）。このためEUにおいては，構造分離を巡る議論が活発化した。

その口火を切ったのは本章2.4節で紹介したように，英国である。BTは，Ofcomの圧力を受けて，BTの社内で自律的にアクセス設備事業を運営するOpenreachを設立した。EU自体の構造分離に対する評価は揺れ動いた[19]

図表3-9　LLUの利用状況（2008年9月末現在）

区分		ドライカッパー		ラインシェアリング		計		メタリック回線数	総回線数に占める比率(%)	
		2004年6月末	2008年9月末	2004年6月末	2008年9月末	2004年6月末	2008年9月末		2004年	2008年
英国	回線数	7,580	1,448,407	6,270	3,635,323	13,850	5,083,730	21,035,169	0.1	24.2
	割合(%)	54.7	28.5	45.3	71.5	—	—	—	—	—
ドイツ	回線数	650,000	7,900,000	0	100,000	650,000	8,000,000	29,200,000	2.2	27.4
	割合(%)	100.0	98.8	0.0	1.3	—	—	—	—	—
フランス	回線数	13,066	4,574,000	711,754	1,434,000	724,820	6,008,000	21,000,000	3.5	28.6
	割合(%)	1.8	76.1	98.2	23.9	—	—	—	—	—

出所：ECTA［2009］を基に作成

18）1999年のEU指令によって通信事業者はケーブルTV事業の分離を求められたため，DTもケーブルTV事業を手放した。
19）情報通信担当のEU委員であるRedingは当初，機能分離を含めた広義の構造分離を提案して

が，「2006年規制見直し」作業[20]の中で，行為規制によっても公正競争が実現困難な場合，例外的な是正措置として，機能分離を採用することを提案していた（EC [2007a]）。ERG（European Regulatory Group）[21]は，2007年10月，機能分離は差別的な取扱いの禁止等の行為規制のみでは十分でない場合に限って，十分なコスト・便益分析を実施した上で，各国の実情に応じて導入を検討すべきであるという見解を表明した（ERG [2007]）。また，ERGは株式分割を伴う構造分離には明確に反対した。

　機能分離案に対して，フランスやスペイン等のERGメンバーは，自国での機能分離を拒否している。また，ドイツの経済技術省（Ministry of Economics and Technologies）も機能分離自体を否定している。他方で，スウェーデンやイタリア等では機能分離が実施された。

　このようにEUにおける機能分離への対応は，加盟国間で大きく異なる。これは，OECDの議論（OECD [2002]）にあるように，構造分離の検討に当たっては，構造分離の費用／便益の分析が不可欠である（図表3-10）が，これまでの分析が抽象的なものにとどまり，「便益が費用を上回るということ

図表3-10　構造分離の費用／便益の分析

便　　　益	費　　　用
非差別的取扱いの徹底	巨額の実施費用が発生
内部相互補助の排除	不可逆性
反競争的な行為の排除による競争の促進	ブロードバンドの発展への悪影響
行為規制よりも単純	規模の経済・範囲の経済の喪失
経営者・規制当局は卸売りネットワークに専念可	ネットワーク改良のインセンティブの喪失
規制コストの削減	抱き合わせのメリットの喪失
	構造分離した企業相互間の取引費用の発生
	ホールドアップ問題の発生

出所：OECD [2002] を基に作成

いた（Reding [2006a]）が，自分の主張は機能分離であると軌道修正した（Reding [2006b]）。
20) EUが2003年に導入した規制体系（2003年情報通信フレームワーク）においては，その発効日から3年以内に見直しを行うことが義務づけられており，新しい見直し案の2009年発効を目指して作業が進められた。
21) ERGは，2002年にEUと加盟国の規制機関との情報通信分野の規制政策に関する意見交換・調整のために設けられ，2009年にBEREC（Body of European Regulators for Electronic Communications に改組された（http://berec.europa.eu/eng/about_berec/What_is_berec/　2016年5月19日閲覧）。

は実証されていない」という域を出ていないことにも一因がある。EU の一員であるオランダの規制機関である OPTA（Onafhankelijke Post en Telecommunicatie Autoriteit）も，垂直統合に関する先行研究をサーベイして，構造分離政策の検討ステップを示した（OPTA [2004]）が，まだ具体的な分析には至っていない。ここでは，機能分離を実施した英国において，LLU の利用が機能分離を否定しているフランスに，ようやくキャッチ・アップしつつあるのに過ぎない（図表 3-9），という市場の実態に注目し，行為規制に加えて構造分離を採用することが，競争促進上大きな効果があるとは必ずしも言えない，ということに留意しておきたい。

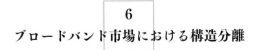

6 ブロードバンド市場における構造分離

6.1 ブロードバンド市場と構造分離

以上，日米欧のブロードバンド市場の構造と，構造分離政策を比較分析してきたが，独自のケーブル TV 政策と，ケーブルモデムと DSL との非対称規制によって，ケーブル TV 事業者と地域通信事業者との間の設備ベースの競争が進展し，結果として構造分離政策が無意味となった米国のケースは，特殊な制度的要因が特殊な市場を形成したものであり，他国における政策形成への含意は限られている。

そこで，ここでは日欧の比較を中心として，議論を展開することとする。これまでの分析に基づけば，以下のように考えることができる。わが国のブロードバンド市場において，東西 NTT に対するラインシェアリングとコロケーションの義務づけ以降，ソフトバンクの積極的なマーケティングとも相まって，DSL が急成長した。その DSL や電力系事業者との対抗上，東西 NTT が FTTx についても安価な価格設定を行い，結果として FTTx が急速に普及してきたということである。わが国のブロードバンドの発展に寄与した要因は，NTT の構造分離ではなく，LLU の義務づけをはじめとする行為規制にあったということができる[22]。

一方，比較的ブロードバンド化が遅れた EU 諸国において，BT の機能分離を実施した英国よりも，機能分離に否定的なフランス等の方が，ブロードバンドの普及が進展を見せているということは，やはりブロードバンドの普及の面での構造分離政策の有効性に疑問を投げかけるものである。

　こうした分析を補強するものとして，構造分離政策の原点に立ち返って，POTS とブロードバンド市場の相違について検討を加える。

6.2　POTS とブロードバンド市場の相違

　ブロードバンド市場における構造分離政策を検討するに当たり，留意しなければならないのは，POTS とブロードバンド市場の相違である。ブロードバンドの普及に伴って，物理層，サービス層，及びコンテンツ層のレイヤー別分離が進展するにつれ，POTS における地域通信／長距離通信の区分は無意味となってきた。

　POTS を構成するのは，加入者回線（銅線），及び市内交換機という成熟した技術であり（図表 3-11），基本的にはこれ以上の技術革新は期待できない。従って，構造分離も加入者回線と市内交換機のインターフェース部，あるいは市内交換機の出口等固定的に設定することができる。しかも，成熟した POTS においては，アクセス回線，即ち，銅線の加入者回線や，市内交換機等の設備は既に設置されており，既存事業者，即ち，上流市場の事業者は基本的に新たな設備投資を必要としない。従って，ホールドアップ問題や調整問題・取引費用の問題は考慮する必要性がないということである。

　これに対して，ネットワーク自体が自律分散的に形成され，交換機に代わってルーターがルーティング機能を担うインターネットにおいては，地域通信／長距離通信の区分が存在しない。音声自体もインターネットにおいては，様々なコンテンツの1つとして扱われることから，POTS におけるように地域通信／長距離通信に区分することは不可能である。インターネットにおいて，唯一残る区分はネットワークとネットワークへのアクセスということになる。従って，構造分離の議論は既存の事業者のアクセス部門の取り扱

22）構造分離を危惧した NTT が，行為規制に対して受容的になったということもできる。

図表 3-11　POTS とブロードバンド

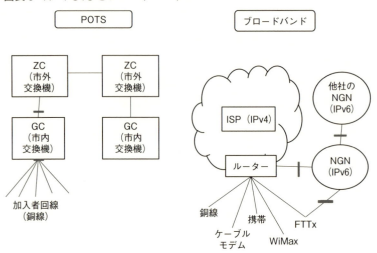

いということになる。

　しかし，ブロードバンドのアクセス技術は革新の途上にある。銅線，ケーブルモデム，携帯電話（LTE），WiMAX，FTTx 等様々な技術が次々登場し，いずれが市場を制するかは現時点予測困難である。しかも，一口にFTTx といっても，VDSL（Very high bit rate Digital Subscriber Line）のように光回線とビル内の銅線とを接続して利用するもの，1芯の光回線を複数の利用者で共用するもの，1芯の光回線を専有するもの，あるいは，1芯の光回線を波長多重等の技術を用いて高度利用するものまで，多様なサービスが存在する。従って，どの技術を利用した，どの事業者の，どの設備がボトルネックとなるかは，技術革新に依存している。例えば，わが国のFTTxにおいて，ダークファイバーの提供義務を1芯の光ファイバー単位とするか，あるいは東西 NTT が小売市場において，「プラン1ハイパー」等の商品名で1芯を複数のユーザーで共用するタイプのサービスを提供していることから，共用サービスをアンバンドリングして提供すべきであるという議論もある。つまり，市場の画定に基づく市場支配力の認定が簡単ではないということである。しかも，仮に市場を画定し，市場支配力を有する事業者が存

在すると認定されたとしても，どこで構造分離をするのが適当かも，一義的には決まらない。

さらに，インターネット技術も日進月歩であり，ネットワーク側も，従来のISP網のようなIPv4と，NTTが導入を進めているIPv6（NGN）が併存し（図表3-11），様々なアクセス技術との間の調整も複雑化している。さらに，こうした設備は既存事業者側でも基本的に建設途上の設備であり，これから巨額の新規投資が必要とされ，その設備の仕様・品質についても，下流市場の事業者との調整が必要となる。つまり，ブロードバンドにおいては，成熟したPOTSにおいては重大な問題とならなかった，ホールドアップ問題，調整問題・取引費用の問題を考慮する必要性が高いということである。

6.3 ブロードバンド市場の構造分離と取引費用

構造分離政策については，これまで産業組織論・競争法の視点から種々論じられてきた[23]。近年の議論で共通しているのは，本章冒頭でも紹介したが，垂直統合によってホールドアップ問題，調整問題・取引費用等を解消することによる事業者の「効率性」と，構造分離によって実現が期待される公正競争の成果（「公共性」）とのバランスである。このバランスを論じた文献は数多いが，ここではNGNとの関係で構造分離を評価したCave（, Martin）の研究（Cave［2008］）と取引費用の経済学[24]に依拠して議論を進める。

Caveの論点は，
① 構造分析に基づく規制が，逆に構造を規定する，
② ブロードバンドはPOTSと異なり，巨額の新規投資を必要とする，
③ 既存事業者の投資インセンティブの確保が問題となる，
④ 卸売事業と小売事業の間の調整問題が課題となる，
⑤ 垂直統合から生じる競争上の問題の大部分は，行為規制によって解決可能である，

の5つに集約される。第一の論点は，本章の分析でも確認したところである

---

23) 構造分離政策に関する理論的な推移については，Riorden［2008］が簡潔に整理している。
24) 本章での議論には，Carlton & Perloff［2005］，Williamson［1975］［1985］，小田切［2000］等が参考になる。

が,規制が構造を規定していることである。初期産業組織論におけるハーバード学派の出発点はSCP（Structure ⇒ Conduct ⇒ Performance）のパラダイムにある。電気通信においては,既存の事業者が上流市場において支配的であるという市場構造から,規制の必要性が論じられてきた。しかし,同時に,現在の市場構造（Structure）自体が規制の結果もたらされたものではないかという認識が重要である。即ち,垂直統合した事業者に対して,ボトルネック設備を有するということで,行為規制・構造分離規制を課してきたが,その結果,ボトルネック設備と考えられた設備が技術革新の結果「複製可能」になったとしても,ボトルネックにとどまってしまうことである。これまで,垂直統合が問題となった産業とは異なり,電気通信においては,技術がダイナミックに変化しているという特徴がある。POTSの時代には,技術が比較的安定していたことから,垂直統合をめぐる議論も比較的単純であった[25]が,本章6.2節で指摘したように,ブロードバンドでは技術革新が激しく,アクセス技術も銅線を利用したDSLから,ケーブルモデム,FTTx,WiMAX,携帯電話のLTE等多様な技術が登場している。そのような中で,わが国のようにFTTxに対してアンバンドリング等の行為規制に加えて,構造分離を実施すると,芽生えつつあったFTTxにおける設備ベースの競争が阻害され,結果として,FTTxがボトルネック設備と化すおそれがある。また,Caveは同様に,Openreachの創設という機能分離が,FTTxへの移行を妨げていると主張している。

　第二の問題は,ブロードバンドにおいては,ボトルネック設備についても長期にわたる巨額の設備投資が不可欠であるということである。DSLは銅線の加入者回線の品質次第で,

① 伝送品質が不安定である,
② 利用できる地域が限定されている,
③ アップロードの速度が遅い,

等の限界がある。従って,ブロードバンドへの固定的なアクセス手段として

---

[25] POTSにおいても,デジタル技術の発展に伴い,ボトルネック設備の範囲は「市内通信設備」から「加入者回線」へと縮小してきている。

はDSLに代わってFTTxが有力である[26]が，これは新規に建設される設備であり，巨額の設備投資を必要とする。従って，Caveの第三の論点である当該事業者に対する投資インセンティブの確保が課題となる。

この巨額投資の必要性と投資インセンティブ問題は，第四の論点である卸売事業と小売事業との間の調整問題につながる。ボトルネック設備の卸売部門とその他の部門を構造分離した場合の問題である。ブロードバンドのような高度なネットワークサービスの場合，ボトルネックと考えられるアクセス設備とそれを利用したネットワークサービスの間の相互調整が不可欠であるが，構造分離はこれを困難にし，冒頭で議論したホールドアップ問題が現実になるおそれがある。その解決には取引費用が発生する。

Williamson（, Oliver Eaton）は取引費用発生の要因として，限定合理性（Bounded Rationality），複雑性（Complexity）と不確実性（Uncertainty），機会主義（Opportunism），少数性の原則（a Small-Number Condition）及び情報の偏在性（Information Imperfectness）の5つを挙げ，その結果生じる取引費用を削減するものとして垂直統合された企業組織が有利になると主張する（Williamson [1985]）。さらに，設備投資に資産特殊性（Asset Specificity）がある場合には，垂直統合がより有利になるとしている。ここで，資産特殊性とは，「特定の取引相手に関して行われる耐久資産への投資」と定義されている。Caveの議論は必ずしもこのWilliamsonの考え方に沿って展開されている訳ではないが，Williamsonの考え方に基づいて補強することにより，より説得力が増すと考えられるので，以下，個別に考察する。

FTTxへの投資は，資産特殊的な投資問題そのものである。Williamsonは資産特殊性を，場所（Site），物理的（Physical），人材的（Human），及び専用性（Dedicated Assets）の4つに区分しているが，FTTxは人材的を除くいずれにも該当する。FTTxの卸売設備に対する投資は，FTTxの小売事業者向けに建設されるものであり，一旦建設されると，他の用途には転用不可能な埋没費用（Sunk Cost）となる。しかも，わが国のように，既存事業者に対してはFTTxの卸売商品（ダークファイバー）の提供義務を課し

26）事実，わが国においては，DSLからFTTxへの移行が進んでいる。

ている一方で，小売事業者側には継続使用の義務（Commitment）がない場合には，小売事業者側の機会主義的な行動を誘発する可能性が高い。例えば，自社のFTTxの利用者が地域的に散在している段階では，既存事業者の卸売商品を利用し，自社の利用者の加入密度が一定の比率に達した段階で，自前のFTTx設備に切り替えることが可能である。その結果，既存事業者は他に転用不可能なFTTx設備を，未償却な状態で抱え込むことになる。これは，現在議論されているようなFTTxの8分岐の1分岐単位での提供の義務づけが行われると，余計に顕著な形で実現することになる。つまり，小売事業者側の機会主義的な行動を助長することにつながる。

その結果，既存事業者のFTTxに対する設備投資が社会的に見て，過小な水準にとどまる危険性が出てくるが，この問題を解決するためには，詳細に取引条件を契約で定める必要があり，多大な取引費用が発生することになる。従って，取引費用を回避するためには，既存事業者の垂直統合を維持することが好ましいという結論が導かれる。

さらに，構造分離に伴って，日常の業務運営や投資に関して調整が必要となるという問題もある。市場における消費者の需要動向に応じて，整備する設備の仕様，品質，規模，地域等が決まってこなければならないが，小売市場に関する十分な情報を持たない卸売事業者は，最適な投資をすることができない。例えば，卸売事業者はエンドユーザーとの直接的な接点を持たないので，需要に関しても，小売事業者の言い分に従わざるを得ないが，投資に関するリスクを負わない小売事業者の予測は過大，且つ必要以上の高品質になりがちである。これを契約で解決しようとすると今度は，取引費用の問題が生ずる。

第五に，既存事業者による価格差別は基本的に行為規制の問題であり，構造分離によって是正しようとする非価格差別も，行為規制によって対処可能だというCaveの指摘も，NTTの再編成後の加入者回線のアンバンドリング，コロケーション，あるいは管路等の提供義務等の行為規制が，DSLにおける競争の進展に貢献したというわが国の経験，あるいは，機能分離を行った英国よりも，機能分離を行わないで，行為規制を強化した，フランス，ドイツの方がLLUによるDSLの競争が進展しているという分析を裏づ

けるものである。

7 本章のまとめ

　以上日米欧のブロードバンド市場の分析に基づいて，構造分離政策を検討してきた。そこから，導かれる結論として重要なものが2つある。その第一は，ブロードバンド市場はPOTS市場と異なり，技術的にも変化の激しい市場であり，固定的な市場を前提とした構造分離政策の採用には慎重でなければならないということである。特に，技術的な流動性が高いということは，ホールドアップ問題・取引費用の問題が深刻になるおそれがあり，その点からもブロードバンド市場に対する構造分離政策の適用には，慎重でなければならないという結論が導かれる。

　少なくとも，1950年代のハーバード学派のSCPパラダイムを単純に適用して，NTTがFTTxの卸売市場においてシェアが高いことを根拠として，NTTを構造分離すべきである，という単純な議論からは脱皮する必要がある[27]。同時に，シカゴ学派のように，垂直統合が効率性を改善するという，これまた単純な議論に与することもできない。Williamsonの取引費用の考え方等も取り入れて，構造分離の費用／便益分析を具体的に展開し，冷静，かつ論理的な結論を導くことが求められる。

　第二に，現在のブロードバンド市場の構造そのものが，規制政策の帰結であり，現在の市場構造を前提として構造分離政策を正当化することはできないということである。

　また，本章では詳述しなかったが，サービスベースの競争に対して設備ベースの競争が好ましいにもかかわらず，構造分離が設備ベースの競争を阻害するという点も忘れてはならない。

謝辞：本章の一部は，電気通信普及財団の研究調査助成の支援を受けた．駒澤大

---

27) 産業組織論の系譜については，植草［1995］，小田切［2001］等に詳しい。

学グローバル・メディア・スタディーズ学部西岡洋子教授との共同研究の成果に基づくものである。

第4章

規制の透明性の確保：
第三者機関化の必要性

1 問題の所在

　わが国における情報通信分野の規制機関の第三者機関化については，民主党から2009年7月23日に発行された政策集（INDEX2009）の「郵政事業・情報通信・放送」の項の3番目に「通信・放送委員会（日本版FCC）の設置」が謳われていた[1]。民主党は，これまでにも，2003年の第156国会，2004年の第159国会に内閣府の外局の独立行政委員会として，「通信・放送委員会」を設置する法案を提出してきたが，2009年に初めて第三者機関の代名詞として「日本版FCC」という言葉が使われた。最近では，高市早苗総務相が2016年2月8日の衆議院予算委員会において「放送局が政治的公平性を欠く放送を繰り返したと判断した場合，放送法第4条違反を理由として，電波法第76条に基づく電波停止を命じる可能性がある」という趣旨の発言をした（朝日新聞［2016］）ことをきっかけに，情報通信分野における規制機関の第三者機関化が改めて議論されるようになった。

　FCCとは，米国の放送・通信分野の独立規制機関である。独立という意味は，産業振興を担当する政府の省庁，わが国で言えば，総務省とは別の独立行政委員会で規制を担当するという意味である。ここでは，日本版FCC

1）日本版FCCについては，2009年7月27日に公表された民主党の「マニフェスト」では言及されていない。

＝放送・通信分野の独立規制機関と解して，議論を進める。

規制当局による不透明な携帯電話の周波数割当，放送免許の恣意的な付与，料金の完全自由化等の電気通信分野の行き過ぎた規制緩和，携帯電話における「ゼロ円端末」販売と硬直的な通信料金・消費者の利便性を損ねる「２年縛り契約」等放送・通信分野の問題を見ると，政府から独立した規制機関を設立することの意義は大きい。OECD諸国で，放送・通信の規制機関を独立行政委員会化していないのは日本だけであると言われている[2]。しかしながら，OECD諸国で採用されている独立規制機関も千差万別である。また，民主党の「日本版FCC構想」も曖昧模糊としたものであった。

そこで，本章では，FCCをはじめとする諸外国の放送・通信分野の規制機関の概要を解説する。その上で，民主党の「日本版FCC構想」の限界を明らかにするとともに，放送・通信分野の独立規制機関のあり方について考察する。

2
放送・通信産業と規制

そもそも放送・通信産業に何故規制が必要とされるのか。第一には，独占企業の市場支配力の濫用を防止することである。第二に，希少な資源である電波の周波数の使用が伴うことである。第三には，コンテンツ規制である。

まず，通信は，主要国においては，米国を除いて，国営独占から出発し，公社化，民営化のプロセスを経て競争導入の途を辿った[3]。電気通信事業の担い手が，通信省から，電気通信省，日本電信電話公社，日本電信電話㈱（NTT）と変遷を遂げたわが国も同様である。独占時代には，その市場支配

---

[2] 米国の対日要求にも常に放送・通信分野の産業振興政策から，規制を分離することが挙げられてきた。2016年2月に調印されたTPP協定においても，第13章電気通信で，サービス貿易一般協定（GATS）と同種の規律を確認しているので，規制機関の第三者機関化もそのスコープに含まれると解釈できる。

[3] 米国のAT&Tは当初より民間企業であったが，実質的には電気通信分野で独占的な地位を築き上げたので，競争法（反トラスト法）に基づく規制から競争導入という点では，他の主要国に先んじて問題に直面した，と言える。

力の濫用を防止するための料金規制等が必要であった。また，競争導入後においても依然として旧国営独占事業者の市場支配力が強かったことから，料金規制等は継続するとともに，新規参入事業者との公正競争を確保するために，相互接続の義務づけ等新たな規制が必要となった。

　第二に，放送，通信とも希少資源である電波の周波数を使用する。そのため，放送事業者は電波法上の放送局の免許が必要とされる。また，通信も，固定通信，移動体通信を問わず，電波の使用に当たっては，周波数の割当を受けなければならない。

　第三に，放送（地上波・衛星）は電波を利用して放送番組というコンテンツを不特定多数に対して無差別に提供することから，公序良俗に反する番組を放送しない，政治的中立性を確保する等のコンテンツ規制を課せられる。一方，通信は，「他人の通信を媒介」することから，通信の秘密の遵守義務がありコンテンツ規制は課せられていなかったが，インターネットの普及とともに，有害情報，プライバシーの侵害等が問題となり，一定のコンテンツ規制が課せられるようになってきた。

　このように，放送，通信ともに，様々な規制が課せられてきたが，その規制を誰が担当するのかが問題になる。通信の場合には，国営独占の時代には政府自身が規制の役割を担うことは当然のこととして受け止められていたが，競争導入，特に外資に対する市場開放とともに，規制上の透明性を確保するために，産業政策を担当する政府の機関から分離して，独立の第三者機関に移行すべきだとする議論が行われるようになってきた。また，放送においても，番組に対する政治的な介入の排除の視点から，第三者機関への移行が課題となってきた。

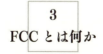

3 FCCとは何か

3.1　OECD諸国における放送・通信分野の独立規制機関

　放送・通信分野の独立行政機関といっても，図表4-1に示す通り，その

図表 4-1　主要国の通信・放送分野の政策担当と規制機関

	区分	政　　策	規　　制	備　　考
米国	放送	National Telecommunications and Information Administration（NTIA），FCC	Federal Communications Commission （FCC：1934年）	一部は州レベルで規制
	通信			
英国	放送	Department for Culture, Media and Sport	Office of Communications (Ofcom：2003年)	Ofcom の前身の OFTEL は 1984 年発足
	通信	Department for Business Innovation and Skills		
フランス	放送	Direction Generale de la Competitivite, De L'Industrie et des Services (DGCIS).	Conseil Superieur de L'Audiovisual (CSA：1989年)	郵便も担当，前身の ART は 1997 年発足
	通信		Autorite de Regulation des Communications Electroniques et des Postes (ARCEP：2005年)	
ドイツ	放送	州政府	州	通信，鉄道，ガス，電力も担当
	通信	Federal Ministry of Economics and Technology	Federal Network Agency (BnetzA：2005年)	
オーストラリア	放送	Department of Communication, Information Technology and the Arts	Australian Communications and Media Authority (ACMA：2005年)	
	通信			
韓国	放送	Korea Communications Commission (KCC：2008年)		
	通信			
日本	放送	総務省（1998年）		
	通信			

注：（　）内の数字は設立年を示す
出典：韓［2009］に加筆修正

制度は国によって様々である。韓国[4]においては，同一の独立規制機関が，放送・通信分野の政策機能と規制機能の双方を備えている。米国，英国，フランス，及びドイツにおいては，政策機能と規制機能が分離されている。しかし，英米両国においては，放送・通信を統一的に担当する規制機関が存在するのに対して，フランス，ドイツではそれぞれ別の機関が所管している。しかも通信を所管する機関が，フランスでは郵便も所管し，ドイツに至っては，鉄道，郵便，ガス，電力等のネットワーク産業を所管する等多岐にわたっている。そこで，ここでは，代表的な存在である，米国の FCC[5] を中心として見ていく。

3.2　FCC の機能

FCC とは，米国連邦政府の放送・通信分野の独立規制委員会であり，立

4）詳しくは，韓［2009］を参照。
5）米国の FCC は実質的には，政策機能の一部を担っている。

法府である連邦議会に対して直接責任を負う。2017年度事業計画（FCC [2016]）によれば，職員数約1650名，予算規模3億5800万ドルの巨大組織である。FCC の形成は1934年通信法（Communications Act of 1934）[6]にまでさかのぼる。電気通信に関する規制を定めたマン・エルキンズ法（Mann-Elkins Act）と放送を含む無線通信に関する規制法である1927年無線法（Radio Act of 1927）とを統合して1934年通信法が制定された。この法律に基づいて，放送・通信に関する規制機関として FCC が設けられた（通信法第1条）。米国には連邦政府と州政府の間の管轄権が定められているので，州をまたがる「州際通信」と国際通信，ラジオ，テレビ，衛星等は FCC の担当となる（通信法第2条）が，州内に終始する「州内通信」は，各州の公益事業委員会（Public Utilities Commission）等が担当する。なお，放送・通信に関する政策機能は商務省（Department of Commerce）電気通信情報庁（NTIA：National Telecommunications and Information Administration）が担っている。

　FCC の主な機能は以下の通り，通信・放送をカバーする幅広いものである。
① 　州際通信・国際通信の規制
② 　ラジオ，テレビ，衛星放送，ケーブルテレビ等の規制；
　　放送用免許の付与・没収，免許更新の審査，免許譲渡の認可，放送用周波数の分配と割当，放送局の立ち入り検査
③ 　ユニバーサルサービス管理会社（USAC）の監督
④ 　電波監理の制定・実施

通信法には詳細が規定されていないため，FCC に認められた自由裁量権には幅広いものがある。通信法では，その際の判断基準として，「公共の利益，便宜と必要性（Public Interest, Convenience and Necessity）」が用いられているが，抽象的なものであり，FCC の規則はしばしば裁判所の審査対象となり，否定されることもあった。

6）1996年通信法で全面改正されているので以下の記述は，1996年通信法（以下，「通信法」と称する）の規定に基づく。

図表4-2　FCCの局（Bureau）

局（Bureau）	業務内容
1．消費者・政府問題局 （Consumer & Governmental Affairs Bureau）	電気通信の商品・サービスについて消費者を教育し、情報を提供することによって、FCCの業務を理解させ、それらの活動をFCCの業務に反映させる。電気通信政策に関して、産業界、連邦、州、地方などの政府機関と調整する。
2．執行局 （Enforcement Bureau）	通信法、FCC規則、命令・認可事項を執行する。
3．国際局 （International Bureau）	衛星、国際問題についてFCCを代表する。
4．メディア局 （Media Bureau）	AM・FMラジオ放送局、テレビ放送局、ケーブルテレビ、衛星サービス等を規制する。
5．公共安全・内国セキュリティ局 （Public Safety & Homeland Security Bureau）	公共安全、国土の安全、国家安全、緊急時の対応と準備、災害時の対応に取り組む。
6．無線電気通信局 （Wireless Telecommunications Bureau）	携帯電話、PCS、ポケットベル等を管轄する。また、様々なビジネス、飛行機、海運事業者、個人の通信ニーズに対応するための周波数の使用も規制する。
7．固定通信競争局 （Wireline Competition Bureau）	州際、限定された範囲での州内の電気通信サービスを、有線ベースの伝送設備を通じて、一般ユーザーに提供する電話会社に対する規制や政策に責任を持つ。

出所：FCCのホームページ（http://www.fcc.gov/about-fcc/organizational-charts-fcc　2016年5月19日閲覧）を基に作成

図表4-3　FCCの室（Office）

室（Office）	業務内容
1．行政司法室 （Office of Administrative Law Judges）	ヒヤリングを主宰し、第一次決定を発出する。
2．通信ビジネス機会室 （Office of Communications Business Opportunities）	小規模、マイノリティまたは女性による通信ビジネスに関する諸問題、政策に関して助言を行う。
3．工学・技術室 （Office of Engineering and Technology）	非政府機関に対する周波数の割当を担当するとともに、技術的な諸問題に関して専門的な助言を行う。
4．総括法務室 （Office of The General Council）	FCCの局・室に対する法律上の助言を行う。
5．監査室 （Office of Inspector General）	FCCの活動に関して、監査・調査を実施し、監督する。
6．立法問題室 （Office of Legislative Affairs）	議会との調整を担当する。
7．事務局長室 （Office of The General Managing Director）	FCC委員長の下で、最高業務執行責任者（COO）の役割を果たす。
8．広報室 （Office of Media Relations）	FCCの広報活動を担当する。
9．戦略立案・政策分析室 （Office of Strategic Planning & Policy Analysis）	FCCの政策目的を明らかにし、戦略を策定する。
10．人材多様化室 （Office of Work Place Diversity）	職員の多様化、少数派人種の採用、雇用機会の平等に関して、助言を行う。

出所：FCCのホームページ（http://www.fcc.gov/about-fcc/organizational-charts-fcc　2016年5月19日閲覧）を基に作成

3.3 FCCの組織

　FCCは5人の委員によって構成される。委員の任期は5年である。委員は大統領によって指名されるが，上院の承認を得る必要がある。5人のうち3人までが同一の政党に所属してもいいこととされており，委員が政治的に決定される「政治任用」であることに留意する必要がある。事実，政権が交代すると，大統領は，任期のきた委員から自派の委員に交替させるのが通例である。なお，大統領は5人のうちから1人を委員長に指名する。

　5人のFCC委員の下で実務を担うスタッフは機能別に組織され，現在は図表4-2，4-3に示すように7つの局（Bureau）と10のスタッフ室（Office）から構成される。

3.4 FCCの実際の役割

　以上見てきたFCCの組織と機能から分かるように，FCCの実際の役割は規制の実行に限定されていない。むしろ，1996年電気通信法に基づく競争促進政策の導入，ユニバーサルサービス制度の改革，及び電波の周波数の割当へのオークションの採用，地上波テレビのデジタル化の推進等情報通信政策の立案をも事実上担ってきたと言ってよい。FCC委員の「政治任用」でも明らかなように，時の政権の情報通信政策を推進する役割を担ってきたものであり，決して中立的な第三者機関ではない。例えば，クリントン政権時代には，通信事業者の大規模合併には慎重な姿勢を見せていたが，ブッシュ政権になると，大規模合併の容認に転じ，SBCとAT&T，VerizonとMCI等大手地域通信会社と長距離通信会社の合併が認められている。一部の学者の中には，Huber（, Peter）等，FCCが時の権力や既存事業者の権益を守る役割を果たしてきたとして，その廃止を主張する者もいる（Huber [1997]）。

　また，わが国の議論との関係では，メディア局が放送のコンテンツを規制していることにも留意する必要がある。例えば，2004年の歌手ジャネット・ジャクソンの生中継を巡る問題で，FCCは，放送したCBSに対して，55万ドル（約5000万円）の罰金を科し，これを不服とするCBSが裁判で争う等という事件が起こっている。インターネットと放送の融合が進む中で，

FCC がコンテンツ規制を担当することを問題視する学者もいる（Lessig [2008]）。

4
WTO と独立規制機関

GATT（General Agreement on Trade and Tariff）体制はサービス貿易の拡大，多国籍企業によるグローバル化等に伴って，矛盾が表面化した。その見直しを行うために，1986年のウルグアイラウンドをはじめとして，計8回の多角的な貿易交渉が行われた。交渉は主導権の確立を狙って独自の主張を展開する米国と他国の利害が対立し，難航したが，1994年のマラケシュ

図表 4-4　GATS の構成

I	サービス貿易に関する一般協定（協定本体）	
	A	前文
	B	第1部　適用範囲と定義
	C	第2部　一般的義務および規律
	D	第3部　個別約束
	E	第4部　段階的自由化
	F	第5部　制度的規定
	G	第6部　最終規定
II	附則（Annex）	
	A	第2条（最恵国待遇）免除に関する附則
	B	サービスを提供する自然人の移動に関する附則
	C	航空運輸サービスに関する附則
	D	金融サービスに関する附則
	E	金融サービスに関する第2附則
	F	海運サービスの交渉に関する附則
	G	電気通信に関する附則
	H	基本電気通信の交渉に関する附則
III	個別約束表	
IV	閣僚決定および了解事項（ウルグアイ・ラウンド最終合意文書）	
	A	GATS の運営制度の整備に関する決定
	B	GATS の紛争処理に関する決定
	C	サービス貿易と環境に関する決定
	D	自然人の移動に関する決定
	E	金融サービスに関する決定
	F	海運サービスの交渉に関する決定
	G	基本電気通信の交渉に関する決定
	H	専門サービスに関する決定
	I	金融サービスの約束表に関する了解事項

(Marrākesh)協定によってWTO(World Trade Organization)の設立が合意された。マラケシュ協定の付属1Bとして,サービス貿易に関するGATS(General Agreement on Trade in Services)が結ばれた(図表4-4)。その執行機関としてのWTOは1995年1月に正式に発足した。急激な貿易自由化に対する途上国の反発を和らげるために,GATSにおいては,一般的な自由化義務を課す一方で,約束表(Commitment)による漸進的自由化を進めることとされた。

サービス貿易の一環としてGATS附則G,Hに基づいて,基本電気通信の自由化交渉[7]も進められ,1996年4月の決着を目指したが,最恵国(MFN：Most Favored Nation)待遇の原則に反する米国の相互主義の主張等によって,交渉は難航した。自由化に当たっての基本原則を取りまとめた参照文書(Reference Paper)(図表4-5)が,1996年4月に発出されたのみであった。この参照文書に「規制当局の独立性」が織り込まれている。

この基本電気通信交渉では,結局69カ国が自由化に向けての約束表を提出して,1997年2月に合意が成立し,1998年2月5日に発効した。わが国でも,提出した約束表に基づいて,第一種電気通信事業者に対する外資規制がNTTとKDD[8]に対するものを除いては,無線免許を含めて撤廃された。これ自体,通信市場の開放を求める米国の圧力に屈した結果であるが,その詳細は別の機会に譲り,ここでは,基本電気通信の自由化交渉の中で,「規制当局の独立性」が提起されていることを指摘するにとどめる。

図表4-5　WTO基本電気通信の規制に関する参照文書

競争に関するセーフ・ガード：反競争的行為の禁止
相互接続の保障
競争中立的ユニバーサル・サービスの仕組み
免許基準の公表
規制当局の独立性
希少資源の割当と利用

---

[7]「基本電気通信」とは電話等の単純な電気通信サービスのことであり,インターネット等の「高度通信」は自由であることが当然の前提となっている。
[8] 1998年3月にKDD法が廃止されたので,KDDに対する外資規制も消滅した。

5 OECD における独立規制機関化の動き

基本電気通信合意を受けて，OECD も，「政策・企画」機能と「規制・監督」機能を分離して独立規制機関を設置することを提唱している。それでは，なぜ電気通信分野で独立規制機関を設置することが必要とされるのであろうか。2000年に発表された OECD のレポート（OECD [2000]）では，以下の2点が挙げられている。

① 独立規制機関は，依然として既存事業者の主要な株主である政府の省庁から，距離を保つことができる。
② 規制機関が産業振興の責任を負っている場合に生じる利益相反を避けることができる。

また，OECD が2006年に発表したレポート（OECD [2006]）においては，独立規制機関の設置に当たり，報告対象，財源，トップの任命方法，任期・解任方法，役員数，法的位置づけ，規制当局と一般競争当局との関係，放送と電気通信の規制当局等を考慮すべきであると指摘している。しかし，独立規制機関の形態は，2000年の OECD レポートでも指摘されている通り，「政策機能と規制機能を区別する明確な基準」は欠如しており，結果として，図表4-1で見た通り，各国の独立規制機関の組織・機能は多様であることに留意する必要がある。

それを確認する意味で，欧州では例外的に電気通信分野の自由化で先行した，英国の規制機関を見てみよう。

6 英国の規制機関：Ofcom

英国においては，郵便，電気通信両事業を運営する Post Office が1969年に公社化されていたが，1981年にサッチャー改革の一環として，電気通信部門が分離されて，BT が公社として発足した。同時に1984年通信法に基づいて，電気通信分野の競争も導入され，BT は1984年に民営化された。本章の

図表 4-6　Ofcom の組織

競争政策グループ（Competition Group）
コンテンツ・消費者・渉外グループ（Content, Consumer and External Affairs Group）
法務（Legal）
運営（Operation）
周波数政策グループ（Spectrum Policy Group）
戦略・国際・技術・経済学者（Strategy, International, Technology and Economists）

出所：Ofcom［2015］を基に作成

　テーマである規制機関については，独立規制機関として OFTEL（Office of Telecommunications）が設立された。電気通信政策は，貿易産業省（Department of Trade & Industry）が担当し，貿易産業大臣が規制機関としての OFTEL の長官を任命した。OFTEL の長官の任期は5年とされ，任期途中での解任は許されず，また，国会に対しては報告義務を負うのみで，独立性が確保されていた。

　この OFTEL は，2003年の EU の新しい規制体系の導入[9]に伴って，他の通信・放送分野の規制機関と統合され，2003年12月に，Ofcom となった。政策機関は，通信分野は，ビジネスイノベーション・スキル省（BIS：Department for Business Innovation and Skills），放送分野は文化・メディア・スポーツ省（DCMS：Department for Culture, Media and Sport）と担当が分かれている。Ofcom の意思決定機関は，企業の取締役会と同様に，会長（非常任），CEO（常任），常任委員（非常任委員と会長の合計より少ない人数），及び非常任委員（3名以上6名以下），からなる委員会（Board）である。両担当大臣は，会長の任命・解任，非常任委員の任命・解任，常任委員数の決定，CEO の承認に関する権限を有する。Ofcom は，現在10名の委員で構成されている（Ofcom の主要機能を図表4-6に示す）。Ofcom は，情報通信分野の規制権限に加えて，競争法の運用に関して，競争法当局と並列的な権限を有していることが，FCC と大きく異なる。この強い権限が，Ofcom の規制権限力の源であるとも言える。Ofcom もまた，2015年3月末の職員数が787名，2014年度の支出が1億1600万ポンドの巨大組織である

---

[9] 詳しくは，福家［2007］を参照。

(Ofcom [2015])。

7
「日本版 FCC 構想」の問題点

　以上，米国の FCC，英国の Ofcom を中心として，主要国における，情報通信分野の「独立規制機関」の実態を見てきたが，いずれも「独立」とは謳っているものの，政府の強いコントロールの下にあり，決して時の政権から独立している訳ではないことが明らかになった。

　また，放送・通信分野の独立規制機関の設立を米国等が要求する背景には，それを梃子として米国流の市場自由化を迫るという意図があることも無視できない。それでは，わが国の民主党が提唱した日本版 FCC（民主党 [2009]）とは，どのような機能を担うべく構想されたのであろうか。同党の政策集では，通信・放送委員会（日本版 FCC）について，以下のように述べられている。

　「通信・放送行政を総務省から切り離し，独立性の高い行政委員会として通信・放送委員会（日本版 FCC）を設置し，通信・放送行政を移します。これにより，国家権力を監視する役割を持つ放送局を国家権力が監督するという矛盾を解消するとともに，放送に対する国の恣意的な介入を排除します。

　また，技術の進展を阻害しないよう通信・放送分野の規制部門を同じ独立行政委員会に移し，事前規制から事後規制への転換を図ります。

　さらに，通信・放送の融合や連携サービスの発展による国民の利益の向上，そしてわが国の情報通信技術（ICT）産業の国際展開を図るため，現行の情報通信にかかる法体系や規制のあり方等を抜本的に見直していきます。」

　ここからは，次のようなキーワードが浮かび上がってくる。
① 独立行政委員会
② 放送に対する国の恣意的な介入の排除

③　事前規制から事後規制への転換
④　通信・放送の融合，連携サービス
⑤　ICT 産業の国際展開

　ここに，米国の FCC や英国の Ofcom に見られる，消費者保護の視点が欠落していることは，大きな問題であるが，まず，このキーワードに沿って検討を加えることにしよう。

　まず，第一の独立行政委員会であるが，具体的な提案がないので，民主党が第156回通常国会（2003年）と第159回通常国会（2004年）に提出して否決された「通信・放送委員会設置法案」から推測するしかない。そこには，通信・放送委員会は両議院の同意を得て，内閣総理大臣が任命する任期 5 年の委員長及び委員 4 名で構成し，そのうちの 3 名以上が同一の政党に属してはならない（同法案第 6 条〜第 8 条），とされていた。これは，FCC の規定をそっくり模倣したものである。

　原口一博総務相（当時）は2009年10月 6 日付けの朝日新聞のインタビュー記事（朝日新聞［2009］）の中で，「日本版 FCC」を「表現，報道の自由を守るため権力側を監視する機関」とすると表明し，「国家公安委員会が警察庁を監視している」のと同様なシステムのイメージだと説明していた[10]。また，「委員の政治的な中立性を重視」し，「公選制の導入も検討する」と述べていた。現在の「国家公安委員会」が決して政治的に中立でないことは明らかであるにもかかわらず，「国家公安委員会」が政治的に中立な機関であるかのような認識で果たして，政治的な中立性が確保されるであろうか，という疑問は残る。

　第二の放送に対する国の恣意的な介入の排除であるが，委員がこのように「政治任用」される可能性がある限り，「日本版 FCC」が総務省の放送行政をチェックすることができるのであろうか。これまでも，自民党やその意を受けた総務省は放送番組に対する介入を強めてきたとされる事例はある。NHK の番組「戦争をどう裁くか（2）問われる戦時性暴力」（2001年 1 月

---

10) 米国の FCC は放送番組の内容を規制する権限を持っており，報道の自由を確保するために「権力の番組介入を監視する」委員会に，日本版という修飾語をつけたとしても，FCC という名前を使用するのは誤用ともいうべきである。

30日放送）に，自民党の安倍晋三幹事長代理，中川昭一経済産業相（いずれも当時）が事前に介入し，番組の内容が大きく変更された，と一部では指摘されている。

　正式の機関が設置されることによってこれまで以上に政治的な介入の危険性が増すことが危惧される。番組問題については，NHK・民間放送事業者によって設置された放送倫理・番組向上機構（BPO：Broadcasting Ethics and Program Improvement Organization）の下に，放送事業者以外の第三者からなる3つの委員会が設置され，不十分ながらも番組問題に自主的に取り組んできた。言論の自由・表現の自由が保障されるべき放送番組については，こうした第三者機関の取り組みに任せることを考える必要がある。

　第三の事前規制から事後規制への転換は，これまで進められてきた情報通信分野の行き過ぎた規制緩和の流れをさらに加速化する危険性を有する。米国においては，市場原理主義の立場に立ったシカゴ学派の主張に沿って，公益事業分野の規制緩和が進められてきた。これは，ハーバード学派の独占的な市場構造自体が独占的な価格設定等の好ましくない市場行動に至るとするSCPパラダイムを否定し，潜在的な市場参入の可能性がある限り，政府の介入は好ましくないとする考えである。従って，公益事業のそれぞれの分野の「業法」に基づく事業規制は廃止して，市場競争に任せ，競争上の問題が出てくれば，競争法で事後的に取り締まればいいということになる。わが国の電気通信分野でも，この考えに基づいて大幅な規制緩和が進められ，電気通信事業者の提供するサービスの料金については，NTTの固定電話サービスを除いては，契約約款の作成義務さえ廃止され，事業者は相対取引で自由に料金を決められることとなった。その結果，1人1台までに普及するに至った携帯電話についても，料金規制はなく，企業等の大口利用者向けの料金がどうなっているのかさえ明らかではない。その一方で，一般利用者向けの料金は高止まりし，携帯電話事業者は高い利益率を確保している。また，携帯電話自体が電子商取引やオンラインゲーム等に広く活用されるようになり，幼児等が保護者の知らないうちにオンラインゲームの高価なアイテム等を購入し，高額な料金を請求されるという事件が多発しているが，これに対しても，規制は行われていない。

このように，事前規制から事後規制への移行は，消費者の保護という視点から見ると様々な問題点を孕んでいるものである。

第四に，通信・放送の融合，連携サービスについては，2006年以来総務省が検討を進めていた「情報通信法（仮称）」にも関連する。第2章でも触れたように，総務省は当初，現在の通信・放送法制を一本化した「情報通信法」の制定を目指していた（総務省［2007h］等）。しかし，コンテンツ規制を巡って，放送業界・新聞業界から，強い反発を招いた。通信・放送に関係なく，伝送設備，伝送サービス，及びコンテンツのレイヤー（層）構造に対応した規制体系とすることは，これまで，放送業界が金科玉条としてきた「ハード・ソフト一致の原則」が見直されるということであり，放送業界が猛反発をしたからである。それに加えて，総務省は，通信・放送に関係なく，コンテンツを「メディアサービス」（放送，及び放送と類比可能なコンテンツ配信サービス）と「公然通信」（ホームページ等公然性を有するコンテンツ）とに大別し，さらに前者を放送等の「特別メディアサービス」とその他の「一般メディアサービス」に区分してコンテンツ規制を課そうとするものであった。ここでは，これまでコンテンツ規制の対象外であったインターネットによる情報発信までが規制の対象となることは，言論・表現の自由の侵害につながることが危惧された。確かにインターネット上の有害コンテンツから青少年を保護することが必要であり，2009年4月には，青少年インターネット環境整備法（青少年が安全に安心してインターネットを利用できる環境の整備等に関する法律（平成20年法律第79号））が施行されている。これに加えて，政府にインターネット上のコンテンツ一般を規制する法的根拠を与えることには問題が多い。本来的には，関係事業者の自主規制とフィルタリングソフトの提供等に任せるべきであろう。こうした批判を受けて，2009年8月に公表された情報通信審議会の「通信・放送の総合的な法体系の在り方に関する答申」（総務省［2009b］）では，現行法制の小規模な手直しにとどめることが提案され，これに沿って，2010年に放送法が改正された。

インターネットの普及に伴って，従来の垂直統合された産業構造がレイヤー別に分離してきている以上，それに対応した規制体系にすることは合理

的であり，電波免許という既得権益にしがみつこうとする放送業界の対応には問題が多いが，同時にインターネット上のコンテンツに法的規制の網をかぶせることは大きな問題である。

　第五のICT産業の国際展開も，必ずしも内容が明確ではないが，民主党政権の発足後，原口一博総務相（当時）が日本方式の地上デジタル放送の中南米への売り込みに一役買ったこと，あるいは，総務省に，2009年10月に「グローバル時代におけるICT政策に関するタスクフォース」が発足した（総務省［2009d］）ことからも，国家の後押しによって，日本のICT企業の海外進出を図ろうとする側面があることは否定できない。これは産業政策そのものであり，産業政策と規制を切り離して規制の透明性を高めようとする，独立規制機関化の動きとも矛盾するものである。

8
通信・放送分野の独立規制機関のあり方

　以上，主要国の独立規制機関と，民主党が提唱した「日本版FCC」構想の概要を見てきた。詳細が，民主党が過去に提出した法案と原口総務相（当時）のインタビュー記事しかないことから，この構想を評価するのは困難である。しかし，決して政治権力からの独立性が確保されているとは言えない米国のFCCを模倣して「日本版FCC」を作ることには問題が多い。「日本版FCC」が真に消費者の視点に立った存在となるように具体的な提案をしていく必要がある。その際に，ポイントとなるのは以下の視点である。

① 政治的な権力・事業者からの独立性
② 言論・表現の自由の確保
③ 国民の知る権利の確保
④ 消費者の保護

　わが国においては，1950年に放送分野の独立規制機関として電波監理委員会が設置されたが，1952年には廃止された（内川［1989］）。それ以降通信・放送分野の独立規制機関は設立されていない。そこで，他の分野の行政委員会制度を整理した図表4-7を基に検討を加える。政府からの独立性が最も

図表 4-7　独立規制機関の制度設計

内閣との関係	適　用　法				所属組織	委員長	例
内閣から独立	憲法第90条，会計検査院法						会計検査院
内閣から非独立	国家行政組織法の適用	第3条			各省大臣	有識者等	中央労働委員会
		第8条			各省	有識者等	中央教育審議会
	国家行政組織法の非適用	内閣府設置法の適用	第18条		内閣府	首相・官房長官	経済財政諮問会議
			第37条			有識者等	地方制度調査会
			第40条			首相	消費者保護会議
			第49条			国務大臣	国家公安委員会
						有識者等	公正取引委員会
		内閣府設置法の非適用			内閣		人事院

高いのは，憲法に根拠を置く，会計検査院（会計検査院法（昭和22年4月19日法律第73号））である。以下，国家行政組織法（昭和23年7月10日法律第120号），内閣府設置法（平成11年法律第89号）の適用の有無によって，政府からの独立性は弱くなってくる。上記の目的，特に憲法第21条で保障された言論・表現の自由ともかかわることを考えると，憲法に根拠を置く会計検査院型の組織が望ましいことになる。但し，憲法を改正するとなると，問題が複雑化する。

そこで，現実的な案としては，国家行政組織法も，内閣府設置法も適用されず，独自の設置法に基づいて内閣に所属する人事院のような位置づけの機関を合議制の行政委員会として設けることが考えられる。その場合であっても，委員の選任に当たっては，政権の利害代弁者，及び放送・通信事業者の利害関係者を排除し，専門性を有する有識者及び一般市民の代表を，公選等を経て，内閣が任命する仕組みが必要である。

さらに，具体的な制度設計に当たって以下の諸点が課題となる。

① 産業振興機能と規制・監督機能の関係，紛争処理機能の扱い
② 通信行政と放送行政の関係
③ 競争政策（公正取引委員会），消費者保護政策（消費者庁）との関係

第一の課題は，そもそも，産業振興政策による規制・監督への恣意的な介入を防ぐという独立規制機関の設置目的からして，産業振興機能は内閣の機能として残し[11]，規制・監督機能を独立規制機関の機能として分離すること

11）その際に，現総務省と経済産業省との統合等が問題となるが，本章の枠を超えるので，ここでは問題の指摘のみにとどめる。

が考えられる。その際に，電波の周波数の割当については，放送用の周波数割当等を梃子として，特に放送局等への政治的な介入が行われることを防ぐ意味でも，独立規制機関の機能とすることが必要である。また，紛争処理の問題については，言論・表現の自由と国民の知る権利とも密接に関連することなので，独立規制機関の機能として，事業者，消費者，及び学識経験者からなる専門組織を設置することが考えられる。

　第二の課題については，現在通信と放送の融合が進んでいることを考えると，これを同一の機関で扱うことが適当である。

　第三の課題については，競争上の問題は，公正取引委員会に任せることが考えられる。消費者保護政策については，消費者庁に集中することも考えられるが，通信・放送に関しては問題が専門的であり，インターネットの普及に伴って被害も瞬時に拡大することから，一次的には独立規制機関の機能とすることが適当であろう。

9 本章のまとめ

　以上，主要国の独立規制機関と，民主党の提唱した，「日本版FCC」構想から出発して，通信・放送分野の独立規制機関の意義と課題を見てきた。民主党案自体も必ずしもその骨格が明確でなかったことから，この構想を評価するのは困難である。しかし，放送・通信分野の規制のあり方は，言論・表現の自由，消費者の利益とも密接に関わる重要な問題である。「日本版FCC」という言葉にひきずられて，問題の多い米国流の独立規制機関が創設されることは防がねばならない。にもかかわらず，この問題が専門的であることもあり，国民の間で，広く，重要な問題であると認識されている訳でもない。本章を1つのたたき台として，今後活発な議論が行われることを期待したい。

第5章

国際ローミングの現状と課題

1 問題の所在

　国内で購入・契約した携帯電話を，海外旅行・出張等の際に持参し，そのまま海外でも利用できる国際ローミング・サービス（以下，「国際ローミング」）は，消費者の利便性を大きく向上させた。2012年8月にNTTドコモの国際ローミングの故障が大きく報じられたようにその利用も拡大してきている。しかし，同時に，思いもかけぬ高額の利用料金を請求された等という国際ローミングを巡る消費者のトラブルも多発している。これまでも国民生活センター等が苦情等を取り上げ（国民生活センター［2006］），これらを受けて携帯電話事業者（以下，「事業者」）が加入する電気通信事業者協会も対応策を発表してきた（電気通信事業者協会［2006］［2007］）。事業者側では，海外でのデータ通信利用に定額制[1]を導入するとともに，Webサイトやリーフレット等で，国際ローミングの利用方法についての注意喚起を行っている。

　しかし，依然としてトラブル事例は後を絶たず，スマートフォン，携帯電話機能を組み込んだタブレット型端末等の普及に伴い，海外でのインター

1）筆者と駒澤大学グローバル・メディア・スタディーズ学部の絹川真哉准教授は楽天リサーチを通じて，2013年9月に国際ローミングの利用実態を把握するためのウェブアンケート調査（以下，本章においては，「調査」と呼ぶ）を実施した。有効回答数は，2万9810であった。この調査結果によれば，国際ローミング利用者のうち34.3％が定額制サービスを利用していた。

ネット利用も増加し，新たなトラブル事例も報告されている。例えば，国民生活センターが2011年12月に発表したスマートフォンに関するトラブル事例でも，以下のようなケースが報告されている（国民生活センター［2011］）。

> 「スマートフォンを数日間の海外旅行に持って行った。その間の利用は通信もインターネット利用もごくわずかだったのに，帰国して料金明細をみたら，その間の料金が1万2000円〜1万3000円になっていた。そのような高額になる使い方はしていなかったと思う。業者のお客さま相談室に電話したところ，スマートフォンではアプリケーションソフトが自動更新される設定のままだと，国内・海外のどこにいても更新されるために，自分で利用認識がなくても料金に加算される場合もあると聞いた。そのような説明はなかったし納得できない。」

本章では，国際ローミングシステムを分析し，行き過ぎた規制緩和が消費者利益に反するという認識の下に，こうしたトラブルの解決策を提案する。

2
基本的な問題点

国際ローミングを巡るトラブルの背景には，その料金が高額であるばかりでなく，その仕組みが複雑で，利用者が容易には理解し難いものになってい

図表5-1 国際ローミング利用者料金の国際比較

	国	3分当たり料金（$）
海外から契約国への発信	日本	6.10
	韓国	5.46
	米国	5.16
	31カ国平均	7.79
海外における契約国からの通話の受信	日本	3.70
	韓国	1.36
	米国	5.16
	31カ国平均	4.49

出所：OECD［2009］p.56, p.58

ることがある。OECD の調査（OECD［2009］）（図表 5 - 1 ）によれば，わが国の国際ローミングの小売料金（利用者料金）は，OECD 諸国平均や米国と比較して，高額というわけではない。むしろ，国際ローミングの利用者料金は，OECD や米国に比べても低額であると言ってもよい。但し，韓国よりは，高額であるし，また，通常の国際通話料金よりは，はるかに高額であることに注目する必要がある。

　通話利用を見てみると，NTT ドコモの「World　Wing」の場合[2]，米国から日本へ向けての発信が140円／1 分[3]，日本から米国への着信が175円／1 分と高額である[4]。国内での定額制の通話料に慣れた利用者が，ちょっと長話をすると，例えば10分間の通話をすると，1 回で1400円から1750円になってしまう。しかも，国内では着信側は通話料を支払う必要がないが，国際ローミングの場合，着信側も料金を支払う必要がある。通話料の定額制が一般的な日本国内と同じ感覚で，海外で，かかってきた電話に応答していると，思いもよらない通話料を請求されることになる。さらに，米国等では，国際ローミング中の相手に30秒以上呼び出し音を鳴らすと，相手が出なくても，通常の通話と同様に課金されてしまうこともある。

　データ通信の場合は，NTT ドコモの「海外パケ・ホーダイ」を例に取ると，1 日当たり，20万パケット（約24.4メガバイト）まで，1980円，20万パケットを超えても最大で2980円で済むと謳われている[5]。しかし，この料金では，1 週間の旅行でも 1 万3860円～ 2 万860円にも達する[6]。実際，筆者の経験でも，1 週間の旅行中，Gmail（ジーメール）のチェックだけで 2 万

---

2 ）KDDI 及びソフトバンクも国際ローミングを提供しているが，その仕組みは基本的に同じであるので，ここでは NTT ドコモを例にして，分析を加える。
3 ）日本からの国際通話料は30秒当たり31円から34円であるから，この2.5倍近い水準である。また，課金は，1 分単位となっているが，「調査」によれば，国際ローミングを利用したユーザーのうち，30.8％はこのことを理解していない。
4 ）これは海外滞在中の利用者が負担する料金であり，発信者は，別に通常の国内通話料を支払う。
5 ）NTT ドコモ Web サイト（http://www.nttdocomo.co.jp/service/world/roaming/kaipake/apply/index.html?icid=CRP_SER_world_kaipake_apply_from_kaipake_top01_up　2016年 5 月19日閲覧）
6 ）NTT ドコモは，2013年12月から「海外 1 day パケ」という，24時間定額料980円・1280円・1580円でデータ量30MB まで利用できるパケット定額サービスを始めた。料金は国によって異なる。（http://www.nttdocomo.co.jp/service/world/roaming/1day/?icid=CRP_SER_world_1day_top_from_ww_top　2016年 5 月19日閲覧）

円にもなった。仮に,「海外パケ・ホーダイ」の契約をしていなければ,上限なしで,どんどん課金されてしまう。また,1日当たりのデータ通信量の計算が現地時間ではなく,日本時間が基準とされていることも盲点となっている。さらに,スマートフォンのOSやアプリの更新データは定額制の対象外で別料金となることから,利用者が意識していなくても,データ通信が行われ,高額の課金につながるケースもある。ソフトウェアの自動更新設定を変更しておかないと,国際ローミング中にも,更新が国内と同様に自動的に行われ,思いもよらない高額の利用料を請求されることもある。「調査」によれば,国際ローミング利用者のうち,50.2%がこうした料金システムを理解していない。

　このようなことから,国際ローミング利用者の大部分は,その料金が高過ぎると評価している(図表5-2)。

　国民生活センターでは,「携帯電話を海外に持っていく場合には,必ず日本国内で事前に設定方法や課金の方法を確認しておくこと」をアドバイスしている(国民生活センター[2011])が,これだけでトラブルが解消されるとは考えられない。

　何故ならば,携帯電話の国際ローミングの利用料金がこのように高額,且つ複雑になっている背景には,国際電話の精算料金や,インターネットのISP間の相互接続とも異なった,独特の事業者間取引が慣例として定着しており,また個々の利用者が国際ローミングを利用する頻度は極めて低く[7],国内で事業者・端末を選択して契約する際に,国際ローミング料金を全くといって良いほど意識していないからである。「調査」によれば,携帯電話の

図表5-2　利用者による国際ローミング料金の評価　　　　　　(単位:%)

	回答者(人)	高い	適切	安い	無回答
1.音声通話	2,691	79.9	11.6	0.3	8.3
2.データ通信	1,502	82.2	11.4	0.4	6.1
3.ショートメッセージ	1,180	68.9	18.1	1.4	11.7

出所:筆者等によるウェブ調査

---

7)「調査」によれば,回答者の66.0%は過去3年間に海外渡航経験がない。

契約に当たって，国際ローミング料金が重要であると考えているのは，29.1％にとどまっている。

EUにおいては，こうした問題点に対処するために，2007年以降国際ローミングの卸売料金（事業者間のネットワーク使用料）・小売料金（利用者向け料金）の双方が規制されてきたが，わが国においては，総務省は一切規制せず，事業者の自主的な取り組みに任されてきた。

3 国際ローミングの基本的な仕組み

3.1 音声通話の場合

本節では，国際ローミングの基本的な仕組みを，音声通話とデータ通信に分けて解説する。まず，音声通話の仕組みを図表5-3，図表5-4に示す。国内の携帯電話事業者が自社の契約者向けの国際ローミングの利用者料金を

図表5-3 音声ローミング（海外からの発信）

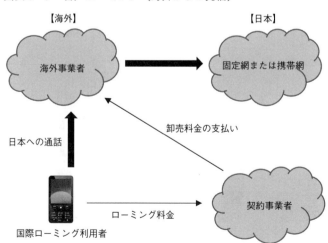

注：卸売料金は相手国ネットワークの使用料。事業者間の交渉で決まる。
　　クリアリングハウスを通じて精算。

設定する。国際ローミングを提供するためには，国内事業者は海外の事業者のネットワークとの接続が必要になることから，そのネットワークの利用，即ち卸売サービスを利用するための契約を締結する必要がある。

図表5-3は国内の利用者が海外旅行中に，国内の携帯電話，又は固定電話に対して通話するケースである。利用者の通話は，海外事業者のネットワークを通じて，国内の携帯電話・固定電話に着信する。この際，利用者は国内の自分が契約している事業者に対して国際ローミング料金（利用者料金）を支払う。一方，利用者が契約している国内事業者は海外の事業者に対して，事業者間の交渉で決定されるIOT（Inter Operator Tariff）に基づいてネットワークの使用料（卸売料金）を支払う[8]。

これは，発信者が国際通話料金を支払い，発信国側の通信事業者がその中から，着信国側の通信事業者に対して，精算料金を支払う，国際通話の仕組みと基本的には同じである。国内の利用者が，海外から発信した場合，その利用者料金を国内の事業者が徴収し，国内の事業者が滞在国の事業者に対して，事業者間で定められたIOTを上限とするネットワークの使用料を支払うという点が異なっているだけである。

図表5-4　音声ローミング（海外での着信）

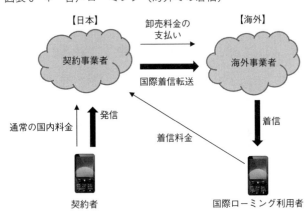

[8] IOTは最終的に支払われる卸売料金ではなく，卸売料金の上限として機能している（OECD [2010] p.5）。

図表5-4は国内の家族・友人等が海外旅行中の利用者に対して通話するケースである。国内の家族・友人等からの通話は，一旦，利用者が契約する国内事業者に着信し，そこから利用者の滞在する国の事業者に対して転送（国際着信転送）される。国内の家族・友人等は，通常の国内通話料を支払い，海外旅行中の利用者は契約している国内の事業者に対して，着信料金（小売料金）を支払う。契約事業者はこの際，図表5-3のケースと同様に，海外の事業者に対してIOTを上限とする卸売料金を支払うことになる。

発信側，着信側双方が，利用者料金を負担しなければならない点が，一般の国際通話と異なる点である。また，国際電話が30秒毎に課金されるのに対して，国際ローミングは1分毎の課金になっているのも，誤解を招く点である。通話が，仮に10秒で終わったとしても，国際ローミングの場合1分の料金が課金される。発信者負担に慣れたわが国の利用者がこの点を十分に理解せずに，国内の家族・友人等が安易に海外旅行中の利用者に電話をすると，思いもよらない負担につながることになる。

3.2 データ通信の場合

データ通信の場合は図表5-5のように複雑な接続形式になる。海外旅行

図表5-5　国際ローミング（データ通信）

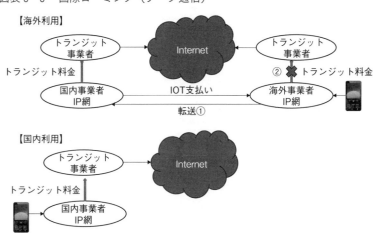

中の利用者が送信するデータは，海外の事業者のIP網から，一旦利用者が契約した国内の事業者のIP網に転送される（図表5-5の①）。そこから通常の国内利用と同様に国内事業者が契約している上位ISPを経由して，インターネット網に接続される。この際に，国内事業者から海外の事業者に対して，音声通話の場合と同様に，卸売料金が支払われる。海外事業者のIP網から，直接インターネット網に接続されれば（図表5-5の②），一般のインターネット利用と同様になるが，これと異なる接続形態をとっているのは，一般のインターネット利用とは異なり，事業者が，インターネット利用に関して，一種の従量制料金を採用している[9]ことから，利用者毎の送受信データ量（パケット量）を測定する必要があることによるものと考えられる。

3.3 SMSの場合

SMS（Short Message Service）は電話番号を宛先にして簡単なメッセージを送信するサービスであり，1通当たりの料金が設定されている。日本からの送信は100円／通となり，滞在国側で着信に対して課金されることはないのが通話の場合と異なる点である。海外滞在中の利用者から日本に対するSMSの送信も100円／通が一般的である。いずれの場合も，通話と同様に定められたIOTを上限とする卸売料金に基づき，事業者間で精算される。

4
国際ローミング料金は何故高額になるのか

4.1 国際通信と比べても高額な国際ローミング料金

国際ローミング料金は国際通信料金に比べて極めて高額である。図表5-6に，NTTドコモを例にとって，近隣諸国との国際通信料金と国際ローミ

---

[9] 固定インターネットにおいては，通常，送受信するデータ量にかかわらず，一定の月額料金を支払う定額制が一般的に採用されている。これに対して，携帯電話の場合，完全定額制の他に，一定のデータ量までは定額制で，それを超えると従量制の料金が課せられる仕組みもある。

chapter 05
国際ローミングの現状と課題

図表5-6　国際ローミング料金：NTTドコモの例（2015年10月1日現在）

	音　声		（参考）国際通話	データ通信			SMS	（参考）国際SMS
	海外から国内への発信	着信*		定　額		従量		
				海外パケ放題	海外1 dayパケ			
中国（北京）	175円/分	145円/分	57円/30秒(平日昼間8-19) 49円/30秒(平日夜間19-8・土日祝終日)	1980円	1280円	0.2円/パケット	100円/通	50円/通（半角160字まで）
韓国（ソウル）	125円/分	70円/分		(20万パケット：約24.4メガバイトまで)	980円			
米国	140円/分	175円/分	34円/30秒(平日昼間8-19) 31円/30秒(平日夜間19-8・土日祝終日)	2980円	980円			
				(20万パケット超)				

注：＊海外での着信に対して，国際ローミング利用者が支払う料金。これに加えて発信者は通常の国内通信料（14.7円～21円/30秒程度）を支払う。

ング料金との比較を示す。

　例えば，国内の家族・友人が米国旅行中の利用者に平日昼間1分通話した場合の国際ローミングの総料金は175円＋国内通信料29.4円～42円[10]を加えて204.4円～217円となり，国際通話料の62円の3倍以上になる。通話が30秒以内で終了しても国際ローミングは1分当たりで課金されるので，この場合には，国際通話の6倍以上の負担ということになる。同様に韓国と中国の場合を見ても，前者で約1.5倍，後者で約3倍と国際ローミングの料金が割高であることには変わりない[11]。

　データ通信に関しては，スマートフォンのデータパックM（標準）の場合，月額5000円で世界各国へのデータ通信も含め5GBまで利用できるのに対して，国際ローミングの海外パケ・ホーダイは，日額1980円，又は2980円の定額料が設定されている。月額に直せば，5万6700円～8万6700円にもなる。「かんたん　あんしん　便利」と言われても，実に国内料金の11倍～17倍にもなる。また，ECの設定した上限である50ユーロ（EC［2009］第6a条）よりもはるかに高い。インターネットは基本的に定額制の利用料金でグローバルに接続できるものである。このような高額料金は正当化されないと考える。

---

10) 国内通話料は様々な料金プランがあるため，料金プラン毎の定額料を30秒毎の料金に換算した。
11) NTTドコモと韓国のKT（Korea Telecom）はフィリピンのSmart等アジア系の事業者とConexus Mobile Allianceを形成していることからIOTが割安となり，結果として国際ローミング料金も米国に比べて割安となっているものと考えられる。

国際ローミング料金が高額になる要因は，国際ローミングのサービス構造，需要者サイドの特徴，及び供給者サイドの特徴の3つある。以下この3つの要因について分析する。

4.2 国際ローミングのサービス構造

第一に，国内携帯電話サービスの場合，小規模な MVNO を除き，事業者は自前の設備でサービスを提供するのが一般的である。一方，国際ローミングの場合には，国内の事業者が海外の事業者と提携してサービス提供することになる[12]。つまり，海外の携帯電話事業者のネットワークを賃借してサービス提供することになる。海外部分は，海外の事業者から卸売サービスの提供を受けて，一般利用者向けの小売サービスを提供する。この海外事業者のネットワークの使用料の上限となっているのが IOT であり，事業者間の交渉で決定される。国内の事業者は，海外の事業者のネットワークを賃借しないことには，国際ローミングを提供できない上に，国内の規制機関，日本の場合総務省であるが，の権限は，海外には及ばないので，この卸売料金は高止まりする傾向にある。国内の事業者はこの高額の卸売料金に一定の販売管理費等を上乗せするので，必然的に国際ローミングの利用者料金は高額となる。これは，通話もデータ通信も同様の構造となっている。特に，データ通信の場合には，図表 5-5 に示したように，海外から，一旦国内の事業者のネットワークに接続して，そこからインターネット網に接続する，という固定のインターネットは異なる接続形態となっていることも，国際ローミング料金が高額となる要因であることを指摘しておきたい。

第二に，国際ローミングは，通常，国内アクセス，国内通話と SMS，及び端末と抱き合わせで提供される（OECD [2009] p.5）。わが国の携帯電話事業は，垂直統合されており，携帯電話事業者はネットワークサービス，付加サービス，及び端末機をセットで提供していることから，利用者は，抱き合わせ販売を当然のものとして受け入れている。さらに，SIM ロックは，

---

12) 英国の Vodafone のように多数の国で事業展開している場合には，国内と同様のサービス提供が可能である。

NTT ドコモを除き一般的であった[13]。このため，利用者にとっては，自己の契約している事業者以外の国際ローミングを選択することは思いも寄らないことであった。

4.3 需要者サイドの特徴

　需要者サイドの特徴の第一は，需要の価格弾力性が小さいことである[14]。国際ローミングは国内サービスと抱き合わせで提供されており，また，利用者が海外旅行をする機会は限られており（図表5-7），国際ローミングを利用する機会は，EU 等に比べると極めて少ない[15]。携帯電話の契約に際して，国際ローミングを意識する利用者の比率は極めて小さい。事業者の選択に当たって，国際ローミング料金の水準にかかわらず，国内で利用する携帯電話端末と料金・サービスが主として考慮される。海外旅行の機会が発生して初めて，国際ローミングの利用が検討されるが，その際には，利用者は既に，SIM ロックや2年縛り等の長期契約によって特定の事業者にロックインされており，その事業者の国際ローミングサービスを所与の条件で利用せ

図表5-7　過去3年間に海外旅行した人の比率

（単位：%）

回　数	比　率
0回	66.0
1回	13.4
2回	7.1
3回	5.3
4回	2.0
5回	2.9
6回以上	3.2

注：回答者数は，2万7424名。
出所：「調査」

---

13) NTT ドコモは，希望する利用者に対しては，SIM ロックを解除する政策を採用し，KDDI とソフトバンクは SIM ロックを維持してきた。利用者等からの批判の声の高まりを受けて，各社とも，2015年5月以降に新規販売される端末は販売から6カ月経過後原則解除に応じることとなった。
14) EC（European Commission：欧州委員会）に提出された WIK Consulting の報告書では，発信通話の弾力性が -0.2から -0.3であると推定している（WIK ［2010］ p.43）。
15)「調査」によれば，21.3%のみが国際ローミングを利用したことがあると答えている。

ざるを得ない。つまり，海外旅行の際には，国際ローミングは一種の必需財のようになり，需要の価格弾力性は低いということができる。

　第二に，国際ローミングに対する代替サービスの利用が限られていることである。利用者は Wi-Fi 上で VoIP を利用できるかもしれないが，アクセス可能な Wi-Fi アクセスポイントを見つけ，当該ネットワークにセットアップするのも，必ずしも簡単ではない。「調査」によれば，12.6％が国際ローミングの代わりに Wi-Fi を利用したと答えているが，43.6％は，アクセスポイントが限られている，セットアップが難しい等を理由に挙げて，Wi-Fi を利用していない。さらに，Wi-Fi の利用には限界もある。Wi-Fi はアクセスポイントを離れると利用できないことから，利用者が移動することの多い海外旅行中には，通話の着信の利用に不向きである。

　第三に，利用者の国際ローミング料金に対する認識が低いことも事実である。事業者の Web サイトには，確かに国際ローミングのサービスが詳細に紹介されてはいるが，一般利用者にとって分かりやすいとは言えない。利用者も説明を十分に見ることなく，国内での利用と同じような意識で安易に利用することも多いのではなかろうか。

4.4　供給者サイドの特徴

　携帯電話事業には周波数割当が必要であり，また携帯電話ネットワークの整備には巨額の固定費が必要であることから，参入障壁が存在し，各国とも事業者が数社の寡占状態である。わが国の場合，携帯電話事業者数は4社であったが，2012年10月にソフトバンクが第4位の携帯電話事業者であるイー・モバイルと経営統合したことから，事業者数は3社になってしまった。市場の集中度を示す HHI（Herfindahl-Hirschman Index：ハーフィンダール・ハーシュマン指数）は，2005年度末の4000から徐々に低下してきていたが，2011年度末には3687と上昇した（図表5-8）。これは，米国の合併ガイドラインで高集中市場とされている，1800を上回っている。

　この携帯電話市場の寡占的な構造の影響をさらに悪化させているのは，わが国の携帯電話事業者が垂直統合されており，利用者が，国際ローミングの料金やオプションサービスを十分に理解することなく，国内サービスとの抱

図表 5-8　携帯電話市場の HHI　　　　　　　　　　　　　　　(単位：%)

	(年度)	2005	2006	2007	2008	2009	2010	2011	2012	2013	2014
シェア	NTTドコモ	55.72	54.41	51.97	50.80	49.99	48.53	48.42	46.72	45.22	45.05
	KDDI	24.73	28.24	29.31	28.69	28.41	27.61	28.27	28.63	29.04	29.41
	ツーカー	2.98	0.23	—	—	—	—	—	—	—	—
	ソフトバンク	16.57	16.45	18.09	19.20	19.50	21.26	23.31	24.66	25.74	25.55
	イー・モバイル	—	—	0.40	1.31	2.10	2.61	—	—	—	—
HHI		4,000	4,029	3,887	3,774	3,691	3,576	3,687	3,611	3,551	3,547

出所：電気通信事業者協会のデータを基に作成

き合わせでのサービス提供を受け入れていることである。その結果，携帯電話事業者は利用者の喪失を心配することなく，高額の料金を維持できているのである。さらに，国際ローミングの卸売料金とその上限たる IOT が寡占的な事業者間の交渉で決定されることから，国際ローミングの卸売市場においても競争が働いていない。

　国際ローミングの卸売・小売の両市場において競争が働いていないことから，携帯電話事業者には，卸売，小売の両方の料金を値下げしようとするインセンティブが存在しない。従って，利用者を失うという心配なしに，高額の卸売料金に高額のマークアップをして高額の小売料金を設定できるのである。

　このように，国際ローミングの場合，競争が十分に働かず，IOT にしても，引き下げようというインセンティブが働かない。さらに，海外の事業者のネットワークを利用した国際ローミングについては，基本的に代替サービスが存在しない。国際ローミングの提供に際しては，寡占事業者間の一種の談合によって IOT の水準が決定され，IOT の引き下げ圧力が存在しない。また，携帯電話契約を一旦獲得してしまえば，国際ローミングは契約に自動的についてくるものであることから，携帯電話事業者は，利用者の獲得を巡って競争しても，国際ローミングで競争しようとはしない。最後に，最近ではやや緩和されてきたが，海外での国際ローミングの利用に当たっては，利用できるネットワークは，国内の事業者が指定した事業者のネットワークに限定され，利用者側の海外事業者選択の自由が限られていることも指摘しなければならない。

5
EUにおける国際ローミング料金規制の動き

5.1 2003年・2006年の規制の枠組み

　OECDの報告書は国際ローミング料金が非合理的なほど，また非効率的なほど高額であり，また，その主たる原因は国外の事業者が徴収する高額の卸売料金である（OECD [2009] p.5），としている。しかし，EUを除いては，規制当局は規制の導入に消極的である。ここでは，EUの国際ローミングに関する規制を検討し，わが国への導入の可能性を探る。

　EUは，EU経済の統合を旗印としているが，そのうちの1つが，デジタルアジェンダ（EC [2010a]）でも目標とされた，単一のデジタル市場の創出である。そのための具体的な目標の1つが，電気通信分野における単一市場の形成であり，ローミング料金と国内料金の差の解消もその一環である（EC [2010b]）。この目的を達成するためにEUは積極的に国際ローミングに対する規制を導入してきた。さらに，2013年に提案された電気通信分野における単一市場の形成を目指した規制案（Telecoms Single Market：TSM）の中でも，国際ローミング規制が重点項目の1つとして示された（EC [2013b]）[16]。

　EUにおける国際ローミング料金の規制は2003年の情報通信フレームワーク[17]にまでさかのぼる。そこでは，有効な競争が存在しない市場に限って，事前規制を課すこととされた（EC [2002] 前文25）。加盟国は，ECの「検討対象市場に関する勧告」（EC [2003]）に従って，特定の市場が競争的であるか否かの分析をする。同勧告では，「公衆移動体ネットワーク上で国際ローミングを提供するための国内卸売市場」を事前規制の対象となる検討対象市場であると結論づけた（EC [2007b] 前文6）。各国の規制機関（NRA：National Regulatory Authority）は，国際ローミングが国境をまたいで提供

---

16) TSMは大規模な規制改革案であり，2015年時点で実現したのは国際ローミングの廃止と，ネットワーク中立規制のみである。
17) 詳しくは，福家 [2007] を参照。

されることから，顕著な市場支配力（Significant Market Power）を有する事業者を認定することが困難であり，EU 域内全体にわたる高額の国際ローミング料金問題を提起することができないと判断した（同前文 6 ）。EC は，国際ローミングの小売市場は，国内携帯電話サービスの 1 要素に過ぎないとの理由で，検討対象市場からは除外した（EC［2006］p.4 ）。次節で述べるように，国際ローミングに関する規制を導入したことから，同勧告の第二版においては，国際ローミングのための卸売市場を検討対象市場から除外した。しかしながら国際ローミングに関する規制には困難が伴う。それは，NRA が他国の事業者を規制できないということにある。

5.2 2007年の国際ローミング規制

EC は，国際ローミングの小売料金が高過ぎると判断し，また，2003年の情報通信フレームワークでは消費者を保護するのには不十分であるという結論に達した（EC［2007b］前文 4 ）。EC によれば，海外事業者が設定する卸売料金が高額なことが，過剰な小売料金の原因となっており，国内事業者の高額の小売マークアップもまた，その一因となっているという認識である（同前文 1 ）。こうした理解の下に，EC は2007年に，国際ローミングの通話料金について下記のような措置を講じた。

① 平均卸売料金に対してプライス・キャップを設定する（同第 3 条）。
② 小売料金に対して，Eurotariff（セーフガードキャップ）[18] を導入する（同第 4 条）。
③ 携帯電話事業者に対して，利用者が他国に入国した際に，国際料金に関する情報をメッセージサービスを利用して提供することを義務づける（同第 6 条）。

この規制の有効期限は2010年 6 月30日とし，2008年12月30日までに規制を見直すこととした。

2007年規制の導入後も，後述するように，規制強化してきた。現在では，

---

18) EC は 1 分単位の Eurotariff として，当該小売サービスに対する最大卸売料金の130％を上限として設定した。

小売料金（利用者料金），卸売料金（事業者間料金）ともに，プライス・キャップ規制[19] が導入されている。その水準も，音声通話の場合，小売料金が発信の場合で，49セント／分であったものが，現在では35セント／分，2014年7月1日からは19セント／分と大幅な引き下げが実現している。卸売料金も30セント／分から5セント／分へと大幅な低減を実現しようとしている。

5.3 2007年規制の見直し

ECは2007年規制を2009年6月に見直し，規制の有効期限を2012年6月まで延長した。音声に加えて，データやSMSも規制対象となったが，その要点は，以下の通りである。

① 平均音声卸売料金に対するプライス・キャップを引き下げるとともに，課金単位を1分単位から，1秒単位に変更した。但し，30秒までの固定料金を設定することは認めた（EC［2009］修正第3条）。
② 小売料金に関するEurotariffを引き下げ，課金単位を1秒単位に変更した。但し，ここでも30秒までを固定料金とすることは認められた（同修正第4a条）。
③ SMSの卸売料金に対してプライス・キャップを導入する（同修正第4a条）とともに，SMSの小売料金に対してEuro-SMS Tariffを設定し，SMSの着信料金を徴収することを禁止した（同追加第4b条）。
④ 利用者に通知すべき情報として，音声料金，SMS料金に関する情報が追加された（同修正第6条）
⑤ データサービスに対して，透明性の確保とセーフガードの仕組みが確保されるものとした（同全面改正第6条）
⑥ 平均データ卸売料金に関して，メガバイト毎のセーフガードキャップが設定された（同第6a条第4項）。
⑦ データ小売料金の透明性を確保するための措置が講じられることとなった（同第6a条第1～3項）。

---

[19] 規制機関が，料金の上限を設定し，事業者に対して上限以内の料金設定を義務づける仕組み。

ア．自動的に行われ，制御不能なデータのダウンロードのリスクを利用者に周知すること。
イ．ローミング中の利用者に対して，ローミング中である事実と，個人毎のローミング料金に関する基本的な情報を通知するためのメッセージを送信すること。
ウ．量，又は料金で表示された通算消費量に関する情報を提供するための手段を複数提供すること。
エ．一定期間の利用料金に対する上限を設定するオプションを提供すること。上限の1つは，1カ月50ユーロとすること。
オ．金額，又は量で設定された料金の上限の80％に達した場合には，利用者にそのことを通知し，利用者が利用の継続を希望しない限り，サービスを停止すること。

　ここでは，ECが，国際ローミングのデータサービスの卸売料金にも規制を導入し，消費者の「料金ショック」を回避するための措置が講じられたことに注目する必要がある。これらの措置は国際ローミング料金の低下につながった（図表5-9）が，ECはこれでは不十分であると判断し，さらなる規制を導入することとした。

表5-9　EUの国際ローミングに対するプライス・キャップ規制　　（単位：セント）

	規制導入年		2007年			2009年*			2012年		
	規制適用年月日		2007年8月30日	2008年8月30日	2009年8月30日	2009年7月1日	2010年7月1日	2011年7月1日	2012年7月1日	2013年7月1日	2014年7月1日
音声	利用者料金（小売り）	発信(分)	49	46	43	—	39	35	29	24	19
		着信(分)	24	22	19	—	15	11	8	7	5
	IOT(卸売り)		30	28	26	—	22	18	14	10	5
SMS	規制適用年月日		—	—	—	2009年7月1日	—	—	2012年7月1日	2013年7月1日	2014年7月1日
	利用者料金（小売り）	通	—	—	—	11	—	—	9	8	6
	IOT(卸売り)	通	—	—	—	4	—	—	3	2	2
データ通信	規制適用年月日		—	—	—	2009年7月1日	2010年7月1日	2011年7月1日	2012年7月1日	2013年7月1日	2014年7月1日
	利用者料金（小売り）	MB	—	—	—	—	—	—	70	45	20
	IOT(卸売り)	MB	—	—	—	100	80	50	25	15	5

注：＊音声は秒課金とする（30秒までの定額制は可）。
出所：EUの資料を基に筆者作成

5.4 2012年の構造規制の導入

　国際ローミング料金が，依然として高額であり，これが，高額の卸売料金と高額の小売マークアップに起因するという認識に基づき，2012年6月30日に構造的な措置を導入することを決定した（EC［2012b］）。同時に，卸売料金と小売料金の双方のプライス・キャップをさらに引き下げることとした。2012年規制の要点は以下の通りである。

① MVNOの参入を促進するために，事業者に対して卸売国際ローミングアクセスに対する合理的な要請に応じるよう義務づける（同第3条）。

② 事業者に対して，代替的なローミング事業者への消費者のアクセスが可能となるような措置を講じることを義務づける（同第4条）。

③ 小売料金に対するセーフガードキャップを，2017年6月30日まで，卸売料金に対するものを2022年まで維持する（同第7条，第8条）。

④ 卸売，小売両料金に対するセーフガードキャップを，構造的な措置が有効となり，競争が十分に進展したと判断されるまで維持する（同第19条）。

　ECは，この規制が機能しているか否かを2016年までに検証し，構造的な措置が不十分であるとされた場合には，適当な提案を行うものとされた。

　構造的な措置，特に小売サービスのアンバンドリングは，この規制を導入するためには技術的な解決策を開発する必要があることから課題も多く，携帯電話事業者からは反対の声も寄せられているものの，ECは2014年7月1日から規制を導入することとしていた。

　ここでは，料金だけでなく，次のように，競争を促進し，利用者の保護を図るための様々な規制が課せられている。

① 国際ローミングを国内携帯電話サービスとは独立したサービスとして提供することを義務づける。つまり，国際ローミングについては，契約している事業者とは別の事業者のサービスの利用を可能とする。

② 卸売ローミングサービスの提供を義務づける。これによって，MVNOの参入促進が期待される。

③ 通話については，秒単位での課金を義務づける。但し，30秒までの定額課金は可とする。
④ 他のEU加盟国に入国した際に，料金情報に関するメッセージを送信する。
⑤ 多額請求を回避するために，利用データ量が50ユーロ相当に近づいた場合には，利用者に警告メッセージを送信する。

5.5　国際ローミング料金の廃止[20]

EUは上記の規制の結果，国際ローミング料金が大幅に低下したことを受けて，2012年規制の有効期間内であるにもかかわらず，2015年6月にEU域内の国際ローミング料金の廃止を提案し（EC［2015b］），同年10月に欧州議会で承認された（EC［2015c］）。これによって，所要の立法措置が講じられるという前提で，2017年6月15日以降，国際ローミング料金は廃止され，海外利用についても，国内料金が適用されることが決まった（EC［2015d］）。

但し，本章第3節で解説したように，国際ローミングの提供には，海外の携帯電話事業者が提供する卸売サービスの利用が不可欠であり，そのコストをいかに回収するかの問題があること，国内料金といっても様々な料金プランが存在すること等から下記のような措置が講じられることとなった。

① 国際ローミング料金の廃止のためには，卸売料金の問題の解決が不可欠であり，ECは卸売市場の競争状況，卸売コスト，卸売料金等を内容とする市場分析レポートを2016年6月15日迄に提出し，その結果に基づいて立法措置を提案する（EC［2015d］第19条）。
② 利用者による濫用，例えば，海外旅行以外の目的で，他の加盟国の事業者のサービスを利用することを防ぐために，公正使用方針（fair use policy）を採用する（EC［2015d］第6b条）。
③ 国際ローミング提供事業者が，国際ローミング収入で，そのコストを回収できない場合には，付加料金を課すことを例外的に認める（EC［2015d］第6c条）。その場合の，コストは域内の着信料金の加重平

---

20) 本節の記述に当たっては，八田［2016］を参考にした。

均を適用する（EC［2015d］第6e条）。
④　国際ローミング料金の廃止までの間の過渡的な措置を講じる（EC［2015d］第6f条）。
⑤　国際ローミング料金の単位料金は，国内料金と同額とするが，定額料金，バンドル料金，データ利用を含まない料金プラン等の場合には，消費者が国内サービスを利用しているものとみなして，国際ローミングもそこに含まれているとみなす（EC［2015d］第7条）。

　①は国際ローミングが国外においては当該国の事業者が提供する卸売サービスに依存する限り小売サービスを提供する事業者側にはコストが発生するのであるから，卸売料金の水準が問題になるのは，当然のことである。②は域内の携帯電話料金が最安の国で携帯電話契約を締結して他国で，国際ローミング料金なしで携帯電話を利用することが想定されるのであるから，携帯電話事業者の経営に影響を与えないような措置が求められるのは，当然である。③は国際ローミング料金がゼロになるということは，①で把握される卸売料金の水準如何では，事業者側に大幅な逆ザヤが発生する可能性に対応しようとするものである。但し，小売サービスのトラヒックと卸売サービスのトラヒックがほぼ均衡していれば，大きな問題とはならないであろうから，例外的な措置としたものであろう。④は国際ローミング料金をゼロにするまでの間も，国際ローミング料金を引き下げるという意思表明であり，事実，2016年4月30日から，経過的に料金が現行水準より引き下げられることになっている。また，⑤は携帯電話の料金が音声，データとも定額制が主流になっていることを考えると，当然のこととも言えるが，携帯電話事業者にとっては，国際ローミングからの追加収入が失われることを意味するのであるから，事業者の全収入に占める国際ローミングの割合次第では問題が生じるおそれがある。

　このように見てくると，国際ローミング料金を廃止して，EU単一の市場の形成を目指すと言っても単純ではなく，この規則の実際の適用に当たっては，紆余曲折が予想される。しかも，EUが規制を課すことができるのは，EU加盟国がEUの決定の遵守義務を負っているからである。国際ローミングの提供には，必ず海外の事業者が提供する卸売サービスの利用が不可欠で

あり，特に国際ローミングの廃止等は，海外の事業者を規制する権限のないわが国に適用することは不可能である。しかし，国際ローミング料金の引き下げのために，EU が採用してきた卸売・小売料金に対するプライス・キャップ規制等を，そのままで適用することには困難が伴うが，参考にすべき点も多々あると考えられる。

5.6 EU のアプローチの限界と他国への含意

EU が導入した国際ローミング規制は，加盟国に対して EC の規制の実行を求めることのできる権限に基づいている。日本のような国においては，海外の国に対する管轄権を有していないことから，国際ローミング規制には困難が伴う。EC 自身も，域外の諸国との間の国際ローミングを規制することができないことを認めている。EU の導入した規制のうち，域外の諸国が実行可能なのは，透明性の確保とセーフガードのための措置にとどまる。

これまで分析してきたように，日本においても，透明性の確保のための措置は導入されているし，セーフガードのために，定額制料金等も導入されてきた。にもかかわらず，利用者からは依然として国際ローミング料金に関する苦情が寄せられている。EU 以外の国において実行可能な規制を検討する必要がある。EU から学ぶことのできる選択肢の 1 つは，国内サービスと国際ローミングとのアンバンドリングである。EC がアンバンドリングための技術的な解決策を見出すことができるならば，他国においても，この方策が導入可能となる。問題をできる限り市場で解決するのが理想ではあるが，市場での問題解決が困難であると考えられるケースについては，EU における規制の推移を注目する必要がある。

次節においては，EU における経験と最近の国際ローミング市場の動向に基づいて，わが国が導入可能な選択肢について検討する。

6
国際ローミング市場の変化と規制の必要性

6.1 国際ローミング市場の変化

　国際ローミング市場において，ボーダフォンのようにグローバルに事業展開する事業者は，自社の利用者向けの料金の値下げを実施している。NTTドコモのように，グローバルに他の事業者と提携し，提携関係にある事業者間のIOTを引き下げる等の動きもみられる[21]。また，NTTドコモと韓国のKTの海外プラスナンバーのようにSIMカードを二重化し，お互いの国において国内サービスとして通話の利用が可能になるようなサービスも登場してきている。さらに，LINEのように，スマートフォン上で，VoIPの利用を可能とするアプリケーションも登場してきている[22]。しかし，このような

図表5-10　国際ローミングに関する苦情件数

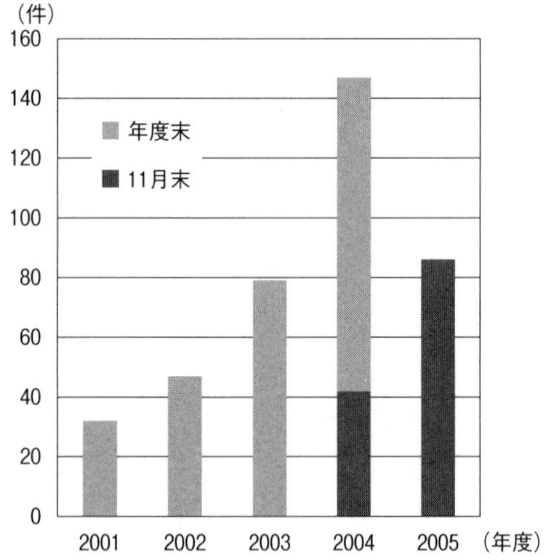

出所：国民生活センター資料に基づき作成

---

21) NTTドコモのConexus Mobile Alliance等。注11参照。
22) VoIPの場合，通話料は不要になるが，その代わりにデータ通信料が必要となる。

動きも,国際ローミング市場全体から見ると限定的であり,大部分の利用者は高額の国際ローミング料金に直面しており,利用者の不安・不満の解消にはつながっていない。

特に,わが国の場合には,携帯電話市場が寡占的であるにもかかわらず,国内の利用者料金を完全に非規制にする等,行き過ぎた規制緩和が問題を深刻化していることを見逃すことはできない。国民生活センターには国際ローミングに関して,多数の苦情が寄せられている。最近のデータは公表されていないが,2001年度以降相談件数は増加し,2005年度も2004年度の同時期と比較すると約2倍に増加し,86件となっている(国民生活センター[2006])(図表5-10)。

図表5-11にNTTドコモの2007年度第1四半期から第3四半期の国際ローミング収入を示す。この時点の国際ローミングの利用者数は,約78万人であり,国際ローミング収入は146億円であった。同社によれば,2011年度の国際サービスのARPUは90円であった。2011年度の平均稼働契約数は約5億9070万と見込まれるので,国際サービス収入は638億円と推計される(図表5-12)。2007年度の国際サービス全体に占める国際ローミング収入の比率は,56.4%であり,2006年度の51.0%に比べると5.4%増加している。従っ

図表5-11 NTTドコモの国際サービス収入

	2006 Q1〜Q3	2007 Q1〜Q3	伸び率(%)
国際サービス収入(億円)	245	335	36.7
国際ローミング収入(億円)	125	189	51.2
国際通信収入(億円)	120	146	21.7
ローミング比率(%)	51.0	56.4	10.6
利用者数(万)	−	78	−

出所:NTTドコモの2006年度決算説明資料を基に筆者作成

図表5-12 NTTドコモの国際ローミング収入(推計)

2011年度末契約者数(千)	60,129
2010年度末契約者数(千)	58,010
2011年度国際サービスARPU(円/月)	90
2011年度国際サービス収入(百万円)	63,795
2011年度ローミング収入(百万円)	35,992

出所:NTTドコモ資料に基づく筆者の推計

て，2011年度の国際ローミング収入を約360億円と推計しても，大きな間違いはないであろう。

2007年度第3四半期末の国際ローミング利用者数が，78万であったのは上述の通りであるが，その後利用者数は公表されていない。2012年8月13日～14日にかけてNTTドコモの国際ローミングの故障が発生した際に，影響を受けた利用者は約8万人と発表されているので，利用者はその後も急増しているものと考えられる。図表5-10に示したのは，国民生活センターに寄せられた苦情件数であり，図表5-12で推計した国際ローミング収入を勘案すると，その後も国際ローミングの利用者数が増加し，多数の潜在的な苦情が存在すると考えても，間違いではなかろう。

6.2　急がれる国際ローミング問題への取り組み

国際ローミングに関する苦情が増加している背景には，様々な要因が存在する。OECDはその要因を，以下の通りまとめている（OECD [2010] p.8）。

① 卸売料金が高額であり，また需要が価格に対して非弾力的であることから小売料金が高額になること
② 料金の利用者に対する透明性が確保されていないこと
③ 国際ローミングが国内通話，基本料，端末等と抱き合わせで提供されていること
④ 国際ローミング市場がContestableでないこと
⑤ 国際ローミングに対する完全な代替サービスが存在しないこと

我々は，国際ローミング料金（小売料金）が高額であることが，基本的な問題であることを認識する必要がある。この小売料金が高額になっている背景には，高額の卸売料金の存在がある。これまで見てきたように，EUの国際ローミングの小売料金規制，卸売料金規制がEU加盟国における国際ローミング料金の低下につながっているのは事実である（図表5-9）。

6.3　小売料金規制

第一に，EUやOECDも指摘するように，国際ローミング小売料金は，

当該サービスを提供するためのコストよりも高額であり，コストの基礎となる通常の国際通信料金よりもはるかに高額である（図表5-6）。国際ローミングは，国内サービスと抱き合わせで提供され，その需要は価格に対して非弾力的である。さらに，国際ローミング市場はContestableではなく，完全な代替サービスも存在しない。わが国においては，競争が消費者を守るという考えに基づき，携帯電話料金は完全に非規制となっている。しかし，国際ローミングに関する現状の問題点は，市場の力のみで解決するのは不可能である。従って，EUに学び，国際ローミングの小売料金にプライス・キャップ規制を導入するのも一案である。

第二に，EUにならって，国際ローミングの通話料金を分単位から，秒単位に変更することも必要である。

但し，小売料金規制には1つ問題がある。2006年規制においてEUは小売料金のみを規制し，卸売料金が非規制で高止まりすると，事業者側の利幅が低下し，マージン・スクイーズの問題が生じるおそれのあることを認識していた（EC［2006］p.6）。従って，小売料金を規制するのであれば，卸売料金も同時に規制する必要がある。

6.4 わが国における卸売料金規制

卸売料金規制は，小売料金規制よりも複雑である。卸売料金規制は母国の消費者を保護するのが本来の目的である。総務省は，わが国の事業者が設定する国際ローミングの小売料金と国内事業者が設定する卸売料金については，規制権限を有する。しかし，わが国の事業者が提供する卸売サービスは，わが国を訪問する海外の利用者のために海外の事業者が利用するものであり，わが国の利用者には影響を与えない。一方，わが国の事業者が国際ローミングサービスを提供するに当たっては，わが国の利用者が訪問する国の事業者から卸売サービスを購入する必要がある。しかし，海外の事業者が設定する卸売料金には，総務省の管轄権は及ばない（図表5-13）。

EUは小売料金規制に伴うマージン・スクイーズを避けるために，卸売料金にも規制を導入した。これは，ECが加盟国に対する規制権限を有するから可能になったことである。しかし，わが国の総務省は，海外事業者との間

図表 5-13　国際ローミングの卸売料金規制の困難性

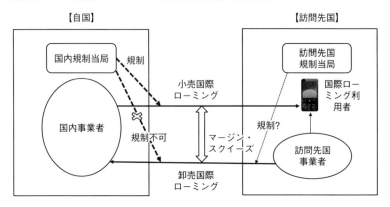

の IOT に規制権限を持たず，海外事業者が設定する卸売料金を規制することはできない。但し，これに対処するための制度的な仕組みがない訳ではない。

　第一に，事業法第40条においては，「電気通信事業者は，外国政府又は外国人若しくは外国法人との間に，電気通信業務に関する協定又は契約であって総務省令で定める重要な事項を内容とするものを締結し，変更し，又は廃止しようとするときは，総務大臣の認可を受けなければならない。」と規定されている。IOT は，総務大臣の認可を必要とする協定と考えられる。しかしながら，事業法の実施に当たっての細部を定めた施行規則（省令）においては，IOT を増額しない合意書・協定を認可対象から除外している。ここからは，総務省の国際ローミング規制に対する消極的な姿勢が窺われる。国際ローミングの利用者料金（小売料金）に対する総務省の基本的姿勢は，事業者の自主的な取り組みに任せるというものである。事業者が自主的に取り組むということで，電気通信事業者協会は，国際ローミングのトラブルに関する取り組みを公表している（電気通信事業者協会［2006］［2007］）。しかし，その内容は，「国際ローミングサービスについて，特に積極的に説明すること」，「海外でトラブルが発生した際の相談窓口を充実させること」等と，形式的なものにとどまっており，国際ローミングサービスの構造と料金そのものに内在する問題点への取り組みに対する姿勢は見られない。スマー

トフォンの普及に伴って，国際ローミングのトラブルがますます増加すると考えられる今日，総務省はEUの事例を参考に積極的に国際ローミング料金の低廉化に取り組むべきである。

上記の事業法第40条においては，IOT・卸売料金は総務大臣の認可対象となっている。従って，総務省は，少なくともOECDが推奨するように（OECD［2010］p.5），IOTに関するデータを収集し，公表すべきである。収集したデータに基づき，IOTが極度に高額であると判断された場合には，総務省は，IOTに関する協定を認可する条件として，IOTを引き下げるよう要求することも可能なはずである。

第二に，IOT・卸売料金は海外の事業者と交渉する必要があり，総務省の管轄権は海外の事業者には及ばないことから，上記の措置は単独では実行不可能である。わが国は，近隣諸国とEUのような連合関係にないことから，高額のIOTを規制するための協力を得る必要がある。総務省が，協力を得ることができるならば[23]，当該国もIOTを引き下げることを条件にわが国の事業者にIOTを引き下げるよう指示できるはずである。OECDは関係する複数の国の間で，卸売料金と小売料金，又は卸売料金を規制するための協定を締結することを推奨している（同p.5）[24]。これを実行するには困難が伴うが，追求する価値のあることである。事実，シンガポールとマレーシアは両国間で，国際ローミングのコストを引き下げるための協定を締結することを公表している。アラブ諸国の規制機関ネットワークも，2008年4月に，国際ローミング料金を引き下げるための勧告について合意している（OECD［2009］p.38）。

6.5　構造的措置

構造的な措置のうち検討する必要があるのは，国際ローミングの小売と国内携帯電話サービスとのアンバンドリングである。海外の事業者に対して国

---

[23] 2016年2月に調印されたTPP協定第13章電気通信の項には，国際ローミングサービスについて，透明性・合理性のある料金にするよう努めることが織り込まれたので，これを梃子にして関係国の間での交渉が進むことを期待したい。
[24] 残念なことに，OECDのこれら2つの報告書の存在は，わが国においては，広く知られてはいない。

際ローミングの卸売を提供するように要求することはできないが，国内の競争促進策として，国際ローミングの小売と国内携帯電話サービスとのアンバンドリングを要求することは可能である。EUのような域内市場が存在しないわが国においては，アンバンドリングを実現するための技術的な対応策が問題ではあるが，依然として検討の価値のある方策である。少なくとも，SIMロックの解除は不可欠である。合理的な技術的な対応策が見出された場合には，2015年5月以降新規販売される端末については，原則として販売後6カ月経過すればSIMロックの解除が認められることとなったことが，追い風となろう。

6.6 透明性の確保

透明性の確保，特に国際ローミング料金に関する透明性が課題である。わが国の通信事業者が提供しているリーフレットやWebサイトの説明を見ても，複雑すぎて一見して理解するのは，難しい[25]。OECDが強調するように，利用者に対して簡単，包括的，かつ透明な方法で情報を提供し，事業者間の比較を容易にするのが重要である（OECD［2009］p.24）。EUが採用した方策のうち，以下の2点が検討に値する。

① 利用者が国境を越えた際に，国際ローミングの料金に関する情報を提供する。
② データ通信量が一定の上限を超えた際に，警告メッセージを送信する。

わが国の場合，データ定額制を利用登録していても，例えばNTTドコモの「海外パケ・ホーダイ」を利用している場合，20万パケットまでは1980円で済む。20万パケットを超えたのかどうかは，利用中は分からない。意図しないうちに20万パケットを超過して2980円を支払う羽目に陥っていることもある。このような状態は警告メッセージの送信によって解消されるであろう。

---

25) 例えば，NTTドコモのワールドウィングに関する説明（https://www.NTTdocomo.co.jp/service/world/roaming/ 2016年5月19日閲覧）

7 本章のまとめ

　行き過ぎた規制緩和が利用者の利益に反することを，国際ローミングを例にとって明らかにした。国際ローミングに関する苦情が後を絶たないのは，わが国において，携帯電話市場が寡占であるのにもかかわらず，携帯電話サービスについて，料金を含めて完全に規制を撤廃したことにある。市場において，競争が働いているのであれば，市場の力に任せることができる。しかし，競争が十分に働いていない場合には，利用者を保護するための一定の規制が必要である。2003年7月の事業法の改正による規制緩和の一環として，携帯電話料金が全て非規制とされたことに問題の遠因がある。単純な規制緩和信仰は放棄されねばならない。

　携帯電話料金が高過ぎるので見直しが必要であるとする2015年9月の安倍内閣の指示を受けて，総務省が検討を始めたが，規制を撤廃しておいて，料金を規制しようとする自己矛盾に陥っていると言わねばならない。本章がきっかけとなって，国際ローミングの規制に関する議論が始まり，ひいては行き過ぎた規制緩和の見直しについても議論が行われることを期待したい。

謝辞：本章の一部は駒澤大学の特別研究補助の支援を受けた，駒澤大学グローバル・メディア・スタディーズ学部絹川真哉准教授との共同研究の成果に基づくものである。

第6章

電気通信と消費者保護

1 問題の所在

　ブロードバンドやスマートフォンの普及とともに，その契約条件・料金体系も複雑化し，契約に当たっての2年縛りや携帯電話のSIMロック等が問題視され，消費者からも多数の苦情が寄せられるようになってきた。そのため，総務省でもICTサービス安心・安全研究会が2014年12月10日に「～消費者保護ルールの見直し・充実～　～通信サービスの料金その他の提供条件の在り方等～」に関する報告書（以下，「消費者保護報告書」）（総務省［2014c］）を公表し，2015年5月には，事業法を改正する（平成27年5月22日法律第26号）等，遅まきながら消費者保護に向けて動き出した。また，2015年9月11日の安倍晋三首相による「携帯電話料金軽減」の指示（朝日新聞［2015］）をきっかけとして，総務省が携帯電話料金のあり方について検討を進め，12月18日には「スマートフォンの料金負担の軽減及び端末販売の適正化に関する取組方針」（以下，「スマートフォン適正化方針」）を公表した（総務省［2015f］）。しかし，その動きは，SIMロックを禁止する等消費者保護ルールを強化しているEU等に比べると，通信事業者の利害を反映して消極的という批判を免れない。その背景には，2003年7月に改正された事業法（平成15年7月24日法律第125号，2004年4月施行）において，東西NTTを除いて，通信事業者に対する料金規制が完全に撤廃されたことがある。料金規制を撤廃しておいて，行政指導によって，料金引き下げを「要

請」する等自己矛盾も甚だしいと言わねばならない。

　本章では，消費者保護報告書とその後の消費者保護政策の展開を素材として，電気通信分野における消費者保護のあり方について問題提起をする。

2　ブロードバンドとスマートフォンの普及

　近年のブロードバンド，及び携帯電話，特にスマートフォンの普及には目覚ましいものがある（図表1-7，図表6-1）。中でも，スマートフォンを利用したブロードバンドアクセスの増加が顕著である。

　それに伴って消費者からの苦情・相談件数も増加している。国民生活センターがPIO-NETを通じて収集した消費者からの相談件数合計は2013年度で93万5000件に上るが，そのうちインターネット接続回線に関するものが，1万9522件，移動通信サービスに関するものが1万8850件で，それぞれ対前年度比15.5％，6.6％増加している（図表6-2）。また，直近のデータが得ら

図表6-1　スマートフォン契約数の推移

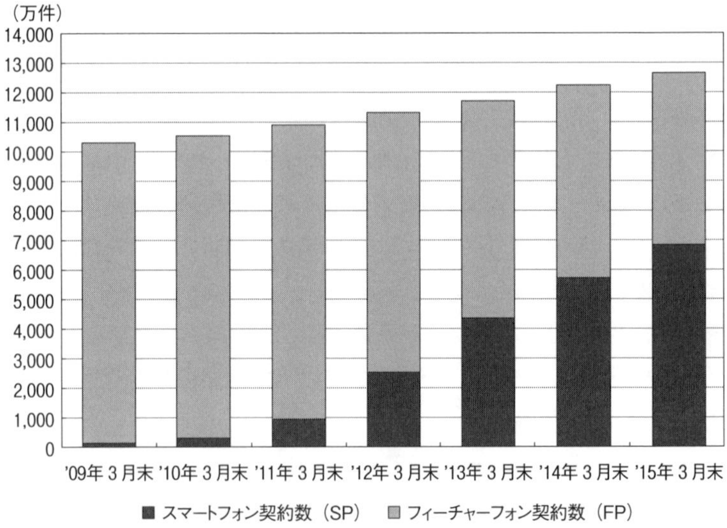

出所：MM総研

図表6-2　電気通信サービスに関する相談件数

区　　分	2012年度		2013年度		増加率(%)
	件数	構成比(%)	件数	構成比(%)	
インターネット接続回線	16,896	2.0	19,522	2.1	15.5
移動通信サービス	17,685	2.1	18,850	2.0	6.6
その他電気通信サービス	1,964	0.2	1,370	0.1	△30.2
相談件数計	860,427	―	935,224	―	8.7

出所：国民生活センターの資料を基に作成

図表6-3　スマートフォンに関する相談件数

区　　分	2010年度		2011年度		2012年度		2013年度		2014年度	
	件数	対前年比	件数	対前年比	件数	対前年比	件数	対前年比	件数	対前年比
スマートフォン	1,490	―	4,762	3.2	7679	1.6	9,542	1.2	9,730	1.0
スマートフォンを利用したデジタルコンテンツ	98	―	5,728	58.4	20,849	3.6	43,667	2.1	71,372	1.6

出所：国民生活センターの資料を基に作成

れるスマートフォンについて見たのが図表6-3である。スマートフォン自体に関するもの，スマートフォンを利用したデジタルコンテンツに関するもの，いずれも相談件数が急増している。契約内容が複雑化するとともに，通信事業者が利用者をロックインしようとして，また，通信事業者の代理店が携帯電話事業者から支払われる手数料を稼ごうとして，一見しただけでは理解困難な契約条件，デジタルコンテンツの利用を押し付けていることが背景にあると考えられる。

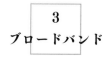

3 ブロードバンド

3.1　最低契約期間（長期契約）

ブロードバンドに関して問題となるのは，最低契約期間（長期契約）と，ベストエフォート（Best Effort）型の通信品質である。まずブロードバンドであるが，ブロードバンド事業者は，一般的に割引料金とセットで，最低契約期間を設定している。例えば，NTT東日本の戸建て向け光ファイバー

サービスである。「フレッツ光ネクストギガファミリー・スマートタイプ」の月額使用料は、通常5700円（税抜）であるが、2年契約にすると700円割引になる。しかし、同社のHPの利用上の注意には、以下のように記載されている。

にねん割について

- 「にねん割」の利用期間は2年単位（自動更新）です。
- 利用期間の途中（利用期間満了月の翌月＜更新月＞を除く）でフレッツ光を解約された場合、「にねん割」の解約金9,500円（マンションタイプは1,500円）（税抜）をお支払いいただきます。
- 「にねん割」はお申し込みが必要です。
- 「にねん割」の利用開始は、お申し込み日（新規にフレッツ光をご利用になるお客様はフレッツ光利用開始日）の翌月1日です（お申し込み内容の確認をさせていただくため、申込日の翌々月1日からの利用開始となる場合がございます）。
- 利用開始日から24ヵ月間が「利用期間」となります。
- 利用開始日から24ヵ月目が利用期間の「満了月」となります。
- 「満了月」の翌月（25ヵ月目）が「更新月」となり、「更新月」の間にお客さまより、通常料金への料金プラン変更の申し出がない場合は、更に24ヵ月を利用期間として「にねん割」を自動更新いたします。

（出所：NTT東日本HP（https://flets-ntthikari.jp/east/campaign/2nenwari.php　2016年1月19日閲覧））

つまり、2年単位の自動継続であり、しかも、契約期間満了月の翌月中に解約しないと、9500円もの違約金を徴収されることになる[1]。2年契約というのをうっかり2年後にはいつでも自由に解約できると解釈していて、例えば、2年2カ月目に解約しようとすると、違約金を取られることになる。一

1）2016年3月からは、更新月（解約金不要の期間）が、利用期間満了月の『翌1カ月間』から『翌2カ月間』に変更になった。

人暮らしをしていた学生が，故郷で就職して親元に同居してブロードバンド契約を解約しようとしても，契約期間満了の翌月以外だと，例えば，3年と11カ月使用していたとしても，違約金を取られるという不合理な仕組みである。これは，KDDIやソフトバンク等の他の事業者の場合も同様である。第2章で見たように，東西NTTがFTTxのサービス卸を開始したことから，FTTxの小売サービス市場への参入障壁が低下し，多数の事業者が参入して市場が流動化し，この問題はより深刻化することが想定される。

3.2　ベストエフォート型の伝送速度

さらに，伝送速度等の通信品質にも問題がある。インターネットは一般にベストエフォート型のサービスとされている。電話サービスのように，一定の通信品質が保証されている訳ではない。インターネット事業者は通信品質の確保に最大限の努力はするが，通信品質を保証するものではないということである。もともとインターネットは多数のネットワークが自律分散的に接続されてでき上がっているものであり，ネットワーク全体を中央集権的に管理する主体は存在しない。接続する毎に通信経路も異なる。特定の時間帯に利用が集中すると，伝送速度が落ちたり，通信エラーが発生したりすることもある。これは，近年YouTubeや，定額制の動画配信サービス等の利用が拡大するにつれて顕著になっている現象である。

しかし，ブロードバンド事業者は，「最大概ね1Gbps」等と高速性を訴求した宣伝をしている。確かに，NTT東日本の場合よく見ると次のような注意書きがある。

> 最大通信速度は，技術規格上の最大値であり，実使用速度を示すものではありません。インターネットご利用時の速度は，ご利用環境（端末機器の仕様等）や回線混雑状況等により大幅に低下する場合があります。
>
> （出所：NTT東日本HP（https://flets-ntthikari.jp/east/plan/family-giga.php　2016年5月19日閲覧））

契約時には，「ギガ速い」等と高速性のみが強調され，条件によっては，通信速度が低下することが十分には説明されていない。しかもインターネッ

トは，上述のように，自律分散的なネットワークであるので，サービス品質低下の責任がどこにあるのかが曖昧で，利用者にとっては納得し難いものとなっている。

4
携帯電話

4.1 複雑な契約内容

4.1.1 複雑な料金プラン

　携帯電話の料金プランは年々複雑化し，実際に使ってみないと利用者が選択した料金プランが当該利用者にとって最も有利なものかどうかは，分からない。特に，スマートフォンとLTEの登場に伴って料金プランはますます複雑化している。NTTドコモが2014年6月に「カケホーダイ＆パケあえる」という新しい定額制料金を導入した。通話料が定額制になる他，インターネット利用も，1カ月のデータ量が2GB，5GB，8GB，15GB，20GB，30GBの6段階の定額制[2]である[3]。この料金プランには，家族で利用した場合の割引[4]，利用年数による割引，他事業者から契約変更した場合の割引等が加わる上に，端末を割賦払いにした場合の端末代金等が加算される。さらに，端末がアップル社のiPhoneか否かでも料金が異なる。しかも定額制と言っても，実際にどの程度通話やインターネットを利用するかは，同じ利用者で見ても月によって異なり，場合によっては，定額制を利用した方が割高になる場合もある。このように料金プランがあまりにも複雑化し，利用者にとっては，代理店で説明を受けた程度では理解し難いものになっている。

2）この限度を超えると，「リミットモード」となり，通信速度が送受信時最大128kbpsとなる。（NTTドコモ2014年4月10日付け報道資料：https://www.nttdocomo.co.jp/info/news_release/2014/04/10_00.html）

3）KDDI，ソフトバンク両社も類似の料金プランで追随した。

4）例えば，シェアパックとして，2016年3月時点では，5GB，10GB，15GB，20GB，30GBの5段階が設定されている（NTTドコモ　2016年2月23日付け報道資料：https://www.nttdocomo.co.jp/info/news_release/notice/2016/02/23_00.html）。

4.1.2　契約期間の拘束と自動更新

　上記の割引料金も，ブロードバンドと同様の2年縛り等の長期契約とセットになっていた。割安の料金が適用されるのは，「定期契約」がある場合に限定されていることが示されていた。

> 2年間同一回線の継続利用が条件となり，料金プランの変更，契約変更および解約のお申出がない場合，自動更新となります。契約期間内での回線解約・定期契約のない料金プランへの変更時等には，9,500円の解約金がかかります。(NTTドコモHPより)

　これは，後述するように，携帯電話端末を，代理店を通じて実質「ゼロ円」等という割安な価格で提供したり，携帯電話事業者を変更した場合にキャッシュバックしたりするコストを回収するためであると考えられる。通信事業者から見ると，短期間で解約されたのでは，そのコストが回収できないため，長期契約を義務づけることになる。しかし，代理店における端末機器の購入に際しては，「割安な料金にしておきましょう」ということで，十分な説明抜きで，2年契約が締結されていることもある。後で，携帯電話事業者を変更しようとしても，この2年縛りがあるために違約金を支払う破目に陥るか，事業者の変更を思いとどまらざるを得なくなる。産業組織論に言うところの「スイッチングコスト」による「ロックイン」である。

4.1.3　オプション契約のバンドリング提供

　携帯電話の場合，多様なアプリやコンテンツサービスがオプションとして提供されており，これが，「おすすめパック」，「あんしんパック」等としてバンドリングで提供されることも多い。しかも，これらのサービスは，例えば1カ月の「お試し期間」は無料であるが，黙っていると2カ月目からは自動的に有料に切り替わることも多い。代理店はオプションパックを販売すると，携帯電話事業者からの手数料を稼げるため，「とりあえず，全部付けときましょう。その方が契約時の料金が安くなりますから。いらなければ，後ではずしてください。」，というセールストークを活用する。利用者の方は，

使用する予定もないサービスを契約し，契約後，オプション契約の解除をうっかり失念した結果，無駄な付加料金を支払うケースも出てくる。

4.2　SIMロックによるロックイン

　長期契約と同様に，利用者をロックインする手段として使われてきたのが，SIMロックである。本来，携帯電話の端末機と回線利用契約は独立であるはずである。利用者情報が組み込まれたSIMカードは，利用者が選択したどの端末でも利用可能なはずだし，同一の端末でも，他の通信事業者のSIMカードを挿入すれば，当該通信事業者のネットワークが利用できるはずである。しかし，日本では通信事業者が通信サービスと端末をバンドルして提供し，自社の提供した端末では，自社のSIMカードを挿入しないと動作しないようにロックする閉鎖的な慣行が定着してきた。総務省は，2010年に「SIMロック解除に関するガイドライン」(総務省[2010g])を出し，通信事業者にSIMロックの解除を求めた。しかしNTTドコモ以外は解除に応じてこなかったし，NTTドコモもiPhoneはSIMロックを解除していなかった。番号ポータビリティ[5]を利用して携帯電話事業者を変更しようとしても，端末を新しい事業者のものに変更しないと利用できない。また，海外旅行時に，現地での通信料を節約するために，日本から持参した端末に現地の事業者のSIMカードを挿入して利用しようとしても，それもできない。このように，利用者の自由度を制約しているのは，大きな問題である。

　最近格安スマホとして，MVNO[6]が話題になっているが，これもSIMロックが解除されれば，端末の買い替えなしに契約変更できるはずである。

4.3　経験財的なサービス

4.3.1　つながりやすさと伝送速度

　ブロードバンドや，携帯電話は使ってみないとそのサービス品質が確認で

5）通信事業者を変更しても，変更前の電話番号をそのまま使い続けることのできる仕組み。スイッチングコストを低減し，競争を促進するための仕組みとして携帯電話の場合，2006年10月に導入された。MNP (Mobile Number Portability) とも呼ばれる。
6）携帯電話事業者からネットワーク設備を賃借して携帯電話サービスを提供する事業者。

きない，経験財的なサービスである。ブロードバンドは，ベストエフォート型のサービスであることから，利用時間帯やアクセス先によって，伝送速度等のサービス品質にばらつきがあり，契約時に期待した速度が実現しないことも多い。また，携帯電話も，使用する場所，基地局設備の容量や同時に利用する他の利用者の数等によって，通話がつながり難かったり，インターネット利用の速度が遅かったりするという事象が生じる。しかも，競争環境化で，ブロードバンド事業者がサービス品質を誇大宣伝することもあり，また，携帯電話の場合も，事業者がエリアカバー率や，つながりやすさを誇大宣伝する傾向がある。いずれの場合もサービス品質を事前に確認するためのデータが示されておらず，使ってみないと品質が分からないというのが実態である。

4.3.2 クーリングオフの必要性

利用者が契約時に期待したサービス品質が実現しない場合，契約解除が容易にできれば，まだ問題が少ない。しかし，先に述べた通り，ブロードバンドや携帯電話の場合，契約の「2年縛り」が一般的であり，なかなか契約解除ができないという問題がある。また，携帯電話の場合，仮に契約解除ができたとしても，SIMロックがかけられている限り，購入した端末機が無駄になるという問題もある。

こうした通信サービスは，特定商取引に関する法律施行令（昭和51年政令第295号）でも，クーリングオフの対象には含まれていない。現実に，利用者から様々な苦情が寄せられており，これら通信サービスが経験財的な特質を有することを考慮した仕組みの導入が求められる。

5 総務省の対応

5.1 事業法の2003年改正

2003年7月の事業法の改正によって，通信事業は大幅に規制緩和され

た[7]。東西NTTの地域電話サービスの料金には依然として，プライス・キャップ規制が課せられているが，それ以外はブロードバンドや携帯電話を含め非規制とされた。携帯電話は，料金を含めて非規制とされ，事業者と利用者が個別に契約条件を交渉する相対取引も可能である。携帯電話の場合，通信事業者に対する消費者の保護のための規制は，電気通信サービスの料金・提供条件の概要の説明義務（事業法第26条）と，それを受けた書面による説明義務（施行規則第22条の2第2項）にとどまっていた。しかも，この説明は書面の交付が原則であるが，電子メールや電話による説明でも足りるとされており，書面の交付義務が明確には規定されていなかった。このような規制上の不備も，消費者からの相談が急増している一因となっていた。

5.2 利用者視点を踏まえたICTサービスに係る諸問題に関する研究会

こうした電気通信サービスにかかわる消費者からの苦情・相談の増加を，総務省も無視することができず，対策に乗り出すこととなった。まず，2013年9月に「利用者視点を踏まえたICTサービスに係る諸問題に関する研究会」から「スマートフォン安心安全強化戦略」（総務省［2013d］）が発表され，「CS適正化イニシアティブ」（総務省［2013e］）が示された。

これは，スマートフォンに関する苦情・相談に対する対応策を取りまとめたものであるが，基本的には事業者の自主的な取り組みに依存するものであり，事業法の見直しは必要性が指摘されるにとどまった。例えば，電気通信サービスに関わる諸団体で2003年に設立された「電気通信サービス推進協議会」が自主的な検討・取り組みをしているとされている[8]が，実効を上げているとは言い難い。

5.3 ICTサービス安心・安全研究会

総務省は2014年2月から，ICTサービス安心・安全研究会を開催し，同

7）詳しくは，福家［2007］を参照。
8）例えば，広告表示や営業活動に関する自主基準を作成している（電気通信サービス向上推進協議会HP http://www.tspc.jp/about-conference.html）。

年12月には，ブロードバンドにも対象を広げ，消費者保護報告書（総務省［2014c］）が公表された。同報告書には，以下のような内容が織り込まれている。
① 説明義務の在り方
　・書面交付
　　　原則紙媒体によることを制度化する。利用者の希望に応じ，電子媒体も可とする。また，オプション等の記載も同一書面に一覧性をもって記載するよう取り組む。
　・説明義務等（広告表示）
　　　事業者団体の自主的取り組みや，事業法・景品表示法に基づく法執行により広告表示等の適正化を図る。
② 契約関係からの離脱に関するルールの在り方（禁止行為・取消ルール）
　・禁止行為・取消ルール
　　　提供条件のうち利用者の契約の締結の判断に通常影響を及ぼす重要事項について，明確化し，不実告知，不利益事実の不告知を禁止する。⇒禁止行為違反による誤認の場合の取消について検討する。
　・初期契約解除ルール
　　　販売形態によらず，初期契約解除ルールを導入する。
　・解約ルール
　　　期間拘束・自動更新付契約について，事業者による自主的な取り組みの効果等を検証する。オプション等の契約について，無料期間終了後に一度契約を終了する等の利用意思を確実に確認する取り組みを推進する。
③ 販売勧誘活動の在り方
　・再勧誘禁止
　　　通信事業者及び代理店における再勧誘禁止を制度化する。
　・代理店監督制度
　　　通信事業者等は，数次にわたる代理店を把握した上で，適切な販売勧誘が行われるよう，監督体制を整備する。

④ 苦情・相談処理体制の在り方
　　・業界として苦情・相談を受け付けて分析する体制を整備し，その状況を見ながら引き続き検討する。
⑤ 通信サービスの料金その他の提供条件の在り方
　　・販売奨励金の在り方
　　　　販売奨励金・キャッシュバックを直接規制することは適当ではなく，SIMロック解除等の競争環境整備を通じて適正化を促す。
　　・SIMロック解除
　　　　少なくとも一定期間経過後は利用者の求めに応じ迅速，容易かつ利用者の負担なく解除に応じることが適当であり，「SIMロック解除に関するガイドライン」を改正する。
　　・モバイルサービスの料金体系
　　　　データ通信量に応じた多段階のプランの設定，データ通信量の平均値や分布を勘案したプランの設定等利用実態に合った多様な料金プランの導入が適当である。

　この消費者保護報告書において，消費者保護に係る多くの項目が，事業者による自主的な取り組みと総務省の行政指導に任されたことが，消費者保護の不徹底を招き，その延長線上で，2015年9月11日の安倍首相による「携帯電話料金軽減」の指示（朝日新聞［2015］）をきっかけとした事業法の根拠の曖昧な総務省の12月18日付けの「スマートフォンの料金負担の軽減及び端末販売の適正化に関する取組方針」（総務省［2015f］）と「スマートフォンの料金及び端末販売に関して講ずべき措置について（要請）（平成27年12月18日）」（以下，「スマートフォン適正化要請」）（総務省［2015g］）につながったことに留意する必要がある。

5.4　事業法の2015年改正

　消費者保護報告書を受けて事業法の改正案が2015年5月15日に参議院において可決成立し，同5月22日に公布された[9]が，消費者関連で織り込まれた

9）2016年5月21日から施行された。

のは，以下の4項目であり，消費者保護報告書で取り上げられた項目のごく一部に過ぎない。
　① 書面の交付
　② 初期契約解除制度の導入
　③ 不実告知・勧誘継続行為の禁止等
　④ 代理店に対する指導
　まず，書面の交付であるが，契約の締結後に，個別の契約内容を容易に確認できるよう，電気通信事業者・有料放送事業者に対し，契約締結書面の交付が義務づけられた（改正事業法第26条，第26条の2）。
　第二に，クーリングオフについては，サービスが利用可能な場所等を利用前に確実に知ることが困難，料金等が複雑で理解が困難といった特性があるサービス[10]については，契約締結書面受領後等から8日間，利用者・受信者が，相手方の合意なく契約解除できる制度（初期契約解除制度）が導入された（改正事業法第26条の3）。
　ただし，この制度では，端末の返品はできない上に，工事費や事務手数料，解除までの通信料は負担しなければならないことから，特定商取引に関する法律に定めるクーリングオフ制度に比べて，消費者保護策としては，限界がある。
　そこで，携帯電話については，「移動通信役務を利用できる場所の状況や法令等の遵守の状況についての確認措置」を講じている役務であって，利用者利益が保護されているものとして総務大臣が認定する電気通信役務の契約を締結した場合には，初期契約解除制度の適用除外とする「確認措置」と呼ばれる制度が導入され（施行規則第22条の2の7），携帯電話大手3事業者と一部 MVNO が認定を受けている。利用者は，
　① 提供を受けることができる場所に関する状況（利用場所状況）
　② 利用者保護のため法令等の遵守に関する状況（遵守状況）
を，サービス提供から8日間確認可能となり，これらが不十分である時に

10）対象となるサービスは，携帯電話やインターネット接続サービス・光回線サービス等が総務大臣によって告示されることとなった（総務省［2016d］）。

は，電気通信サービスの契約，端末の契約等を解除できることとなった（総務省［2015d］［2016e］）。これは，契約の解除の条件が上記のケース2つに限定されていること，文字通り移動して使用する携帯電話について実際に利用できる場所や通信速度等を8日間で確認できるのかという現実的な問題があること，契約を解除してもその間の通信料金は負担しなければならないこと等の問題があるものの，消費者保護に向かって一歩前進したと言える。但しクーリングオフに類似した制度が，事業法に直接規定されず，施行規則で定められたことは，制度の安定性という面で問題がある。

　第三に，不実告知・勧誘継続行為の禁止等であるが，電気通信事業者・有料放送事業者及びその代理店に対し，料金等の利用者・受信者の判断に影響を及ぼす重要な事項の不実告知（事実でないことを告げること）や事実不告知（故意に事実を告げないこと）が禁止された。また，電気通信事業者・有料放送事業者及びその代理店に対し，勧誘を受けた者が契約を締結しない旨の意思を表示した場合，勧誘を継続する行為も禁止された（改正事業法第27条の2）。

　第四に，代理店に対する指導等の措置であるが，提供条件の説明等，代理店による契約締結に関する業務が適切に行われるようにするため，電気通信事業者・有料放送事業者に対し，代理店への指導等の措置を講ずることが義務づけられた（改正事業法第27条の3）。

　2015年の事業法改正は一定の限界もあるものの，消費者保護の面からは，一歩前進と評価できるが，次節で見るように，事業法に明示的な規定のない総務省の行政指導では，消費者保護の実のある効果が期待しづらいことを示している。

5.5　事業者による自主的な取り組みの限界

　事業者の自主的な取り組みに任された項目の第一は，SIMロックの解除である。SIMロックについては，2010年に総務省からガイドラインが示されていた[11]が，SIMロックの解除は部分的なものにとどまってきた。2014年12月に改訂された新しいガイドラインでは，2015年5月以降に新規販売される端末については，原則としてSIMロック解除に応じなければならない

とし，事業者が応じない場合には，事業法第29条第１項第12号の「業務改善命令」の発動も考えられるとした。これを受けて，各社とも５月１日以降に販売される端末について，購入後６カ月を経過すれば，解除に応じることを発表している[12]。今回の措置でも，端末機の販売コストの回収を考慮し，販売後６カ月は解除に応じなくてもよいとされており，実効性が限定されたものになっている。即ち，販売端末はSIMフリーにならないことから，既存事業者による利用者のロックイン状態の緩和は限定的である。

　さらに，SIMロックの解除が実現しても，各事業者が端末に内蔵して提供する各種の付加サービスの利用上の制約，さらには，２年縛り等の長期契約が抜本的に改善されない限り，利用者にとってのメリットは実現しない。しかし，複雑化する一方の料金体系や２年縛り等の長期契約の強制の改善も，基本的には，通信事業者の自主的な取り組みに任せるという提言である[13]。2006年の携帯電話への番号ポータビリティ制度の導入に合わせた総務省の行政指導によって，一時的には消滅するかとも思われた販売奨励金制度も，スマートフォン等の販売競争の激化とともに復活し，「キャッシュバック」等，極端化していたのが実情である。携帯電話の端末販売代金と，通信料金のアンバンドリングが求められる所以である。

5.6　安倍首相による携帯電話料金引き下げの要請

　このような問題点が，2015年９月11日の安倍首相による「携帯電話料金軽減」の指示の背景にある，わが国の携帯電話市場の歪みにつながっているということができる。安倍首相の指示をきっかけとして，総務省は，ICTサービス安心・安全研究会の下に，「携帯電話の料金その他の提供条件に関するタスクフォース」を設置して検討を進め，12月18日には「スマートフォン適

---

11) 2010年に示された「SIMロック解除に関するガイドライン」（総務省［2010g］）が2014年12月に改定され，「携帯電話事業者は自社が販売した端末について，原則としてSIMロックの解除に応じる」とされた（総務省［2014e］）。
12) NTTドコモ・KDDI報道資料（2015年４月22日付け）。ソフトバンク報道資料（2015年５月19日付け）。
13) 消費者保護報告書では，「多角的に情報収集を行いつつ，電気通信事業者の対応状況を踏まえ引き続き検討を行なう」とされるにとどまっている。

正化取組方針」を公表し（総務省［2015f］），これに基づいて携帯電話事業者に「スマートフォン適正化要請」（総務省［2015g］）を行った。その要点は，以下の3つに集約される。
　①　スマートフォンの料金負担の軽減
　②　端末販売の適正化
　③　MVNOのサービスの多様化を通じた料金競争の促進

　第一のスマートフォンの料金負担の軽減は，図表6-4に示すように，基本的に第二の端末販売の適正化とセットである。携帯電話の販売代理店が携帯電話事業者から仕入れた携帯電話端末を「ゼロ円」で販売することができるのは，携帯電話事業者が端末の仕入れ価格相当額を販売奨励金の形で補助しているからである。携帯電話事業者は，この端末販売奨励金のコストを何らかの形で回収する必要があるので，端末販売奨励金見合いのコストを通信料金に上乗せして回収することになる。携帯電話市場においては，総務省の行政指導もあり，一時，端末販売奨励金に基づく「ゼロ円」端末は姿を消していたが，ソフトバンクのiPhone取り扱い開始とともに，復活した。

　この仕組みは自体は，ビジネスの世界において珍しいことではない。Anderson（, Chris）のいうFreeの第一類型の「直接的な内部相互補助」である（Anderson［2009］）（図表6-5）。これは将来の収入で，現在の収入をカバーするものであり，プリンターを安売りして，そのコストをトナーやインクカートリッジの売り上げで回収するのが代表的な事例である。このビジネスモデルが社会的な批判を浴びることは皆無ではないにしてもまれである。

　しからば，何故に携帯電話の端末販売奨励金と通信料金の関係が問題にされるのであろうか。それは，第一に，携帯電話市場が電波の周波数割当に起因する寡占市場であり，しかもわが国の場合，そこに事業者間の「暗黙の協調」が働いているからである。第二に，携帯電話事業者毎に端末と回線契約がバンドリングされ，利用者は，携帯電話の入手後自由に携帯電話事業者を選ぶことができないという，わが国の携帯電話市場特有の事情もある。事業者は端末の販売を巡っては，熾烈な競争を繰り広げているが，端末の販売を通じて，回線契約を獲得すれば，その後は安定的な通信収入を期待できる。携帯電話事業者はこの通信収入を継続的に確保するために，SIMロックを

図表6-4　端末販売奨励金のイメージ

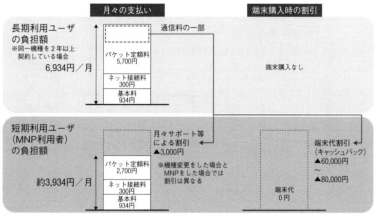

（金額は税抜）

出所：総務省作成資料

図表6-5　フリーの仕組み：直接的内部相互補助

出所：依田［2011］

かけ，回線契約に2年縛り等の長期契約を強いてきたのである。プリンターであれば，気に入らなければ別のプリンターを購入すればいいが，携帯電話の場合には，2年縛り契約によって，自由に携帯電話事業者を変更することができなかった。しかも，2年経過した翌月1カ月以内に契約を解除しないと，また2年の長期契約を強いられるという不条理があった。当初の2年間は端末販売奨励金の回収のためということで，合理化できるにしても，その後も契約の解除を申し出ない限りさらに2年契約が延長され，途中で解約し

図表6-6　スマートフォン利用料金の国際比較

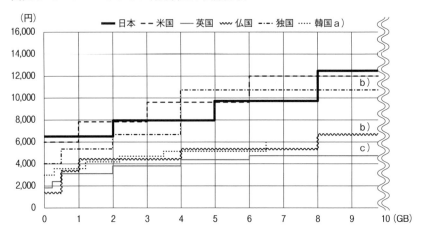

注： a） 日本，独国及び韓国のプランは24カ月継続プラン。英国及び仏国のプランは12か月継続。米国のプランは期間拘束なしのプラン。日本，米国，独国及び韓国のプランは国内通話無制限。米国及び仏国のプランは一部を除き国内通話無制限。
為替レートは以下の通り。小数点以下は四捨五入。
1米＄＝120.2円，　1£＝181.9円，　1€＝134.0円，　1W（韓）＝0.1円
b） 米国及び仏国の料金プランは，12GBまで利用可能。
c） 韓国の料金プランは，11GBまで利用可能。
出所：総務省「携帯電話の料金その他の提供条件に関するタスクフォース（第1回）」資料（http://www.soumu.go.jp/main_content/000381811.pdf）

ようとすれば，1万円近い違約金を支払わねばならないということは，正当化できない仕組みであった。

　さらなる問題は，通信料金は，携帯端末を買い替える利用者にも，買い替えないで長期にわたって使い続ける利用者にも，原則同じ金額が適用されるという利用者間の不平等が存在することである。わが国の通信料金が国際的に高額か否かについては議論が分かれる。図表6-6に示したように，利用データ量が少ないと，他国より高額であるが，多い場合には必ずしも高額とは言えない。しかし，少なくとも長期にわたって契約を維持している利用者は，端末販売奨励金の金額だけ，通信料金を払い過ぎているという見方もできる。同時に，データ通信料は，利用者が想定する1カ月のデータ量に応じて段階的に設定されているが，利用者が事前にデータ量を予測するのは困難であり，利用者が安全を見込んで，高額の料金区分を選択している可能性が強い。

このようにスマートフォン通信料金と端末販売奨励金とはセットの問題として考える必要があるが，これが，第三のMVNOの参入促進とも関連する。SIMロックと2年縛り契約の制約がある限り，MVNOの利用には制約がかかり，MVNOとの競争も進まない可能性が強いからである。

5.7　スマートフォン適正化の現状

総務省は，以上のような取り組み方針に基づき，携帯電話事業者にスマートフォン適正化要請を行った訳であるが，本章執筆時点では，要請から間もないこともあるのか未だ目に見える成果は上げていない。

第一の「スマートフォン料金負担の軽減」も，具体的な成果を上げるには至っていない。携帯電話各社は新しい料金プランを発表した（図表6-7）が，料金負担の軽減には程遠い内容である。携帯電話事業者の自主的な取り組みには限界があることを示している。寡占市場の実態に即して事業法を改正し，必要な料金規制を導入すべきである。

第二の端末販売の適正化については，総務省は2016年2月2日に指針案（総務省［2016a］），電気通信事業報告規則（昭和六十三年郵政省令第四十六号改正案（総務省［2016b］），電気通信事業法の消費者保護ルールに関するガイドライン（案）（総務省［2016c］）を公表し，パブリックコメントの募集を行った[14]。その結果を踏まえて，総務省は同3月25日に「スマートフォンの端末購入補助の適正化に関するガイドライン」（総務省［2016f］）を公表した。

図表6-7　携帯電話事業者の新しい料金プラン

	月額料金（円）	月当たりデータ通信量	その他
NTTドコモ	4,500*	1 Gbite	長期契約は追加割引
KDDI	4,900	1 Gbite	FTT x とセット割引
ソフトバンク	4,900	5 Gbite を3人で分け合い	―

注：*家族3人の1人当たり。
出所：各社報道資料

---

[14] NTTドコモが2月から「ゼロ円端末」を廃止することを明言していた（NTTドコモ［2016b］）が，KDDI，ソフトバンクは実施時期を明言していなかった。

その内容は，以下のようなものである。
① 事業者は，「スマートフォンを購入する利用者には，端末を購入しない利用者との間で著しい不公平を生じないよう，端末の調達費用に応じ，合理的な額の負担を求めることが適当である。このため，事業者は，契約種別（MNP，新規契約又は機種変更等の別をいう。）や端末機種によって著しく異なる端末購入補助の是正等により，利用者の負担が合理的な額となるよう端末購入補助を縮小するものとする。」
② 総務省は，「事業者から端末購入補助の適正化の取組状況について定期的に報告を求め[15]，各事業者の取組の進捗について，フォローアップを行う。また，外部からの情報提供窓口の設置や店頭等における端末販売の実態調査の実施を通じて，上記の基本的な考え方に沿った端末購入補助の適正化が行われているかについて随時検証を行う。」
③ 総務省は，「必要があると認めるときは，事業者に対して具体的な報告を求めるとともに，正当な理由なく本ガイドラインに沿った取組が適正に行われず，利用者間の著しい不公平を維持・拡大する等電気通信の健全な発達に支障が生ずるおそれがあるときには，電気通信事業法第29条に基づく業務改善命令の発動を検討する。」

ここでは，肝心の「端末の調達費用に応じた合理的な額」か否かの判断基準は示されていない[16]。このガイドラインは同4月1日から適用され，早速4月5日に，NTTドコモ，ソフトバンクの両社に対して，「ガイドラインに沿って適正化を図るよう」行政指導が行われた（総務省［2016h］）[17]。しかし，事業者にしてみると，「端末を購入する利用者の負担額が合理的な金額になるように」と言われても，何が合理的かの基準が示されていないのであるから，判断に窮するのではなかろうか。このような不透明な規制を事業

---

[15] 電気通信事業報告規則（昭和63年郵政省令第46号）が改正され，移動端末設備の購入を条件とした割引等の提供状況報告を求めることとした（第4条の3）が，このような報告で規制当局が何を判断できるというのであろうか。この報告に基づいて，事細かな行政指導等が行われるとすれば，過剰規制の誹りを免れない。

[16] 「端末の調達費用に応じて，原価が高い端末は高く，原価が安い端末は安く，ある程度の負担を求めるべきという基本的な考え方を示した」（総務省［2016g］）と説明されても，曖昧模糊としていることには変わりはない。

[17] KDDIに対しても，後日，同様に行政指導が行われた。

法第29条に基づく業務改善命令を背景として強制することは，規制の予測可能性，透明性に反すると言わねばならない。規制するとすれば，通信料金と端末販売との間の内部相互補助を事業法において明確に禁止すべきである[18]。

　さらに，第一と第二にわたる問題としての，2年縛り等の長期契約の抜本的な改善が見られないのも，消費者保護の視点からは大きな問題である。第2章でも触れたように，NTTドコモが2016年3月に至って，解約金のかからない期間を，2016年2月に2年定期契約の満了を迎える利用者から，契約満了月の翌月と翌々月の2カ月間に延長すると発表した（NTTドコモ［2016c］）。現時点では，契約満了月にe-mailで契約期間の満了と2カ月の解約違約金の不要期間を個別に周知するようになっている。さらに，同年4月14日には，毎月の追加料金を伴わず，違約金なしで契約を解除できるプランを発表した（NTTドコモ［2016d］）[19]。一方，KDDIとソフトバンクは2016年3月17日に，同様に，6月から，解約金のかからない期間を延長するとともに，3年目からは解約しても違約金のかからない新プランを導入すると発表した（KDDI［2016b］，ソフトバンク［2016b］）。しかし，これは，2年縛りのあるプランより，毎月300円料金が高くなるものであり，24カ月使用するとすれば，わずか2300円しか有利になるに過ぎない。しかも，24カ月を超えても，300円は払い続ける必要があり，実質的には値上げになる。形式的な対応であるとの誹りを免れない。

　第三のMVNOの参入促進は，参入障壁となっている2年縛り等の長期契約と既存端末のSIMロックに抜本的な改善が見られないことを問題にしなけらばならない。

　以上まとめると，料金等が完全に規制緩和された市場における行政指導の限界を示していると言わざるを得ない。くどいようであるが，「暗黙の協調」的な寡占市場の実態に即した事業法に基づく必要な規制に消極的であっ

---

18) 東西NTTの場合，通信事業と通信機器販売などの附帯業務との内部相互補助が明確に禁止されてきた。
19) 2年縛り契約の場合には，更新時に3000ポイントが付与される他，4年目からは長期割引料金が適用になる。

てはならない，ということである。とりわけ，急がれるのは，「料金負担の軽減」と「端末販売奨励金」の正常化である。電気通信分野におけるこれまでの規制緩和の流れから，規制の導入に消極的な見解も見られるが，協調的な寡占市場の問題は，規制抜きに解決することはできない。そこで，筆者が提案するのは，通信料金へのプライス・キャップ規制[20]の導入と電気通信業務と附帯業務の間の内部相互補助の禁止の徹底である。通信料金に認可制度等の直接的な規制を導入することは，事業者の創意工夫による多様なサービスの展開を妨げるおそれがあるので，料金規制としては，事業者の効率化へのインセンティブを阻害しないプライス・キャップ規制が望ましい。プライス・キャップ規制には，一般的には以下のような算定式が採用される。

$$P_t = P_{t-1}(1 + I - X)$$

　　　　　P_t：t 期の全料金の加重平均
　　　　　I：物価上昇率
　　　　　X：生産性向上率

携帯電話料金については，通話料とデータ通信料を含む携帯電話料金について，スマートフォンと伝統的な携帯電話に分けてプライス・キャップを設定することが考えられる。現在物価上昇率はマイナス傾向が続いているので，携帯電話事業者に料金値下げを迫ることになり，「要請」とは異なり，実質的な料金引き下げ効果が期待でき，また，個別の料金については，全体としてのプライス・キャップを満足している限り，自由な料金設定ができるので，事業者の自由な料金プランの設定を阻害しない。

　このプライス・キャップとセットで，電気通信業務と附帯業務との間での内部相互補助を禁止することで端末販売奨励金の正常化につなげることができる。通信料金は電気通信事業であるが，携帯電話の販売は附帯業務という

---

[20] プライス・キャップ規制は，英国の BT の民営化に当たりリトルチャイルドが提唱した方式であり，事業者に物価上昇率を吸収するような生産性向上を義務づけるので，経営効率化へのインセンティブが与えられる，と考えられている。電気通信の分野では，NTT の基礎的な電気通信役務（アナログ電話〈加入者回線，市内通話，離島間通話，緊急通報〉と第一種公衆電話〈公衆電話機，市内通話，離島間通話，緊急通話〉）に適用されている。プライス・キャップ規制一般については，植草 [1996] を，電気通信分野におけるプライス・キャップ規制については，福家 [2000] を参照。

位置づけであり，この間の内部相互補助の禁止を厳格化するのである。プライス・キャップによって，通信料金の値下げを迫られると，端末販売事業を内部相互補助する余力も失われ，結果として端末販売奨励金の赤字を補填する余力も失われ，その正常化につなげることができる。携帯電話サービスの課題については，総務省による「要請」等では，改善効果に限界があることが，2015年以降の事態の推移を見れば明らかであり，事業法の改正を含む必要な規制の導入に消極的であってはならない。

6 本章のまとめ

　以上見てきたように，ブロードバンド，携帯電話市場における消費者保護上の様々な課題の背景には，総務省の行き過ぎた規制緩和政策があるのは明らかである。総務省が各種委員会の提言・報告を受けて2015年には事業法を改正し，各種ガイドラインも改定し，通信事業者に「要請」を行ってきたが，通信事業者の自主的な取り組みに依存していては抜本的な問題解決は期待できない。行き過ぎた規制緩和を見直し，契約条件・料金等重要事項については，さらに事業法を改正して必要な規制を導入することが肝要である。

第7章

インターネットの変貌と相互接続問題

1 問題の所在

わが国においては，通信回線設備を自ら設置する通信事業者[1]相互間の公正競争を如何に確保するのかに議論が集中し，他の通信事業者の通信回線設備を利用する事業者[2]間，特にISP間の相互接続については，広く議論されることはなかった。しかし，ブロードバンドが広く普及し，電気通信市場において，OTTといわれる事業者が存在感を増している。これらの事業者が不可欠なサービスとして利用しているのが，インターネットである。インターネットはその名前からも明らかなように，ネットワークとネットワークが相互接続されることにより形成されてきた。そこには，自律分散的に形成された平等なネットワークという一般的な理解とは裏腹に，ティア1（Tier1）を頂点とする階層構造[3]が存在し，平等な世界に実質的な不平等が存在する（福家［2002］［2007］，DeNardis［2014］）。

しかし，OTT事業者のサービスの拡大とともに，CDNが広く利用されるようになり，またOTT事業者自身がAS（Autonomous System）として，相互接続に参画するようになってきて，従来のISP間の相互接続という概念では理解できない世界が広がりつつある。このような変化の中で，かつて

---

1) 2003年7月成立，2004年4月施行された電気通信事業法の改正前の一種事業者。
2) 同改正前の二種事業者。
3) DeNardis［2014］はISPをティア1，ティア2，ティア3の3つに分類している。

筆者が指摘した（福家 [2007]）ような，ティア1のエッセンシャル・ファシリティ（不可欠設備）性という問題が消滅したのか，あるいは新たな形で不可欠性問題が発生してきているのかというのが，本章の問題意識である。

2 インターネットの相互接続

　インターネットはそもそも，AS間の相互接続によって，グローバルな接続性が確保されている。ASとは，1つのルーティングポリシーの配下にある自律的なIPネットワークの集合体であり，AS番号が付与されている[4]。ASとして機能しているのは，ISPばかりではなく，企業・団体，大学，政府機関や最近ではコンテンツ事業者等多岐にわたる。このAS相互の接続形態は，ピアリング（Peering）とトランジット（Transit）に大別される[5]。FCCはピアリングとトランジットを以下のように定義している（FCC [2000]）。ピアリングとは，ISP間で，当該ISP，及びその顧客間のトラヒックを相互に伝送するための協定である（図表7-1）。ピアリングでは，ピアリング関係にない第三者へのトラヒックを伝送する義務はない。ピアリングにおいては，通常ビルアンドキープ（Bill & Keep）方式が採用され，ISP間では，相互接続料金は発生しない[6]。一方，トランジットは，他のISPとその顧客のためにトラヒックを有料で伝送する契約であり，第三者，通常はインターネット全体へのトラヒックの伝送義務を伴う（図表7-2）。

　この両形態とも，規制上，その契約条件の開示義務はなく，通常，守秘契約（NDA：Non-Disclosure Agreement）によって契約条件が表に出ることはない。FCCは，市場における競争でピアリングかトランジットが決定されると主張している（FCC [2015] para.202）。しかし，「ISPは他の競争的な市場には見られない固有の『集合行為問題』に直面している。ISPは相互に

4）ASについては，あきみち・空閑 [2011] を参照。
5）米国におけるピアリングとトランジットの実態は，Network Reliability and Interoperability Council V Focus Group 4：Interoperability（FCC）[2001]，Norton [2011] 等に詳しい。
6）ピアリングの一部には，有償ピアリング（Paid Peering）といって，相互接続料金の支払いを伴うものもある。

chapter 07
インターネットの変貌と相互接続問題

図表 7 - 1　従来のピアリングのイメージ

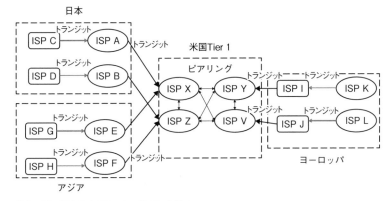

注 1 ：Tier1は Global Routing Table を持つ。
　　　　インターネット上の全 Prefix，当該 Prefix への代替パスを掲載。
　 2 ：Tier1は他の ISP からトランジットを購入しない。
出所：Faratin et al.［2008］に加筆修正

図表 7 - 2　トランジットのイメージ

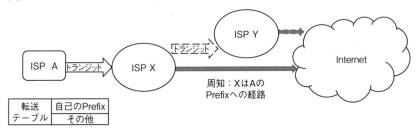

注：ISP AはISPXの顧客
　　ISP XはISPYの顧客
出所：Faratin et al.［2008］に基づき作成

　顧客獲得競争を展開する一方で，ネットワークの相互接続という点では相互に協調し，競争事業者の顧客のトラヒックを伝送しなければならない」（DeNardis［2014］p.108）。ティア 1 によるティア 1 以外の ISP に対するピアリングの拒否とトランジット契約の要求は，ティア 2 以下の ISP に対してトランジット料金節減のための方策の模索を促し，インターネットの相互接続が経済的効率性の追求故に技術的効率性から離れたものになっていく。

155

それがまた,後述するようにティア1のトランジット料金の水準にも影響を与えることになる。

Faratin et al. [2008] によれば,ピアリングに当たっては,以下のような条件を満たす必要がある。

① 地理的な多様性:地理的に多様な多数の地点において,相互のリンクが確保されること
② トラヒック量:ネットワークの規模に応じたトラヒック量であること
③ トラヒックの割合:相互にやり取りされるトラヒック量が,2対1,1.5対1等,一定の割合であること
④ 宣言の一致:全ピアリングリンクにおいてBGP (Border Gateway Protocol) の宣言が一致し,Hot Potato Routing (ホットポテトルーティング)[7] をすること

その他,トランジット顧客,又は見込み客とはピアリングをしない等,マーケティング上の配慮もなされる。

ピアリングかトランジットかは,自ら設備投資をしてネットワークを拡大してピアリングの相手として認められるか,設備投資の代わりに市場において他のISPの伝送能力を購入するかの,経済的な意思決定の問題であるが,従来の理解では,ティア1が総体として,インターネットにおけるグローバルな接続性を確保するためのエッセンシャル・ファシリティであり,ティア1以外のISPに対して,ピアリングを拒否して高額の相互接続料金の支払を伴うトランジット契約を余儀なくさせるのは,市場支配力の濫用ではないか,という可能性も指摘されてきた[8]。

しかし,近年においては,インターネット環境の変化を背景として,ティア1の市場支配力は失われているという認識も広がりつつある。

---

7) 他ISPあての通信は,相手との相互接続点のうち自社に最も近い点で,そのISPに渡してしまうルーティング方法。
8) 例えば,福家 [2002]。

3
インターネット環境の変化

　インターネット環境の変化の第一は，米国以外の諸国において，インターネットが急速に普及し，各国のISPがネットワークの拡張のための設備投資に積極的になってきたことである。利用者の獲得競争を迫られる各国のISPは，米国のティア1を経由するよりも，直接接続によって通信品質の改善を志向することになる。ティア2やティア3等の下層に位置するISPは，お互いの間でピアリングを行い，ティア1を迂回することでトランジット料金を最小化する「ドーナツ型ピアリング」を拡大してきた（DeNardis [2014] p.124）。

　インターネット環境の変化の第二はISPの均質性の喪失である（Faratin et al. [2008] pp.58-59）。従来のISPはウェブサイトとそれにアクセスする利用者を顧客とする均質な性格を有していた。しかし，近年の音楽・映像ストリーミングの普及とともに，これが変化してきた。一方で，主としてコンテンツ・サーバーをホスティングしてコンテンツの配信サービスを提供するISPが存在し，他方でこれらのコンテンツ・サーバーにアクセスする視聴者向けのサービスを主として提供するISPが存在する。これらタイプの異なるISP間のトラヒックは極端に不均衡になる。視聴者側のISPからは，コンテンツを選択するための極めて少量のパケットしか送信されないのに対して，コンテンツ・サーバーをホスティングするISPからは，映像という大容量の情報が送信される。これに対応するために，視聴者中心のISP側は，増大するダウンロードトラヒックを円滑に伝送できるよう，ネットワーク設備の拡張を迫られるが，定額制というインターネットアクセス料金の性格上，利用者からは追加的な収入は得られない。このため，相互接続料金を獲得できるトランジットを志向し，ピアリングに対して消極的になる。

　以上のような環境変化に伴って，ISP間の相互接続も変化してきた。その第一は，ティア1を経由しないピアリングの増加である。OECDによる世界のISPのうち86％の4331を対象とした調査（Weller & Woodcock [2013]）によれば，1 ISP当たり，平均32.8個のピアリング協定を結んでおり，その

うちの99.5%は口頭合意である。しかも，米国以外の国・地域相互のピアリングが増加してきている。同時に，ティア1もネットワークを拡張し，米国以外の国・地域に相互接続ポイントを設けてトランジットを提供するようになってきた[9]。伝送品質が改善するとともに，ティア1等の大規模バックボーンへの依存が解消されてきている（図表7-3）。このため，ティア1を

図表7-3　ピアリングの変化

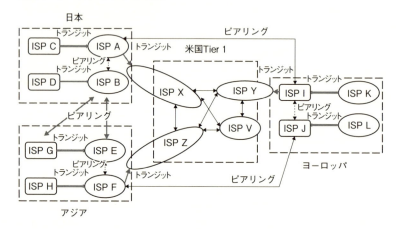

図表7-4　グローバルバックボーン事業者のIPアドレスルーティングシェア

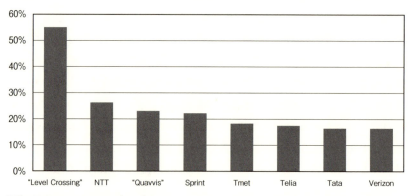

出所：Weller & Woodcock［2013］p.26

9）これら近年の動向については，わが国におけるISPからのヒヤリングに依拠している。インターネット環境の変化に伴うISP間の相互接続の分析については，Krogfoss et al.［2012］，Marcus［2014］等を参照。

はじめとするグローバル・バックボーン事業者のIPアドレスルーティングシェアも低下している（図表7-4）。その結果ティア1の市場支配力が大きく低下してきていると認識されている。

　第二には，トランジット料金の低下である。Nortonによれば，米国におけるトランジット料金は，1998年の1Mbps当たり月額1200ドルから，現在では月額1ドル程度と大幅に低下している（Norton［2014］)[10]。さらに，ティア1はティア1以外のISP間のピアリングに対抗して，自社のネット

図表7-5　米国のトランジット料金（月額）の例

平均	$42
最高	$95
最低	$10
平均最低契約伝送量	1440Mbs

注：2006年のAS42社を対象にした調査。
　　最低契約伝送量とは，契約時に定められて伝送量までは，仮にそれを下回っていても，契約料金を支払い，それを超過した場合には，従量制で料金を支払う，一種の二部料金制である。
出所：Faratin et al.［2008］

図表7-6　米国のトランジット料金の推移（1998-2015年）

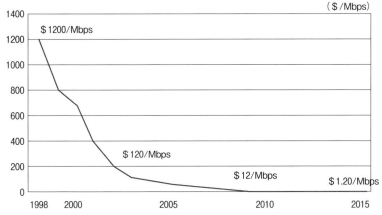

出所：Norton（Dr. Peering）［2014］

10）これは米国の実態であり，わが国から米国，日本国内のトランジット料金は，不明である。

ワークをグローバルに拡張して米国以外の国・地域に相互接続ポイントを設けている。その結果，トランジット料金の低下が，米国内ばかりではなく，日本と米国間，他国と米国間にも及んでいる（図表7-5，7-6）。例えば，東京におけるトランジット料金は，2011年の13.50ドルから2014年の8.00ドルへと年率16％低下している（図表7-7）。その結果，トランジット

図表7-7　アジア地域のMbps当たりトランジット料金の推移　（単位：USドル）

（年）		2011	2012	2013	2014	2013-14 変化率(％)	2011-14年 平均変化率(％)
東アジア・ 中国	香港	12.00	8.20	7.00	6.00	△14	△21
	ソウル	13.50	15.00	13.50	12.00	△11	△4
	シンガポール	17.00	8.60	7.00	6.25	△11	△28
	台北	14.33	17.00	15.55	12.00	△23	△6
	東京	13.50	9.00	9.00	8.00	△11	△16
南アジア・ オセアニア	ジャカルタ	23.00	22.00	13.00	12.06	△7	△19
	クアラルンプール	20.67	11.00	12.45	8.00	△36	△27
	ムンバイ	24.00	24.00	19.00	19.00	0	△7
	シドニー	60.00	25.00	21.00	19.00	△10	△32

注：10GのEthernetを使用した場合の第2四半期の平均月額料金。
出所：Telegeography［2015b］

図表7-8　トランジット収入の予測：2014年から2021年の年平均変化

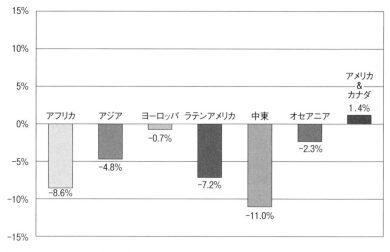

出所：Telegeography［2015a］

収入も，今後減少を続けると予測されている（図表7-8）。

第三には，ダウンロード，ストリーミングによる動画配信の急増とともにコンテンツプロバイダーによるCDN利用が拡大し，ネットフリックスに見られるように，ISPとの直接ピアリング，ISPのトランジット利用，エンドユーザーが利用しているISPに対する「埋め込みCDNキャッシュサーバー」の提供等，その利用形態が多様化してきている。

これは，動画配信を支えるCDNがISPとの関係を自社に有利なように変更していることを示している。CDNはできる限りエンドユーザーに近い場所にコンテンツをキャッシュし，品質の向上，トランジット費用の削減を実現している。例えば，CDNはFCCのいうBIAS（Broadband Internet access service：ブロードバンド・インターネット・アクセス・サービス）事業者とのピアリングを拡大し，大規模BIAS事業者はこれに対応して，バックボーンを建設・購入して行っている。これをグローバルに展開しているのが，グーグルである。グーグルのネットワーク自体がASであるが，そのネットワークを世界各国に拡大し，各国のISPと相互接続料金不要のピアリング契約を結んでいる（図表7-9）。各国のISPは上述のように，増大するダウンロードトラヒックに対応するためにネットワーク設備の増強を迫られるが，定額制のインターネット料金の仕組みの中では，追加的な収入は得られないので，グーグルとのピアリングにはデメリットが存在する。し

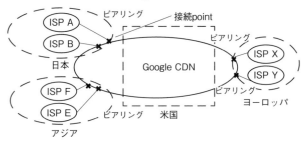

図表7-9　グーグル（Google）のCDNと国内ISP

注：Googleが世界各地にCDN拡大⇒現地のISPとピアリング。
　　GoogleのCDNが自前のIPネットワークを拡大　→専用線
　　　　　　　　　　　　　　　　　　　　　　　→自前の回線設備
出所：国内ISPからのヒヤリングに基づいて作成

かし，グーグルとの相互接続抜きには他の ISP との顧客獲得競争を有利に進めることができないため，やむを得ずグーグルからのピアリングの要求を受け入れている。さらに，グーグルは，CDN のために他の ISP のサービスを利用する形態から，通信事業者から専用回線を賃借する形態に移行し，さらには，自ら国際回線を取得する形態へと事業形態を進化させてきている。

　以上まとめると，ティア 1 が他の ISP とのピアリングを拒否し，相互接続料金の高いトランジット契約を強いているというこれまでの認識を改めなければならない。Telegeography（[2014]）によれば，IP トランジット収入は減少傾向にあり，2013年の収入規模は，トランジット収入21億ドル，回線収入25億ドルと小規模であり，今後も減少が予想される（図表 7-8）。これは，世界の IP トランジット収入全体の傾向であり，ティア 1 のトランジット収入もここに含まれることから，その収入規模も小さいものと見てよいだろう。但し，グーグルのようなコンテンツ事業者が，上位レイヤーから下位レイヤーへと事業を拡張してきていることから，検索市場・コンテンツ市場における市場支配力を濫用する可能性については，ISP の相互接続における新たな問題として認識する必要がある。事実，国内 ISP からのヒヤリングにおいては，グーグルとのピアリングは不本意ではあるが，グーグルの提供するコンテンツサービスにスムーズにアクセスできることは，他の ISP との競争優位を確保するための必要悪として割り切らざるをえないという認識も表明されており，今後グーグル以外の，アマゾン，アップル，ネットフリックス等の米国大手コンテンツ事業者のビジネス展開を含め，市場動向を注視する必要がある。

4　FCC とインターネット相互接続

　こうした現状を FCC はどう評価しているのであろうか。FCC のネットワーク中立性の議論を通して見ていこう。FCC のネットワーク中立性の議論とインターネットの相互接続との間にどのような関係があるのか，訝しく思うむきもあろう。ここでは，2015年 2 月に発表された FCC の「オープン

インターネット規則を改正する規則」(以下，「新オープンインターネット規則」)(FCC［2015］)で，BIAS の定義を従来の Information Service（情報サービス）から Telecommunications Service（電気通信サービス）に変更したことと関連する。

4.1 ネットワーク中立性の議論

ネットワーク中立性の議論[11]は，FCC の決定としては，2010年10月の「オープンインターネット規則」(FCC［2010］)で，Transparency, No Blocking, No Unreasonable Discrimination の原則が定められたのが，正式規則の始まりである[12]。この規則に関しては，FCC の規制権限が問題にされ，2014年1月の Verizon 訴訟判決[13]で，主要部分が否定された。そのため，FCC は2014年5月に，「オープンインターネット見直し告示」(FCC［2014a］)を発出し，これに寄せられたコメント等を踏まえ，2015年2月に，「新オープンインターネット規則」を制定した[14]。

これは，その名前が示す通りオープンインターネットの確保を目的とするものであり（FCC［2015］para. 7），モバイル・ブロードバンドとストリーミングビデオの普及を背景とするとされている（FCC［2015］para. 9）。規制対象は固定，移動を問わず，消費者向けの BIAS であり（FCC［2015］para.187, 188），企業向けサービス，VPN（Virtual Private Network），CDN，ホスティング・データ保管サービス，バックボーンに関するサービスは規制対象外とされている（FCC［2015］para.189）。

4.2　新オープンインターネット規則の規制内容

「新オープンインターネット規則」の規制内容は，「オープンインターネット規則」と大きく変わっている訳ではないが，主要な点は3つある。第一に，オープンインターネットを阻害する行為の禁止である（FCC［2015］

11）詳細は，藤野［2012］，実積［2013］等を参照。
12）詳細は，神野［2010］，海野［2014a］［2014b］等を参照。
13）Verizon V. Federal Communications Commission, 740 F. 3 d (D.C.Cir.2014)
14）詳細は，海野「2015」を参照。

para.7）。ここでは，3つの行為が禁じられている。

① 合法的なコンテンツ，アプリケーションサービス，無害な端末のブロック（FCC［2015］para.111-118）
② 特定の合法的なコンテンツ，アプリケーションサービス，無害な端末のトラヒックの妨害，品質低下（FCC［2015］para.119-130）
③ 追加料金の支払を条件とした特定の合法的なコンテンツ，アプリケーションサービス，無害な端末の優遇（FCC［2015］para.107）

但し，合理的なネットワーク管理は許容されている（FCC［2015］para.105）。わが国の文脈では，携帯電話の定額制データ通信料金における上限パケット量超過時の速度低下が，合理的なネットワーク管理に該当するか否かが問題となろう。

　第二に，消費者・エッジプロバイダーに対する干渉・差別的な取扱いが禁止されている（FCC［2015］para.133-145）。

　第三に，透明性の確保である（FCC［2015］para.154-181）。特に，料金・付加料金，キャンペーン料金，上限データ通信量，パケットロスや，利用者に影響を与える可能性のあるネットワーク管理に関する情報の開示等が求められている。

4.3　BIASを情報サービスから電気通信サービスに再定義

　ここでは，BIASを情報サービスから電気通信サービスに再分類したことが重要である。FCCは，電気通信を「送受信される情報の形態又は内容を変更することなく，利用者の選択した情報を，その指定する二点間又は複数の地点間で伝送すること」（47U.S.C.§153（50））と定義し，電気通信サービスを「利用される設備にかかわらず，有料で直接公衆に対して，又は公衆に対して直接効率的に提供することを目的とした特定の階層の利用者に対して電気通信を提供すること」と定義している（47U.S.C.§153（53））。これは，わが国における，通信，通信処理と同様の概念である[15]。一方，情報サービスは，「電気通信を通じた情報の生成，取得，蓄積，変換，処理，抽

15）通信，通信処理，データ処理の概念については第8章を参照。

出，利用又は活用を可能とする機能」としており，「電子出版を含むが，電気通信システムの管理，統制又は運用もしくは電気通信サービスの管理のための当該機能のあらゆる形での使用（電気通信管理を目的とする情報加工機能の使用）は含まないとされている（47U.S.C.§153（24））。わが国における，データ処理の概念に近いものである。

　従来は，BIASを情報サービスに位置づけてきた。これは，以下のような，判例，FCCの規則等で定着してきた考えである[16]。

① 2002年3月：Cable Modem Declaratory Ruling（FCC［2002］）
② 2005年6月：Brand　X　判決
　　・National Cable & Telecommunications Association v. Brand X Internet Services, 545 US. 967
③ 2005年9月：Wireline Broadband Classification Order（FCC［2005a］）
④ 2006年11月：Broadband over Power Line Classification Order（FCC［2006］）
⑤ 2007年3月：Wireless Broadband Classification Order（FCC［2007］）

その根拠は以下のように説明されている。

① データ伝送機能に加えて，プロトコル変換，IPアドレスの割当，DNS（Domain Name System）を通じてのドメインネームの解決，ネットワークセキュリティ，キャッシング等の機能が一体として提供されていることから，全体としては情報加工機能であると判断される（FCC［2002］Para. 16-17，38-39）。
② 電気通信サービスは提供されるが，情報加工機能と一体で提供され，伝送を単独で提供するものではない（FCC［2002］para.39-41）。

これに対して，新オープンインターネット規則では，以下のようにBIAS市場が大きく変化してきていることを理由として，BIASを電気通信サービスに再分類した。

① BIASの伝送機能が，当該事業者の独自のアプリケーションやサービスと密接不可分になっているのではなく，他の事業者のインターネッ

16）この間の経緯は，海野［2014a］に詳しい。

トを用いた各種サービス利用に不可欠な機能となっており，導管（Conduit）としての役割を果たしている（FCC［2015］para.330）。即ち，各種アプリケーションの利用に際してBIASの利用が不可欠であり，利用者も第三者の提供する各種サービスを利用しているのみならず，BIAS事業者の営業活動においても，伝送速度・信頼性が他の機能とは切り離されて強調されている（FCC［2015］para.346-350）。さらには，BIASは技術的にも導管としての役割が明白である（FCC［2015］para.361-381）。

② IPパケットの伝送において，情報の内容に改変がなく，DNS等の利用が情報処理ではなく電気通信システムの管理目的であることの認識が不十分であった。DNSの利用自体が情報の内容を改変しない（FCC［2015］para.365-371）し，キャッシングは情報の保管ではなく，電気通信システムの管理目的の情報加工機能である（FCC［2015］para.372）。また，電子メールアカウントの管理，迷惑メール遮断等の付加機能は，情報処理機能であるが，伝送系機能とは切り離されている（FCC［2015］para.373）。

このように，一般利用者向けのBIASを電気通信サービスとして位置づければ，エッジプロバイダー，即ち，コンテンツプロバイダー向けのサービスも電気通信サービスとなり，1996年電気通信法 Title Ⅱの適用対象となることから，公正性・合理性が求められることになる（FCC［2015］para.338）。なお，エッジプロバイダー自身がBIASを提供するとすれば，その部分は電気通信サービスとして規制対象となる（FCC［2015］para.339）。かくして，新オープンインターネット規則の規制根拠が明確となり，固定系・移動系に等しく適用されることとなった（FCC［2015］para.75，86-88）。

4.4　新オープンインターネット規則とISPの相互接続

BIASが電気通信サービスに位置づけられるということは，1996年電気通信法 Title Ⅱの適用対象になるということであるが，FCCは公益事業型の料金規制，ユニバーサルサービス基金への拠出義務，加入者回線のアンバンドル規制等を含め，基本的に規制を差し控えるとしている（FCC［2015］

para.493–536)。

　それでは，本章の本題である相互接続は，新オープンインターネット規則でどのように取り扱われているのであろうか。FCC によれば，1996 年電気通信法 §251，§252，§256 等の相互接続に関する規制も差し控えることになる（FCC［2015］para.30, 40）。その理由として FCC は以下の 4 点を挙げている。

① 動画配信の急増に伴って，インターネットトラヒックの性格が大きく変化した。そのため，CDN が重視され，ネットフリックスやグーグルのようなコンテンツプロバイダーと Last-mile 事業者間の直接接続も出現している。

② ネットフリックスと大規模 Last-mile（ラストマイル）事業者間の一連の騒動に見られるように，商業上の意見の相違によって，消費者はサービスの低下に直面しているのは事実である。

③ しかし，このような品質低下の原因は，FCC の記録によれば，過去の混乱の原因，相互接続をめぐる紛争の可能性については，全く別の文脈でも考察されている。

④ FCC は，ラストマイル問題に関しては，十分な経験を有するが，インターネットにおけるトラヒックの交換，特に，規範的な規則に関しては，十分な蓄積がない。

　FCC は，しかし，規制が必要とされる蓋然性は認識している（FCC［2015］pp.199–202）。これまでにも大規模 BIAS 事業者と商業トランジット事業者・大規模 CDN 事業者間の紛争例がある。商業トランジット事業者・大規模 CDN 事業者は，大規模 BIAS 事業者が相互接続料金の支払を伴わないピアリングや CDN のための接続点の相互接続設備のアップグレードを拒否して人為的に輻輳を発生させて，エッジプロバイダーや CDN を有償（Paid）ピアリング協定に追い込んでいると主張している。これに対して BIAS 事業者側は，ネットフリックス等のエッジプロバイダーの需要に応えるために，ルーター，ポート，トランスポート伝送路等の設備投資負担が生じ，そのために利用者料金の値上げをせざるを得ず，一方的にトラヒックを送出するだけのエッジプロバイダーはピアリングの趣旨に反すると主張している。

FCC 自身も以下のように BIAS 事業者の規制が必要とされる蓋然性が存在すると認識している（FCC［2015］para.205）。
① BIAS 事業者は相互接続条件によってエッジプロバイダーを差別する能力がある[17]。
② スイッチングコストによって，消費者の事業者選択の自由を制限することができる。

しかしながら，現状では，以下のような理由によって，事前規制を導入するのは適当ではないと判断している（FCC［2015］para.202）[18]。
① BIAS 事業者と他の ISP 間の相互接続条件は基本的に当事者間の交渉・契約に基づいて決せられる。
② 市場が流動的で，規範的な規制の導入は時期尚早である。
③ FCC がこの分野で十分な経験を蓄積していない。

4.5 ISP 間の相互接続規制に関する評価

ISP 間の相互接続規制問題を評価するに当たっては，日米の ISP 市場の構造の相違をまず確認する必要がある（図表7-10）。

日本の場合，総務省の支配的な事業者規制により，NTT グループの地域電話会社である東西 NTT は，インターネット業務については，物理的なアクセス回線の提供に限定され，ISP 業務，コンテンツ業務は禁止され，全てのプロバイダーに対して非差別的にアクセス回線を提供するように義務づけられている。一方，米国においては，BIAS 市場は Verizon，AT&T 等の通信事業者とケーブル TV 事業者が設備ベースの競争を展開している。しかも，両グループともアクセス回線に加えて，ISP 業務，コンテンツ業務を垂直統合して展開している。従って，これら BIAS 事業者は，コンテンツを提供するエッジプロバイダーと競争関係にあることから，相互接続に当たって，エッジプロバイダーを差別する「能力」があるばかりでなく，「動機」

---

17) Bykowsky et al.［2014a］は BIAS が優先接続に対して全てのプロバイダーに均等な料金を課した場合には，全体としての厚生が向上すると論じている。
18) Two-Sided Market の視点から BIAS の規制の必要性がないと論じたものに Bykowsky et al.［2014a］［2014b］がある。

図表 7-10 日米のブロードバンドの産業構造

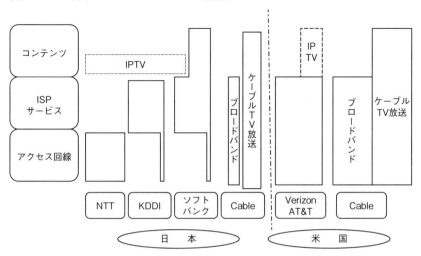

も存在するのである。

BIAS 市場においては，実質的に Verizon，AT&T 等の通信事業者とケーブル事業者の複占状態にあり，これらの事業者が固定系 BIAS 市場において市場支配力を有すると言ってよい。さらに，Verizon，AT&T は，全米第一位と第二位の携帯電話事業者でもあり，固定系と移動系を合わせた BIAS 市場全体においても，市場支配力を有すると考えてよい。このように見てくると BIAS 事業者に対する規制を，ケースバイケースで対処するという FCC の姿勢には問題があると言わざるを得ない[19]。

一方，わが国においては，米国の BIAS 事業者に相当すべき東西 NTT が，KDDI やソフトバンクとは異なって ISP 事業との兼営を認められず，また，東西 NTT は携帯電話事業との兼営を認められていない[20]，という非対称規制が存在する。このため，ブロードバンドアクセスのための物理的な回線は東西 NTT が提供し，ISP はそれを利用して BIAS とバックボーンを一

---

[19] Werbach [2009] は，インターネットの相互接続性を維持するためには，自律性に任せるだけでは不十分であり，一定の政策的な介入が求められる場合もあることを，論じている。
[20] 2015年より，東西 NTT による FTTx アクセスサービスの卸役務，いわゆる「光コラボレーション」が開始され，これを利用して NTT ドコモも，携帯電話と FTTx アクセスサービスのセット割引が提供できることとなった。

体提供するという産業構造となり，そもそも BIAS 事業者という範疇に該当する事業者が，一部のケーブル TV 事業者を除いては存在しないと言ってよい。こうした ISP の産業構造が，ネットワーク中立性の議論がわが国において関心を集めない一因でもあるが，上述したように，グーグル等のコンテンツ事業者による物理層までの事業展開が拡大した場合の，コンテンツ事業者の市場支配力には注目する必要がある。

5 本章のまとめ

　本章においては，インターネット市場の変貌に伴い，従来のティア1によるインターネットの相互接続の優越的な地位が揺らぎ，また，コンテンツ事業者をはじめとする OTT 事業者の成長に伴って，これらの事業者が AS として，ISP との相互接続の当事者として登場してきたことを見てきた。これに伴い，ティア1のネットワークをエッセンシャル・ファシリティとみなして規制する必要性についての議論が，妥当性を失いつつあることを指摘した。しかし，これは，必ずしもインターネットにおける相互接続問題が，議論の対象外になったということを意味する訳ではない。グーグル等の OTT 事業者がコンテンツ市場における優越的な地位を濫用して，BIAS 事業者との相互接続において，無償のピアリング接続を強要しているのではないか，という問題が，新たに議論の俎上に載せられるからである。インターネット市場の変貌を視野に入れた，新しい視点からの議論が求められている。

第8章

回線開放の歴史的意義と通信の秘密

1 問題の所在

　グーグルのアドセンスサービスを嚆矢として，「ビッグデータ」と言われるインターネット上の大量のデータを蓄積・分析してビジネスに活用する動きが拡大してきている。特に，近年注目を集めているIoT（Internet of Things）は，あらゆるヒト・モノがインターネットに接続されるものであり，ビッグデータの利活用と密接にかかわっている。それに伴って，こうした利活用が，「通信の秘密」を侵しているのではないかとの指摘もなされている。しかし，「通信の秘密」の遵守義務等の規制が，第9章で指摘するように日本企業には厳しく適用される一方で，米国IT企業に対しては実際上適用できていないという，非対称性が存在する。

　内外企業の間での取扱いの非対称性が問題となると同時に，果たして，ビッグデータにかかわる個人情報，プライバシー等の問題を事業法上の「通信の秘密」として取り扱うのが適当かという疑問がある。事業法においては，データ通信事業も電気通信事業に含まれるものとされている。通信回線を賃借してデータ通信サービスを提供する事業者は，事業法第164条によって，登録・届出等の電気通信事業者としての規制は適用を除外されているが，電気通信事業者全体にかかる通信の秘密の遵守（事業法第3条）と検閲の禁止（事業法第4条）の規制には服するものとされている。この規制体系の有効性が問われていると言える。

この問題をさかのぼると，わが国の第一次回線開放（1971年），第二次回線開放（1982年）から，日本電信電話公社（以下，「電電公社」）の民営化・競争導入（1985年）に至る電気通信分野の自由化のプロセス自体に行き着く[1]。こうした問題意識の下に，本章は以下のように構成される。第一に，自由化の第一段階である第一次回線開放を取り上げる。次に，第二次回線開放を分析し，回線開放の意義と限界を明らかにする。第三に，電電公社の民営化・競争導入以降における電気通信事業の定義と回線利用の取扱いを見ていく。最後に，回線開放における電気通信事業者の定義が，競争導入後の電気通信事業の定義に影響を与えた経路依存性が存在することを明らかにし，ビッグデータ問題の根幹にある通信の秘密の取扱いに対して問題提起をする。

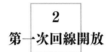

2 第一次回線開放

2.1　第一次回線開放の経緯

　わが国におけるデータ通信は国鉄の「みどりの窓口」を初めとして1960年代に実用化され，本格的な発展が始まった。しかし，データ通信用に利用可能な通信回線は，専用線のみであり，加入電話網・加入電信網をデータ通信に利用することはできなかった。その専用線の利用には，電電公社による一元的な電話サービスの提供体制を維持するために，厳しい制約があった。そこで産業界の要望に応えて，1971年に公衆電気通信法（昭和28年7月31日，法律第97号，以下，「公衆法」）の改正によって，データ通信が制度化された。これが第一次回線開放と呼ばれるものである。ここに創設された制度は，「データ通信設備サービス」と「データ通信回線サービス」の2つに分かれる。前者は電電公社自身によるデータ通信サービスを可能とするものである。後年民間の情報処理事業者との公正競争が課題となり，データ通信設

---

[1] 競争導入以前には，電電公社が国内通信を，KDD（国際電信電話㈱，現在ではKDDIとしてDDIに吸収合併されている）が国際通信を独占していた。回線利用制度の自由化は，国際通信にも当てはまる問題であるが，本章では主として電電公社の国内通信を取り上げる。

備サービス部門は，1982年にデータ通信本部として独立の事業本部になり，電電公社の民営化後，1987年にNTTデータ㈱として，分離子会社となった。

　一方，本章の本題であるデータ通信回線制度としては，「公衆通信回線サービス」と「特定通信回線サービス」の2つのサービスが創設された。といっても，新しい通信回線サービスが提供された訳ではなく，データ通信に利用する加入電話回線・加入電信回線を「公衆通信回線」，データ通信に利用する専用線を「特定通信回線」と呼称したに過ぎない。何故このような制度が設けられたかについては，当時の時代背景を理解する必要がある。1971年は，1977年に基本的に解消された加入電話の積滞[2]が未だ大量に存在し，全国自動即時化の完了も1978年末まで待たなければならない時期であった。このような時期には，加入電話サービス（メッセージ交換）の電電公社による一元的な提供が必要であると理解され，それに支障を及ぼさない範囲でのデータ通信回線サービスの提供が当然とされた。

　また，当時は，加入電話回線に接続する本電話機は，電電公社が設置するものとされていた。従って，利用者が用意するデータ通信端末は，本電話機を設置した上で，接続機器として設置する形態でしか認められていなかった。即ち，加入電話回線にデータ通信用の機器を直接接続することは，本電話機の電電公社提供原則に反することから，禁止されていた。

　データ通信用の回線利用の自由化が，電電公社が一元的に提供することを前提とした電話サービスの自由化に波及することのないようにするために，加入電話回線・加入電信回線や専用線そのものを，データ通信回線という，名称のみ独立のサービスとして提供するという，弥縫策が採られたのである。

　また，ここでは，通信回線を通じたデータ処理という同じ事象を，郵政省は「データ通信」と称して，あくまでも通信の一分野であると主張したのに対して，通商産業省（以下，「通産省」）は「オンライン情報処理」と呼んで，自省の所管であると主張していたが，データ通信設備サービス・データ通信回線サービスが，公衆法の枠の中で制度化されたことから，データ通信

---

[2]「積滞」は広辞苑にも出てこない用語であるが，当時申し込んでもすぐには開通しない待ち合わせ状態にある加入電話の申し込みのことを電電公社社内では，「積滞」と呼んでいた。

が電気通信の一部として位置づけられたことに留意しておきたい。

2.2 第一次回線開放の概要

既述の通り，第一次回線開放は電電公社の電話サービスの独占を前提として，それを侵さない範囲でデータ通信のための回線利用を自由化するものであり，当時のデータ通信が大型コンピューターの共同利用が中心であったことから，その利用形態に対応した自由化であったということができる。従って，基本的な電話サービス，即ちメッセージ交換とどこで切り分けるかが問題となる。そこで採用されたのが，コンピューターにおいてデータの処理があること，即ち「データの内容を変更することなく情報の媒介」を行わない，という大原則である。この点を確認するために，特定通信回線の他人使用と共同使用，及び公衆通信回線と特定通信回線の相互接続を見てみよう。

2.2.1 特定通信回線の他人使用

特定通信回線の他人使用とは，「回線使用契約者が契約者以外の者に回線を使用させることであり，計算センターが自分の特定通信回線をその顧客に使用させる場合が典型的な例である」（郵政省電気通信政策局監修［1983］p.38）。この時点で認められたのは，原則として顧客が端末から計算センターのコンピューターに入力したデータを計算センターで処理し，それを当該顧

図表 8-1　他人使用

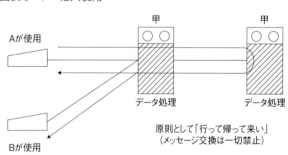

（AとBは共同使用の基準該当関係）

出所：郵政省電気通信政策局監修［1983］p.15

客の端末に出力する形態（いわゆる「行って帰って来い」[3]）のみで，第三者の端末に出力することは両者の間に共同使用の基準（後述）に該当する関係が存在する場合にしか認められなかった（図表8-1）。ここでは，データ処理が伴っても，第三者間の通信を媒介することは認めないという非常に厳格な制度となっていたことに留意しておきたい。

2.2.2　特定通信回線の共同使用

特定通信回線を複数の利用者の共同名義で契約して利用することを共同使用といい（図表8-2），共同使用する者の関係が，公衆法施行規則（以下，「郵政省令」と呼ぶ）に制限列挙された製造業と販売業者間等の基準（図表8-3）に該当する場合にのみ認めることとされた。これらの関係に該当しないケースについては，電電公社から郵政大臣[4]に対して個別に認可申請し，認められた場合にのみその利用が求められることとなった。いずれの場合であっても，他人使用と同様に，メッセージ交換がないことが大前提であった。

2.2.3　公衆通信回線と特定通信回線の相互接続

公衆通信回線と特定通信回線との相互接続（図表8-4）は，クリームス

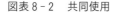

図表8-2　共同使用

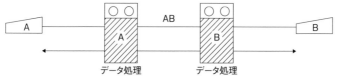

AとBは8つの共同使用の基準にあてはまる関係
（メッセージ交換は一切禁止）

出所：郵政省電気通信政策局監修［1983］p.13

3）端末から入力された情報が，コンピューターで処理された後，その処理結果がもとの端末に返送される使い方の俗称。公衆電気通信法の改正案の国会審議中に使われたことに由来する（郵政省電気通信政策局監修［1983］p.16）。
4）2001年の中央省庁再編で，郵政省は総務省となった。

図表 8-3　共同使用の基準

> イ　国の機関又は地方公共団体
> ロ　共同して同一の業務を行なう2人以上の者
> ハ　災害対策基本法（昭和36年法律第223号）第2条第2号に規定する防災の用に供するデータ通信設備を共同して使用する同条第3号から第6号までに規定する指定行政機関，指定地方行政機関，指定公共機関若しくは指定地方公共機関又は地方公共団体
> ニ　公害対策基本法（昭和13年法律第132号）第2条第1項に規定する公害の防止の用に供するデータ通信設備を共同して使用する国の機関，地方公共団体又は大気汚染防止法（昭和43年法律第97号）第2条第2項に規定するばい煙発生施設若しくは水質汚濁防止法（昭和45年法律第138号）第2条第2項に規定する特定施設を工場若しくは事業場に設置する事業者
> ホ　消防法（昭和23年法律第186号）第2条第9項に規定する救急業務の用に供するデータ通信設備を共同して使用する地方公共団体，病院又は診療所
> ヘ　製造又は販売について継続的売買契約，継続的原材料共同購入契約その他これらに類する継続的な規約を締結する製造業者相互間，製造業者及び卸売業者相互間又は卸売業者及び小売業者相互間の生産管理，販売管理又は在庫管理の用に供するデータ通信設備を共同して使用する当該製造業者，卸売業者又は小売業者
> ト　預金又は貯金の受入払渡について相互に業務委託契約を締結する普通銀行，相互銀行若しくは信用金庫相互間又は農業協同組合，農業協同組合連合会若しくは農林中央金庫相互間の預金又は貯金の受入払渡業務の用に供するデータ通信設備を共同して使用する当該普通銀行，相互銀行，信用金庫，農業協同組合，農業協同組合連合会又は農林中央金庫
> チ　運送機関に係る座席予約について業務委託契約を締結する旅客運送事業者に相互間又は旅客運送事業者及び旅行業者相互間の運送機関に係る座席予約業務の用に供するデータ通信設備を共同して使用する当該旅客運送事業者又は旅行業者

出所：郵政省電気通信政策局監修［1983］p.14

図表 8-4　公―特接続

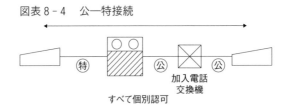

注：㊙：特定通信回線，㊗：公衆通信回線
出所：郵政省電気通信政策局監修［1983］p.17

キミング（料金免脱）[5]の有無等を個々に判断して，個別認可で認められることとなったが，他人使用，共同使用と同様に，メッセージ交換がないこと

---

[5] 公衆通信回線は従量制であるのに対して，特定通信回線は定額制である。両端の3分10円の市内通信の部分のみ，公衆通信回線を利用し，その間を定額制の特定通信回線で接続すると，通信量の多い大企業は高額の長距離通信料を免れることができ，電電公社の一元的な通信サービスの提供に多大な経済的影響を与えるおそれがあると考えられた。

が大前提とされた。特定通信回線の両端において公衆通信回線と相互接続するいわゆる公―特―公接続はクリームスキミングであり，電電公社の経営に与える影響が極めて大きいとして，データ処理の有無にかかわらず一切認められなかった。

3 第二次回線開放

3.1 第二次回線開放の経緯

　第一次回線開放の後，データ通信は大型コンピューターの共同利用を中心としたものから，複数のコンピューターを通信回線で結んでコンピューターネットワークを構成して，それぞれのコンピューターに処理を分担させる「分散処理方式」や複数のデータ通信システムを結合して異企業間でデータ通信を行う「システム間結合」等の利用方法が一般化し（宮澤［1982］p.5），回線利用制度とデータ通信の発展との矛盾が表面化した。このため，1973年，1976年の部分的な手直しや，個別認可制度の柔軟な運用で対応してきたが，それも限界に達し，各種団体からも提言・要望が寄せられるようになった（図表8-5）。これらの意見・要望は，①電話等の基本的な公衆電気

図表8-5　データ通信に関する提言・要望

年月日	団　体　等	頁
'80.12	政策構想フォーラム「データ通信政策に関する提言」	333
'81. 4. 8	㈳日本情報センター協会「通信回線問題に関する要望書」	336
'81. 6.15	通産省産業構造審議会情報産業部会答申	338
'81. 6.25	EDPユーザ団体連合会「通信回線利用制度改善に関する要望書」	342
'81. 7.27	行政管理庁「データ通信に関する行政監察結果に基づく勧告」	345
'81. 7.28	経団連「情報化の推進に関する提言」	350
'81. 8.21	自民党情報産業振興議員連盟「情報産業の発展と通信回線問題について」	355
'81. 8.24	電気通信政策懇談会提言「80年代の電気通信政策のあり方」	357
'81.10. 4	日本情報センター協会「通信回線利用制度の改善に関する要望」	370
'82. 2.10	臨時行政調査会第二次答申	373

出所：郵政省電気通信政策局監修［1983］p.332

通信サービスは電電公社が提供することを前提としつつ,②データ通信のための回線利用を自由化し,③付加価値通信分野 (VAN:Value Added Network) への民間参入を認めよ,ということに集約される。付加価値通信とは情報の内容を変更するデータ処理はないものの,速度・フォーマット・プロトコル変換,定時配信,同報通信等基本通信に付加価値を付けた通信処理を行うものである。

これらを受けて,郵政省は,①データ通信回線利用制度の改正と,②付加価値通信分野への民間参入を認める新法制定の方針を打ち出した。前者についてはデータ通信のための回線利用を基本的に自由とする形で公衆法等の改正が実施された。しかし,後者については,通信を所管する郵政省と情報処理を所管する通産省[6]の所管争いから政治的な介入を招き,1982年3月15日の田中六助自由民主党政務調査会長,同18日の橋本龍太郎自由民主党行政調査会長の裁定の結果,中小企業を対象としたVAN (いわゆる「中小企業VAN」) のみが実現した。

3.2 第二次回線開放の概要

第二次回線開放の基本は,データ通信のための回線利用を自由化する,即ち情報の内容が変更される場合には,回線利用を自由とするものである。以下,第一次回線開放の制度に即して解説を加える[7]。

3.2.1 特定通信回線の他人使用

特定通信回線の他人使用については,公衆法第55条の13の改正とそれを受けた電電公社の他人使用基準の改正が行われた。データ処理のためであって,「内容を変更することなく他人の通信の媒介」を行わないものは自由とされた (図表8-6)。これは,ITU (International Telecommunications Union:国際電気通信連合) の常設機関であったCCITT (Comité Consultif International Télégraphique et Téléphonique:国際電信電話諮問委員会) のD.1

---

6) 2001年の中央省庁再編で,経済産業省となった。
7) 詳細は,福家 [1983a] [1983b],村田他 [1982],郵政省電気通信政策局監修 [1983],郵政省電気通信政策局データ通信課 [1983] 等を参照。

図表 8 - 6　他人使用（1982年）

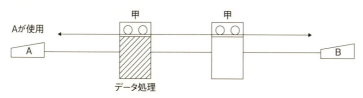

使用の態様，AとBの業務上の関係は問わない
（データ処理のためであって内容を変更すること
なく他人の通信の媒介を行わないとき）

出所：郵政省電気通信政策局監修［1983］p.15

勧告が，国際通信回線についてデータ処理のための他人使用のみを認め，メッセージ交換を禁止していたことに対応したものである。

3.2.2　特定通信回線の共同使用

　特定通信回線の共同使用については，公衆法第55条の11と郵政省令第4条の13の改正が実施された。まず，国・地方公共団体，及び業務上緊密な関係にあって，その間の通信を必要とする場合には，メッセージ交換（内容を変更することなく情報を媒介する電子交換機本体の使用）を含めて自由化された。ここでいう業務上緊密な関係とは，郵政省の解釈運用通達（データ通信における公衆電気通信法及び公衆電気通信法施行細則の解釈及び運用方針について，郵電通第294号（57.11.2）（以下，「運用通達」）によれば，公衆法第66条の共同専用に準じて解釈運用することとされたもので，具体的には以下の通りである。

① 発行済株式総数，又は出資総額の100分の10を超える株式又は出資の所有関係を有し，業務上継続的な取引関係を有する。
② 業務上継続的な取引関係を有し，かつその業務に関し，相手方との取引高が，総取引高の100分の20を超えて相当程度の依存度を有する。
③ 業務の一部について業務提携等の継続的な契約関係を有する。

　さらに，一般の共同使用については，データ処理のためであって，メッセージ交換がない場合に認められることとなった（図表8-7）。このデータ

図表 8-7　共同使用（1982年）

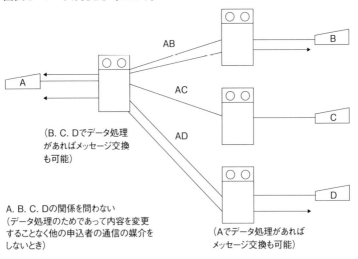

出所：郵政省電気通信政策局監修［1983］p.13

図表 8-8　中途コンピュータでのメッセージ交換

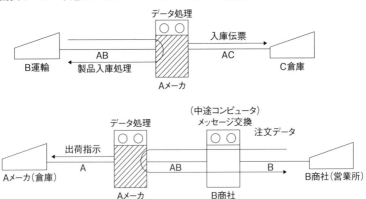

出所：郵政省電気通信政策局監修［1983］p.31

処理には，検索も含まれ，分類・編集はメッセージ交換とされたことは，現在におけるインターネット上の検索サービスに対する含意として注目しておく必要がある。なお，情報を中継する中途コンピューターでのメッセージ交換（図表 8-8）や開始・終了電文，訂正電文の送信等データ処理に付随す

図表 8-9　相互接続（1982年）

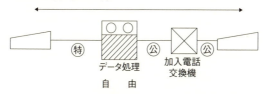

（データ処理のためであって内容を変更することなく他人の通信を媒介しないとき）

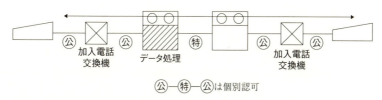

出所：郵政省電気通信政策局監修［1983］p.17

るメッセージ交換は例外的に認められた。データ処理の有無の判断はここまで厳密であったということの証左でもある。

3.2.3　公衆通信回線と特定通信回線の相互接続

従来個別認可であった公衆通信回線と特定通信回線の片側接続は，データ処理があることを前提に自由となった（公衆法第55条の16，郵政省令第4条の16）（図表8-9）。また，特定通信回線の両端で公衆通信回線と接続するいわゆる公―特―公（図表8-9）は，郵政大臣の個別認可とされた（公衆法第55条の16）。

3.2.4　他人の通信の媒介の例外

既述の通り，他人の通信の媒介は，電電公社の独占業務とされたが，これを一律に禁止することはデータ通信の実態にそぐわないことから，例外的に郵政大臣の個別認可で認められることとなった（公衆法第55条の16，郵政省令第4条の16）。電電公社の独占業務とはいえないようなケース（例えば，図表8-10）まで禁止する必要はないからである。

図表8-10　他人の通信の媒介（1982年）

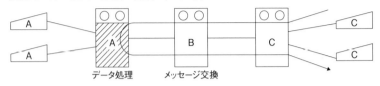

BはAとC（他人）の通信を媒介

出所：郵政省電気通信政策局監修［1983］p.19

3.2.5　中小企業VAN

　当初全面開放を目指したVANについては，郵政省と通産省の所管争いの結果実現せず，「公衆電気通信法第55条の13第2項の場合等を定める臨時暫定措置に関する省令（昭和57年郵政省令第55号）」によって，中小企業を対象とするVAN（中小企業VAN）のみを認めることとなった。この郵政省と通産省の「通信」か「情報処理」か，という所管争いが，現在の総務省と経済産業省の間でもしばしば表面化して，わが国の情報通信の発展を阻害しているのは不幸なことと言わねばならない。この中小企業VANは，「業務上緊密な関係にある者の間では，回線の共同使用について全く制約がないのに対し，自前でコンピューターを持てず，計算センターに委託せざるを得ないが，他人使用において，業務上緊密な関係にある者に対する制度上の手当てがないのは不公平だ」（郵政省電気通信政策局監修［1983］p.19）という理由で正当化された。中小企業の範囲は中小企業基本法によるものとされ，業務上の緊密な関係は共同使用におけるメッセージ交換を認める基準（運用通達）が準用された。中小企業VANの事業開始には郵政大臣に対する届出が必要とされ，郵政大臣は公衆電気通信業務との切り分け等のための改善措置の指示を出すことができるという規定が置かれた。

　鳴り物入りで実現した中小企業VANであるが，実際に届け出た事業者は少数であり（図表8-11），第二次回線開放から3年後には，電電公社の民営化・競争導入が実現したことから，その制度は短命に終わった。

3.3　回線開放の意義と限界

　以上見てきた回線開放は，分散処理システムやシステム間結合等のデータ

図表 8-11　中小企業 VAN 届出状況（昭和59年8月末日現在）

社　名	本　社	代表者	資　本　金	サービスの内容	届出受理日	業務開始日
㈱インテック	富山県・富山市	金岡幸二	17億500万円	・化学製品の製造会社と卸・販売業者間の製品の製造，販売，設計関係の各種情報の伝送・交換。アルミ製品製造会社とその販売会社間の販売情報の伝送・交換。また GET テレネット社との相互接続による国際 VAN サービスおよび法改正後は全国ネットの大規模高度情報サービスを構想中。	57.11.12 59.3.30	58.2.20 59.5.11
㈱富士通エフ・アイ・ビー	東京都・港区	名木田兵二	4億8,000万円	・ソフトウェア開発関連企業間の業務処理データの伝送交換。親会社富士通および古川グループの VAN 戦略の核になる。	57.11.12	58.3.7
ヤマトシステム開発㈱	東京都・渋谷区	鶴　秀敏	1億円	・運送関係企業グループ内の運送伝票，問い合わせデータの伝送・交換。量販店と取引先問屋間の受発注データ等の伝送・交換。米国コンピュータサイエンシズと提携し国際 VAN も構想。また大規模化への独自構想もふくらませつつある。	57.11.12 58.12.27	57.12.12 59.2.9
日本情報サービス㈱	東京都・港区	多田芳雄	6億円	・クレジットカード業務の統括会社と，業務提携会社（同一商標を使用）との間の営業情報等の伝送・交換。油脂加工製品等の製造会社と販売会社間の売上，出入荷に関する各種データの伝送・交換。鉄工会社の工場とその協力工場間の発注，検収情報等の伝送・交換。合繊会社と織編物加工ユーザ間の生産情報等の伝送・交換。	57.11.22 58.7.12 59.3.19 58.8.15 58.7.7	58.2.1 59.3.12 59.4.1
西濃運輸㈱	岐阜県・大垣市	田口利夫	61億500万円	・運送関係企業グループにおける運送伝票及び問い合わせデータ等の運送情報の伝送・交換。物流商社構想の中で全国展開も。	58.7.7	59.4.1
日本電子計算㈱	東京都・中央区	永井富次郎	5億円	・医療品販売会社と製造・卸業者間及び販売会社本部と直営店・フランチャイズ店間の受発注データ，商品情報の伝送・交換。	58.8.22	58.11.1
㈱東洋情報システム	大阪府・吹田市	堀　貞夫	5億9,500万円	・ペンキ等の製造会社と継続的取引先の卸業者，製造業者間の受発注データ，在庫情報等の伝送・交換。	58.9.3	58.12.1
日本電気情報サービス㈱	東京都・港区	杉崎　真	2億1,500万円	・電気・電子機器メーカーグループにおける資材発注のための購買管理データの伝送・交換。ソフトウェア開発関連企業間のソフト開発に関するデータの伝送・交換。服飾関連企業間の縫製委託及び販売に関するデータの伝送・交換。日本電気の大規模 VAN 戦略の中核に。医療品等販売小売店と卸売業者，製薬会社間の受発注データ等の伝送・交換。	58.9.22 58.9.22 58.9.22 59.4.9	59.5.14
㈱西武情報センター	東京都・中野区	鈴木晴彦	1億6,000万円	・コンビニエンスストアチェーンにおける本部とフランチャイズ店間の売上データ，業務連絡情報等の伝送・交換。将来，流通 VAN として大きくふくらませていく。	58.10.26	59.6.1
三井情報開発㈱	東京都・千代田区	阿部良夫	5億円	・ソフトウエア開発関連企業間のソフト開発等に関するデータの伝送・交換。三井グループ VAN 戦略のひとつの拠点としても可能性。	58.11.1	58.12.1

出所：日刊工業新聞［1984］p.143

　通信の発展に対応して回線利用の自由化を進めたという点では意義深いものであるが，メッセージ交換は電電公社の独占を維持するという大前提を置いたことに伴う限界も指摘しなければならない。メッセージ交換，通信処理（付加価値通信），及びデータ処理の区別には，米国の数次に渡るコンピュー

ター調査で明らかなように，曖昧性が存在することは否定できない。そのために，回線開放においても，公衆法ばかりでなく，郵政省令，及び電電公社のデータ通信利用規程によって細部が定められる複雑な制度となり（図表8-12），郵政省の解釈運用基準すら通達されることとなった。この曖昧性を解消しようとして，郵政省と電電公社が種々の解説書を発行した努力は多としなければならないが，何が許容されるのかが曖昧であったことは，その後のインターネットを中心としたITの発展においてわが国が米国の後塵を拝する一因となったことは否定できない。

　特に，図表8-13に示すがごとく，日米の電気通信の自由化の制度の相違はわが国におけるインターネットの立ち遅れにつながった。米国が，基本サービスと高度サービスの区分（後に，電気通信サービスと情報サービスの

図表8-12　第二次回線開放の大系

根拠／区分	公衆電気通信法	郵政省令(公衆電気通信法施行規則)	電電公社	
			許可を受けて定める基準	データ通信利用規程
共同利用	省令で定める基準 に適合すること (第55条の11)	一般共同 ㋐データ処理を伴うこと ㋑データ処理なく他人の通信を媒介しないこと 緊密共同 (第4条の13)		(第4条) ㋐出資関係10％超 ㋑取引関係20％以上 ㋒相互に業務提携 (別表1)
他人使用	①公社が認可を受けて定める基準 に適合すること ②公共の利益のために必要な場合で, 省令で定める場合 (第55条の13)	㋐天災，事変その他の非常事態の場合 ㋑公社が公共の利益のために必要であると認めたとき (第4条の12) ㋒中小企業VAN (臨時暫定措置に関する省令)	㋐データ処理を伴うこと ㋑データ処理なく他人の通信を媒介しないこと	(第6条)
	他人の設置する電子計算機等の接続 (第55条の13の2)			(第6条の2)
相互接続	省令で定める回線 を相互に接続する場合で使用態様が 省令で定める基準 に適合すること (第55条の16)	①特－公　②公－特　④特－特 (異名義) ㋐データ処理を伴うこと ㋑データ処理なく他人の通信を媒介しないこと ㋒公－特－公の接続とならないこと ③特－私　公－私 同一名義・本人使用の特－私であること (第4条の16)		第23条 第24条 第25条 第82条 第83条 第84条

出所：福家［1983b］p.7

図表 8-13　回線開放の日米比較

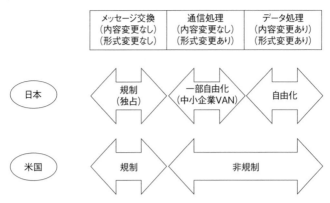

区分）によって，インターネットを非規制としたのに対して，わが国においては，パケット交換は電電公社の独占とされ，インターネットの本格的な普及が遅れたのはその一例である。今日的視点から見た場合，そこに回線開放の大きな限界を見出すことができる。また，データ処理を伴うものも「データ通信」として，法制度上は「電気通信」の範疇に入れられたことが，後述の通り，電電公社の民営化後の規制の枠組みに引き継がれたことに留意しておく必要がある。

4 NTT の民営化・競争導入と回線利用の自由化

4.1　競争導入の枠組み

　1985年に電電公社が民営化されて NTT が発足すると同時に，電気通信分野の自由化＝競争導入が実現した[8]。その競争導入の枠組みに，一次，二次の回線開放の仕組みが継承されている。それは，電気通信事業と電気通信事業者の定義である。公衆法に替わって制定された事業法の第2条において，

---

8) 詳しくは，福家［2000］を参照。

電気通信役務を「電気通信設備を用いて他人の通信を媒介し，その他電気通信設備を他人の通信の用に供すること」と定義し，電気通信事業を「電気通信役務を他人の需要に応ずるために提供する事業」としている。電気通信事業は，自ら電気通信回線設備を設置し，事業の開始には郵政大臣の許可を要する一種事業（同法第6条，同法第9条）と，一種事業者から電気通信回線設備を賃借する二種事業（同法第6条）に区分された。この二種事業のうち大規模なものと国際サービスを提供するものは特別二種事業者として，郵政大臣への登録が求められ，小規模のものは届出のみで事業を開始できる一般二種事業者とされた（同法第21条，22条，24条）。

　事業法にいう「他人の通信の媒介」は，「他人の依頼を受けて，情報（符号，音響又は映像）をその内容を変更することなく伝送・交換し，隔地間の通信を取次，又は仲介して完成させる」ことであり，「他人の通信の用に供する」には自己の電気通信設備を自己以外の者との通信に利用することも含まれるとされている（電気通信法制研究会［1987］p.15）。従って，データ通信（オンライン情報処理）サービスを提供する事業者も，通信事業者として，事業法による規制の網は被せられることになると解されている（同p.251）。但し，事業法第90条において，電気通信設備を用いて他人の通信を媒介する電気通信役務以外の電気通信役務を提供する二種事業者（現在は，電気通信回線設備を設置することなく提供している電気通信事業者（現事業法第164条））は第3条（通信の秘密），第4条（検閲の禁止）以外は適用除外とされているので，実質的には非規制といってよい。このように見てくると，データ処理を伴う回線利用も「データ通信」として，電気通信の範疇に包含されたことが，競争導入後の事業法による電気通信の枠組みに引き継がれていることが分かる。つまり，回線開放時には，データ通信も電気通信と捉えた上で，「電子計算機の本体において，販売在庫管理，給与計算，科学技術計算，預貯金処理等の演算処理，ファイル更新等が行なわれ，情報の内容が変更される」のがデータ処理であり，「データベースに対する情報検索もデータ処理」に含まれる（郵政省電気通信政策局監修［1983］p.30）とされ，このような回線利用の態様が自由化されていた。この考え方が事業法に継承され，電気通信回線を賃借して電気通信役務を提供するもの も全て二種

事業とされ，このうち，データ処理を伴うものは通信の秘密の遵守義務・検閲の禁止を除いては，適用除外とされ，事業の登録・届出等の規制は課せられなかった。データ処理の有無で回線利用の可否を判断した回線開放の考え方が，競争導入後の事業規制の区分に脈々と流れていると言える。

　この仕組みは，数次に渡るコンピューター調査等を通じて，基本（電気通信）サービスと高度（情報通信）サービスとに区分し，前者のみを規制対象とした（図表8-14）が，両者の区分に悩まされ続けた米国に比べて明快な制度であると評価された（林［2002］pp.51-52）。しかし，データ処理の有無による区分も，基本・高度の区分と同様に，何がデータ処理かに関して曖昧さが存在する。1985年の競争導入後，登録・届出をした二種事業者は急増し，一種・二種の区分が廃止される直前の2003年度末に，1万1983件にも達していた（総務省［2004］p.140）。これは，登録・届出の義務に違反しないようにというリスク回避と，政府のお墨付きを営業に活用したいというお役所上位の風潮を反映したものであろう。

　しかし，ここで留意しておきたいのは，事業法制定当時は重要視されなかったデータ通信事業者の「通信の秘密」遵守義務問題が，インターネット利用の拡大とビッグデータの利活用に伴って表面化することは，当然のことながら認識されていなかったということである。

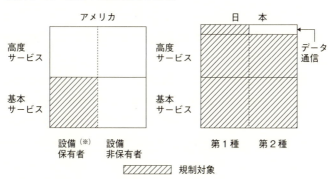

図表8-14　日米の規制範囲の比較

出所：林［2002］p.55に一部加筆

4.2 回線利用の完全自由化と一種・二種の区分の廃止

1985年の競争導入に伴って，回線利用も完全に自由になったというわけではない。NTT が郵政省の認可を得て定めた電話サービスの契約約款において，専用線に電話回線を接続する「公─専」の電話利用は依然として禁止されていた（NTT 電話サービス契約約款第64条）。新規参入してきた一種事業者は，自ら設置する通信回線の両端に NTT の電話回線を接続する形（公─「私設回線」─公）で電話サービスを提供したものであり，NTT の回線利用について，これ以上に厳しい制約を課したのは，意図したか否かはともかくとして，新規参入事業者を保護する方向に機能したといってよい。その後，「公─専」から「公─専─公」の電話利用の禁止に緩和され，この制約が完全に廃止されたのは，競争導入後10年以上が経過した1997年のことであった。

また，わが国独自の一種・二種の事業区分も，大幅な規制緩和を実現した2003年の事業法改正によって廃止された[9]。電気通信設備の規模及び区域が一定の基準を超える事業者は登録，それ以外は電気通信設備の設置の有無にかかわらず，従来の一般二種事業者と同様に事前届出のみで通信事業に参入ができるようになり（改正事業法第9条），参入規制が大幅に緩和された。事業法の実施細則を定める施行規則では，端末系伝送路設備が同一市町村内に設置され，かつ中継系伝送路設備の区間が同一都道府県内に終始する事業者は，事前届出でよいとされた（施行規則第3条）。これを既存の一種事業者に当てはめれば，3分の2以上が登録を要することになる（総務省［2003］）が，それにしても許可が廃止されたということは，大幅な規制緩和と言える。

本章の議論との関係では，それ以上に重要なのは，事業法第2条の電気通信事業の定義，第3条の通信の秘密，及び第4条の検閲の禁止はそのまま維持されるとともに，適用除外は第164条として「二種事業」が，「電気通信回線設備を設置することなく提供する電気通信事業」と言葉を変えて存続した

---

9) 詳しくは，福家［2007］を参照。

ということである。従って，データ通信事業者に対しては，現在でも，電気通信事業者として，通信の秘密の遵守義務・検閲の禁止が課せられているということになる。

5 ビッグデータと通信の秘密

5.1 ビッグデータ問題の表面化

　上記の通り，データ通信事業者は実質的には非規制ではあるが，事業法上は，あくまで，電気通信事業者であり，第3条の通信の秘密，第4条の検閲の禁止の義務は課せられているということである。この事実が表面化してきたのが，いわゆるビッグデータを活用した行動ターゲティング広告問題である。『平成24年版情報通信白書』によれば，ビッグデータとは，「ICT（情報通信技術）の進展により生成・収集・蓄積等が可能・容易になる多種多量のデータ」（総務省［2012b］p.154）を指す。それは Volume（量），Variety（種類），及び Velocity（速度）によって特徴づけられる（情報通信総合研究所［2012］pp.13-14）。インターネット上の個人情報を蓄積・分析してビジネスに活用する動きも拡大してきている。このビッグデータがビジネスや社会生活に様々な革新をもたらす一方で，ビッグデータの収集・利活用に伴うプライバシーの問題にも危惧が寄せられている（新保［2012］，玉井［2012］）。

　このビッグデータを積極的に活用しているのがグーグルであり，Gmail の内容を分析して広告を提示するアドセンス等が代表的な例である。こうした利活用が，メールの内容を収集・分析することから「通信の秘密」を侵しているのではないかとの指摘もなされている。先に見たように，わが国の事業法においては，データ通信事業者も含めて電気通信事業者とされ，通信の秘密の遵守義務が課せられているからである。

　事実，わが国では，ヤフーが自社のメールサービス，「ヤフー！メール」の会員向けに2012年8月からメールの文面に連動した広告（インタレストマッチ）を配信しようとした際に，川端達夫総務相（当時）が，「通信の秘

密」を侵害する可能性を指摘した（日本経済新聞［2012a］）。これを受けて，ヤフーは，①事前に利用者の同意をとる，②広告を希望しない利用者は拒否できる，③広告主等第三者に解析結果を渡さない等の条件を整備することを約束して，「通信の秘密」を侵害していないとする総務省の確認を得た（日本経済新聞［2012b］）。

5.2 電気通信事業の定義の経路依存性と通信の秘密

　ヤフーと同種のサービスは，グーグルがGmail（ウェブメール）で既に日本の利用者向けにも提供しているが，グーグルが電気通信事業者として「通信の秘密」の遵守義務を負っているか否かは定かではない。基本に立ち返って考えてみれば，ウェブメールも「電気通信設備を用いて他人の通信を媒介」しているものであり，日本国内において，「電気通信回線設備を賃借していれば」，電気通信事業者としての届出が必要とされるはずである。検索サービスは，前述の通り，データ処理があると解釈されているので，事業法第164条の適用除外の対象となるが，現行法上はあくまでも，データ通信も電気通信事業として扱われると解釈されており，日本国内において，「電気通信回線設備を賃借していれば」[10]，同様に「通信の秘密」の遵守義務を負うことになる。

　ここでの問題は，上記で「電気通信回線設備を賃借していれば」という点である。グーグルが国内にサーバーを設置していれば，当該サーバーにインターネット接続用の電気通信回線が接続されているはずである。とすれば，「電気通信回線設備を賃借」していることになり，ウェブメールについては，電気通信事業者としての届出義務が生じるし，検索サービスはこうした届出の適用除外となるが，いずれにしても，電気通信事業者としての「通信の秘密」の遵守義務を負うことには変わりがない。

　しかし，サーバーが日本国内に設置されていなければ，当該サーバーに接続する電気通信回線が国内に存在しないのであるから，事業法上の電気通信事業者とみなすことはできず，「通信の秘密」の遵守義務を負わないことに

10）グーグルがサーバーの設置場所を明らかにしていないので，この点は確認できていない。

なる。同様の条件は，他社の提供するインターネットや携帯電話を利用して通話サービス等を提供している LINE や Skype 等にも当てはまる。現在まで，米国の非規制の環境下で成長してきたグーグルに対して，わが国で改めて，電気通信事業者としての規制を課すことも現実的ではなかろう。事実グーグルの個人情報指針に対して，総務省は経済産業省と連名で「事業法における通信の秘密の保護等に関する規定を遵守する」こと等を内容とした 2012 年 2 月 29 日付けの通知文書を出した（総務省［2012a］）が，何ら実効を上げていない。

一方で，ヤフーは日本国内に設置したサーバーにインターネット回線を接続してサービス提供しているのであるから，データ処理の有無にかかわらず，電気通信事業者として「通信の秘密」遵守義務を負うことになる。このような規制の非対称性が生じる可能性があるのは，回線開放時に，データ処理を伴うものも「データ通信」として電気通信の範疇に包含し，データ処理のあるものは回線利用を自由とした制度が，競争導入後の電気通信事業者規制に引き継がれたという経路依存性が存在するからである。つまり，「データ通信」サービスを提供するものも，電気通信事業者とし，「通信の秘密」の遵守義務を課したからである。

この経路依存性が，インターネットの発展に伴う多様な利用形態に対応できなくなってきていることが問題である。図表 8-15 に示すように，インターネット，スマートフォンの普及に伴って，わが国では電気通信事業者としては扱われない事業者が，電気通信事業者と類似のサービスの提供を拡大しているからである。それに伴う問題の 1 つが，ビッグデータの利活用に伴う個人情報・プライバシー問題である。これを事業法上の電気通信事業者の「通信の秘密」の問題として扱う限り，電気通信事業者と電気通信事業者に該当しない事業者との間で，規制の非対称性，特に国内外事業者間の規制の非対称性が生じる。この問題の解決手段の 1 つは，「データ通信」を電気通信として扱う回線開放以来の制度を改めることである。「データ通信」を事業法の規制対象の電気通信から除外し，ビッグデータにかかわる問題を事業法上の「通信の秘密」として扱うのではなく，広く個人情報・プライバシー一般にかかわる総合的な保護法制の問題として取り扱うのが現実的な解であろう。

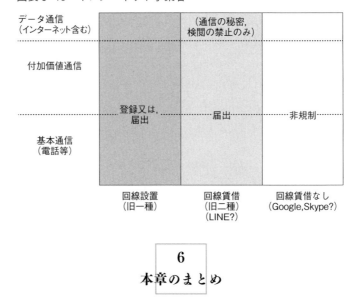

図表 8-15　インターネット事業者

6 本章のまとめ

　以上，回線開放の歴史から，NTT の民営化・競争導入を分析し，そこからビッグデータと「通信の秘密」問題への含意を探ってきた。その結果，回線開放を通じて形成された通信事業を「他人の通信の媒介」する業務とする「制度」が，通信の自由化後の電気通信業務の定義に引き継がれるという経路依存性が存在すること，それが，データ通信事業者・インターネット事業者をも通信事業者として規制対象とし，通信の秘密の遵守義務を課す根拠とされてきたことを明らかにした。しかも，この通信の秘密遵守義務がわが国のインターネット事業者には厳密に適用される一方で，グーグル等の米国の IT 事業者に実質的に適用されないという，ビッグデータを巡る国内外事業者間の規制の非対称性にもつながっていることが明らかになった。日米の事業者間の規制の非対称性を解消するには，この経路依存性を断ち切って，データ通信を事業法上の規制対象から除外し，総合的な個人情報・プライバシー保護法制で対応する必要があることを指摘して本章のまとめとしたい。

第9章

ビッグデータ問題と個人情報保護

1 問題の所在

　ブロードバンド，スマートフォン，クラウド・コンピューティング，及びSNS等の発展によって近年，ビッグデータの利活用，つまり，多種多量な情報の収集・蓄積とその分析・活用が急速に注目を集めるようになった。インターネット利用者はSNSを通じて情報を共有し，クラウド・コンピューティングと言われる遠隔地に設置されたサーバー，しばしば国境のかなたのいずこか知れない場所に設置されたサーバーを介して，多様なサービスを利用するようになった。また，IoTは，あらゆるヒト・モノがインターネットを介してつながるということであり，ビッグデータの収集をを今まで以上に大規模に進めることになる[1]。こうして収集・蓄積された個人情報は，企業によって分析され，様々なビジネスに利活用されている。グーグル，アップル，アマゾン等の米国IT企業がこの分野で主導権を争い，わが国のIT企業もこれら米国IT企業に追随してビジネス展開してきている。ビッグデータの利活用とIoTの展開は消費者個々のニーズに対応した商品・サービスの提供等を通じて，その利便性の向上にもつながるのは事実であるが，他方で消費者の個人情報収集・蓄積，分析と利活用には，個人情報の流出・プライバシーの侵害が懸念されている。

1）IoTにおける個人情報・プライバシーについては，Rifkin［2014］でも問題提起されている。

例えば，鉄道分野においては，スイカ（Suica），パスモ（PASMO）等の非接触式 IC カードの利用を通じて収集したデータを分析して鉄道サービスの改善に活用すると同時に，自社・自グループの小売事業等のマーケティングに活用してきた。さらには，ここで収集したデータを第三者に提供するという事例も登場してきた。JR 東日本がスイカを通じて収集した乗降駅，利用日時，鉄道利用額，生年月日，及び性別等のデータを日立製作所に販売し，同社はこれを基に，駅利用状況分析レポートを作成し，駅周辺でビジネス展開する企業等に販売していたことが表面化し，問題視された（日本経済新聞 [2013]）。JR 東日本は，今回提供したデータには，名前や連絡先等個人を特定できるデータは含まれていないことから問題ない，としていたが，社会的な批判を浴びて，結局同社はデータの外部提供を望まない利用者のデータは除外することとした。これはいわゆるデフォルト設定（初期設定）では，個人データの利用を可能とし，希望しない利用者は，自ら申し出て初めて自己のデータの利用を拒否できる「オプトアウト（Opt Out）」方式である。個人データの利用を予め承諾した利用者のみに限定する「オプトイン（Opt In）」方式に比べると，個人データを利用する企業には，利便性が確保されるが，手間ひまをかけて，積極的に利用拒否を申し出る利用者が限られている[2]ことを考えると，個人情報の保護という面では，限界がある。

しかし，匿名化とオプトアウト，又はオプトインで問題が解決する訳ではない。米国では，個人を特定できる情報を除外したデータも，他の情報と照合することにより，個人が特定されるという事例も発生している。

このように，ビッグデータの利活用は，効果的なマーケティングをはじめとして新しい可能性を拓き，また，消費者も必要な情報を効率的に得ることができる，という側面も否定できないが，同時に，データの利活用に伴う個人情報の流出・プライバシーの侵害等のリスクが増大している。さらに，グローバル化という名の下に，米国の IT 企業がわが国の市場においても，圧倒的に優位に立っていることも看過できない。加えて，米国 IT 企業等との

2）JR 東日本がスイカのデータの利活用に関して，オプトアウトの選択肢を提供したが，それを選択したのは，わずか 6 万人に過ぎない（日本経済新聞 [2014]）。

国際競争力の確保を名目として，わが国における個人情報保護の仕組みを骨抜きにしようという動きが出てきていることも無視できない。

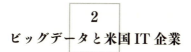

2 ビッグデータと米国 IT 企業

それでは，米国の代表的な IT 企業は，どのようなビジネスを展開しているのであろうか。ここでは，グーグル，アップル，アマゾン，フェイスブック等，米国の代表的な IT 企業を取り上げる。

2.1 グーグル

グーグルは，そのビジネスそのものがビッグデータに依存している。同社のサービスの根幹は，検索サービスであるが，この検索サービスを無料で提供できるのは，広告収入があるからである。第 1 章で見たようにグーグルは順調に売り上げ・利益を伸ばしているが，収益の 9 割は広告収入である。

このグーグルの広告事業の柱がアドワーズとアドセンスである。アドワーズは，その名の通り利用者が検索した単語に対応した広告へのリンクが表示される。同社の検索エンジンは，当該サイトへのリンク数の多いサイトを重要と考えて上位に表示するページランク方式だとされてきたが，最近では，利用者の行動履歴も考慮して表示されている。同社は2007年に，それまでは個人の検索内容・結果を保持していたが，9 カ月経過後は匿名化すると宣言した（Victor Mayer-Schönberger [2009] p. 7）。ということは，個人の検索内容・結果をビッグデータとして活用してきたということである。

また，アドセンスは，行動ターゲティング広告の一種であり，グーグルの提供するメールサービスである Gmail において，メールの内容に対応した広告を表示するところから始まっている。ここでも，利用者の個人情報が広告に活用されているのであり，わが国の法制においては，メールサービスは電気通信サービスに位置づけられることから，同社が，日本国内にサーバーを設置して[3]メールサービスを提供していれば，わが国の事業法に定める，電気通信事業者に該当し，憲法第21条と事業法第 4 条第 1 項で保障されてい

る「通信の秘密」を侵しているのではないかという疑義が生じる。このように，同社はビッグデータの活用をビジネスに取り入れた，先駆的な企業であり，個人情報・プライバシー問題に密接にかかわる事業を展開している。

　個人情報の提供を望まない利用者のために，グーグルもオプトアウトを用意しているが，その手順が複雑で見つけにくい。

　グーグルは，同社の提供するサービスに関するプライバシーポリシー（「プライバシーと利用規約」）を示している。しかし，他の IT 企業も同様であるが，同社のサービスを利用する限り，同社のプライバシーポリシーに同意したものとみなされるのである。さらに，2012年には同社が提供する多数のサービスで個々に示されていたポリシーを1つにまとめるとともに，利用者情報を統合すると発表したことが問題視された。これは同社の行動ターゲティング広告の効率化に向けての戦略である。同社の検索サービスが一種の社会的なインフラと化している今日[4]，利用者にとっては，同社の提示するプライバシーポリシーに同意して，そのサービスを利用するしか選択肢はないのが現実である。

　確かに，同社は行動履歴を同社の広告利用からオプトアウトできる仕組みを提供している。しかし，デフォルト設定は「利用する」となっている上に，オプトアウトの仕組みも大変複雑である。Google アカウントに関連づけられたデータの表示と管理を行う「Google ダッシュボード」を見つけなければならない。次に，Google アカウントでログインする。すると管理項目が一覧表示され，そのうちの1つに Gmail がある。これをクリックすると「セキュリティとプライバシー」が現れる。そこに表示される「Gmail の広告とユーザーの個人情報」という行をクリックする。そうすると説明のページが現れ，広告設定ページへのリンクが表示されるので，それをクリックして初めて「広告設定」ページに移る。その一番下に「Google でインタレスト ベース広告をオプトアウト」という項目が表示されているので，「オ

3）グーグルが，サーバーの設置場所は一切明らかにできない，というスタンスを取っているので，確定的なことは言えない。
4）EU は，グーグルが検索市場において，支配的な地位を利用して独占禁止法に違反した行為があるとして調査を行っている。

プトアウト」をクリックする，という手順である。こうした複雑な手順を踏んでオプトアウトしている利用者の数は極めて限られているであろう。利用者は，サービスの利便性につられて，知らず知らずのうちに，個人情報を提供することになるのである。

2.2 アップル

　次に，アップルも，図表1-17に示したように，グーグル以上に，売上高を急速に伸ばし，収益性も極めて高い。同社は，スマートフォン（iPhone）やタブレット（iPad）の販売と一体なった App Store によるコンテンツ販売が事業の柱である。App Store においては，音楽，動画，電子書籍からゲームに至るまで，多様なデジタルコンテンツが販売されている。こうしたコンテンツ販売も，ダウンロード型から，クラウド型に転換してきている。クラウド型ということは，当然のことながら，利用者個々の購入履歴等の個人情報が，同社に蓄積され，分析・活用されていることを意味する。

2.3 アマゾン

　アマゾンは，小売事業という事業の形態と事業拡大のための先行投資の負担もあって，利益率こそ低いものの，同様に，急速に売上高を伸ばしている（図表1-17）。同社のオンライン書店では，「顧客の購入履歴や好みのデータに基づいて（Victor Mayer-Schönberger & Cukier [2013] p.81）」，「おすすめ商品」を表示し，これが販売促進に貢献していると言われている。利用者の購入履歴を分析するということは，当然のことながら，同社における各種商品の購入履歴や，本の検索結果等の個人情報が蓄積されているということである。同社は，クラウドサービスを活用して，利用者がスマートフォンやタブレット等多様な端末で購入した電子書籍を読むことのできるサービスを提供している上に，音楽・動画等のデジタルコンテンツの販売も拡大し，さらにはオンラインショッピングで扱う商品も日用品から家電商品等多様化してきており，利用者の様々な個人情報を蓄積していっている。

2.4 フェイスブック

　2012年に上場したSNSの代表的な企業であるフェイスブックの売上高も，図表1-17の通り急速に伸びているが，その大半はやはり広告収入である，この広告も，グーグル同様にビッグデータを活用している。即ち，「ユーザーの近況『アップデート』と『いいね！』の情報を基に，最適化された広告を画面上に表示することで収入を得ている。」（Victor Mayer-Schönberger & Cukier［2013］p.156）さらに，同社は，蓄積したデータに基づいて，ソーシャルグラフ（人間の相関関係）を作成して広告等に活用している。フェイスブックの利用者がこうしたビッグデータの利用実態を認識して，「いいね！」をクリックしたり，近況をアップデートしたりしているかは疑問である。

3
ビッグデータと個人情報・プライバシー

　米国IT企業のビッグデータの利活用を追うようにして，わが国でもその利活用が拡大してきた。それに伴って，不当な個人情報の収集・プライバシーの侵害も懸念されるようになってきた。その典型的な例が，先に述べたJR東日本によるスイカ情報の外部への販売問題である。同社は，外部提供しているデータは匿名化していると主張しながらも，結局，本章第1節で述べたように，同社はデータの外部提供を望まない利用者のデータは除外することとした。

　しかし，個人情報を匿名化し，かつオプトアウト方式を採用したからといって，問題が解決する訳ではない。一度匿名化したにもかかわらず，別のデータセットとの対応関係から身元が判明しやすくなる（Victor Mayer-Schönberger & Cukier［2013］p.156）。米国のIT事業者AOLの匿名化したデータから個人が特定された例や，DVDレンタルサービスのネットフリックスの匿名化されたレンタル記録から，利用者が特定されて，個人情報が流出した事例も報告されている（*Ibid.* pp.232-233）。また，JR東日本の利

用者の意思確認方法にも問題がある。外部へのデータ提供を望まない利用者は同社のホームページにアクセスして，意思表示をするというオプトアウト方式であり，既述のように，オプトアウトを選択する利用者の数は限られているからである。ここでは，EUが推奨しているような，希望登録した利用者のデータのみ第三者利用を含めて利活用を認めるというオプトイン方式が好ましい，と言える。

　さらに，グーグルが活用しているアドセンスのように個人の行動履歴の分析に基づいて効率的な広告を配信する行動ターゲティング広告は，第8章第5節で述べたように，個人情報保護法に違反しているのではないか，「通信の秘密」を侵しているのではないかという問題がある。但し，個人情報保護に関しては，同社が日本国外に設置されたサーバーを通じてサービスを提供している場合，EUのように，EU域内で義務づけられた個人情報保護と同等以上の保護措置を講じていない国への個人情報の移転を禁止するということを個人情報保護法に定めない限り，実効的な規制を加えることはできない。

　また，同社の提供するGmailでやりとりされるメールの内容に対応した広告を表示するのは，同社がメールの内容を読み取っているから可能になることである。ということは，同社が日本国内に設置されたサーバーを通してメールサービスを提供していれば，わが国の事業法の適用対象となり，同社が通信の秘密を侵していることになる[5]。事実，総務省と経済産業省は2012年2月29日に連名で，「通信の秘密遵守」等を求めた通知文書を発出した（総務省［2012a］）が，同社に無視されている。

　わが国では，第8章第5節で述べたように，ヤフーがメールの文面に連動した広告（インタレストマッチ）を配信しようとした際に，総務省から一定の規制を課せられている。

　グーグルに対しては，なんら有効な規制を行えず，わが国企業に対して

---

[5] 前述のようにグーグルがサーバーの設置場所を明らかにしていないので，決定的な議論はできない。また，同社は，メールの内容はコンピューターが機械的に読み取り・分析をして広告を表示しているのであり，人間が読み取っているのではないことから，通信の秘密を侵しているのではないとも主張しているが，説得力に欠ける説明である。

は，行政指導を行うという，内外企業の間での取扱いの非対称性を問題にしなければならない。

4 個人情報・プライバシー問題に対する各国の取り組み

　ビッグデータの利活用の拡大とともに，米国やEU，あるいはOECD等においても，プライバシー保護の強化のための取り組みが展開されている。わが国においても，高度情報通信ネットワーク社会推進戦略本部が「個人データの利活用に関する制度見直し方針案」を公表した（高度情報通信ネットワーク社会推進戦略本部［2013］）が，そこにある視点は，ビッグデータの利活用の推進のためにはプライバシーの保護に取り組んでいることを示す必要がある，という逆転した発想であり，逆にプライバシーの侵害を許容することにつながりかねない点が含まれていることに注意しなければならない。

　まず，従来から，個人情報・個人データ保護に力を入れてきたEUにおいては，インターネットの普及と高速化やそれに伴うビッグデータの利活用の拡大に伴って表面化してきた様々な問題に対応するために，1995年の「EUデータ保護指令（EC［1995］）」を修正するための「データ保護規則」の原案を2012年1月に公表し（EC［2012c］），検討を進めている[6]。EUでは，①ビッグデータの利活用について，オプトイン原則を明確化していること，②違反した場合には最大で，全世界の年間売上高の0.5％までの過料を課す等罰則を強化していること，③「忘れられる権利」（インターネット上の個人情報の削除を要求する権利）を導入しようとしていること，さらには④個人データ保護に関してEUの求める水準を満たしていない域外の国に対する個人データの移転を制限すること等が注目される。同時に，こうした個人データの保護に関する規制の整備が，ビッグデータの利活用の環境を整備

6）2013年10月には当初案に検討を加えた修正案が公表されている（EC［2013a］）。さらに，2015年12月には，EUデータ保護規則の内容について，EC，欧州議会，及び閣僚理事会の3者の間で，合意に達したと発表している（EC［2015e］）。

し，EU の産業競争力を強化することも狙っていることに留意する必要がある。

　一方，米国においては，2012年2月に大統領名で消費者プライバシー権利章典（White House［2012］）を発表した。そこで示された基本方針は，①個人によるコントロール，②透明性，③消費者が個人情報を提供する文脈の尊重，④セキュリティ，⑤アクセスと正確性，⑥合理的な範囲での収集，⑦説明責任の7つに要約される。①との関連では，行動ターゲティング広告のためのユーザーのインターネット上の行動の追跡を消費者が拒否できる（DNT: Do Not Track）権利を明確化しているが，これはあくまでオプトアウトである。消費者がオプトアウトを選択しない限り，企業はビッグデータを利活用できるということであり，消費者保護を旗印に掲げながら，実はIT関連ビジネスの振興を図る狙いが透けて見えてくる。特に，「グローバルな相互運用性の確保」を名目として，米国のルールを，日本を含む各国に押し付けてくる可能性があることを軽視できない。わが国がEUのようにオプトイン原則を採用しようとしても，米国のオプトアウト原則を採用するように迫られる可能性がある。

　米国では，さらに，データ利用の促進を図るための環境整備を意図して，2014年5月に，「ビッグデータ：機会の獲得と価値の維持」と題するレポートを公表している（White House［2014］）。ここでは①消費者プライバシー権利章典の進展，国家データ漏洩法の制定，③米国人以外へのプライバシー保護の拡張，④学校で収集された生徒に関するデータの教育目的のみでの使用の保障，⑤差別を防止するための専門的な技術の開発，⑥電子通信プライバシー法（ECPA：Electronic Communications Privacy Act）の改正の6つの具体的な政策提言がなされている。全体として，政府と企業がいかに「ビッグデータ」の利益を最大化するのかが問題意識であり，そのためのリスクを逓減するという視点で，個人情報保護・プライバシー保護問題が扱われていることを重視する必要がある。

　また，OECDにおいても，1980年に作成された「プライバシー保護と越境個人データに関するガイドライン」を改正して，新しいガイドラインを公表している（OECD［2013］）。そこに示された原則は，①収集する個人デー

タの範囲の限定，②品質の確保，③詳細な利用目的の提示，④目的外使用の制限，⑤セキュリティの確保，⑥オープン性の確保，⑦個人の参加の確保，⑧説明責任の8原則である。これらの原則を遵守するために，個人データを収集する主体に対して，「データ管理者」の配置を義務づけている。このように，米国と同様に，個人データの利活用に際しての，プライバシー保護の重要性が強調される一方，本ガイドラインを遵守している他国との間の個人データの流通を制限してはならないとして，個人データの国境を越えた利活用の促進が意図されていることを見逃してはならない。

ここで重視すべきは，インターネット自体がグローバルなネットワークであり，ビッグデータを利活用するビジネスもグローバル化し，情報はグローバルに流通していることである。先に挙げた米国IT企業もグローバルにビジネス展開をしており，日本も例外ではない。われわれが，日々グーグルの検索サービスを利用し，Gmailを利用する都度，われわれの個人情報が同社のサーバーに蓄積され，同社はそれを活用して，日本を含む世界中の企業から，広告収入を稼いでいるのである。事実，図表9-1のグーグルの地域別売上高比率は大きくは変動していないが，図表1-17に示した売上高は，この間に2倍近くになっていることから，日本を含むその他の地域の売上高も2倍近く増加していると考えられる。

さらに，軽視できないのは，米国が2001年9月の同時多発テロ後，「愛国者法（USA PATRIOT Act of 2001）」を制定し，テロ対策を口実に国家による通信傍受や個人情報の収集を幅広く認めていることである。米国のCIA（Central Intelligence Agency：中央情報局）の元職員のSnowden（, Edward Joseph）が暴露したように，NSA（National Security Agency：国家安全保障局）やFBI（Federal Bureau of Investigation：連邦捜査局）

図表9-1　グーグルの地域別売上高の推移　（単位：％）

(年)	2011	2012	2013	2014	2015
米国	46.3	46.0	46.0	45.0	46.0
英国	10.7	11.0	10.0	10.0	10.0
その他	43.0	43.0	44.0	45.0	44.0

出所：グーグル社IR資料

がグーグルやフェイスブックを含むIT企業から幅広く個人情報を収集している。サーバーが米国に置かれている限り，わが国の「通信の秘密」遵守義務は適用できないという事実にも目を向ける必要がある。

5 わが国におけるデータ活用ルール化の動き

このような，先進諸国の動きの中で，わが国のビッグデータの利活用に関する制度作りが遅れると，わが国の国際競争力がますます失われていく可能性があるのは，否定できない。このため，わが国でもビッグデータの利活用をルール化しようとする動きが活発化してきている。2013年6月の「日本再興戦略」（閣議決定［2013］）を受けて，2013年12月に「パーソナルデータの利活用に関する制度見直し方針」（高度情報通信ネットワーク社会推進戦略本部［2013］）が発表され，制度改正に向けた基本方針が示された。本基本方針では，米国流の産業競争力の強化を目指していることを見逃してはならない。即ち，個人情報の保護に関する法律（平成15年5月30日法律第57号，以下「個人情報保護法」）の制定から10年が経ち，情報通信技術の発展に伴って，ビッグデータの収集・分析が可能となり，新事業・サービスの創出が可能となると同時に，個人情報・プライバシーの問題が認識されるようになったことから，個人情報保護法等制度の見直しが必要になったことが強調されている。その上で，具体的な制度見直しとして，以下の4点を提案した。

① 第三者機関（プライバシー・コミッショナー）の体制整備
② 個人データを加工して個人が特定される可能性を低減したデータの個人情報及びプライバシー保護への影響に留意した取扱い
③ 国際的な調和を図るために必要な事項
④ プライバシー保護等に配慮した情報の利用・流通のために実現すべき事項

ここで，特に問題視すべきは，2番目と3番目の項目である。「個人データを加工して個人が特定される可能性を低減したデータ」については，「第

三者提供における本人の同意を要しない類型を定める」としている。上述したように，匿名化したデータであっても，他のデータと照合することにより，意図せずして個人情報が明らかになる事例が存在している。そのリスクを軽視して，第三者提供に対する本人の同意すら不要にしようとすることは，産業界の要望に直接応えようとするものであり，看過できない。

また，これと関連するのが4番目の項目である。ここでは，第三者提供における本人同意原則の例外として，オプトアウトの在り方について検討するとあり，EUが検討しているオプトインは排除されていることである。ここにも，個人情報・プライバシーの保護よりも，ビッグデータの利活用のための環境整備に重点が置かれていることが分かる。

2015年9月3日に成立した個人情報の保護に関する法律および行政手続きにおける特定の個人を識別するための番号の利用等に関する法律の一部を改正する法律（平成27年9月9日法律第65号，以下，「改正個人情報保護法」）は，上記の基本方針に沿ったものである。

第一の第三者機関の体制整備では，「個人情報保護委員会」が設置されることとなり（同法第50条），2016年1月1日から発足した。同委員会は，任期5年（同法第55条第1項）の委員長及び委員8人をもって構成し（同法第54条第1項），いずれも，両議院の同意を得て，内閣総理大臣が任命する（同法第第54条第3項）とされ，一定の独立性が確保されている。本委員会が，真に機能するか否かを評価するのは，具体的な政令・規則などが策定されていない現時点では，時期尚早であるが，過度にビッグデータの利活用に偏った運営にならないようにするためには，第4章で論じた独立の第三者機関としての運営が担保される仕組みが必要である。

第二の個人データの利活用については，「匿名加工情報」が，「特定の個人を識別することのできないように個人情報を加工して得られる個人に関する情報であって，当該個人情報を復元することができないようにしたもの」，と定義されている（同法第2条第9項）。この匿名化した個人情報は，本人の同意がなくても第三者に提供可能であるとされ（同法第23条），ビッグデータのビジネス利用が大幅に拡大される。企業には，利用する項目の公表義務がある（同法第36条第3項）が，具体的匿名化の基準が個人情報保護委

員会に委ねられており（同法第36条第1項），どのような情報であれば，匿名化になるのかが明確ではない。情報通信分野では，例えば携帯電話の基地局情報を，契約者の年齢，性別等と組み合わせてマーケティング情報に活用するといったことが想定されるが，本当に「匿名化」が可能なのか，SNSへの書き込み等他の情報と組み合わせることによって，個人が特定されないのか等，消費者視点からの監視が必要である。

第三の国際的な調和については，外国にある第三者に個人情報を提供する場合には，本人の同意を必要とすることが定められた（同法第24条）が，本章でも問題としたグーグルの行動ターゲティング広告を巡る国内外の規制の非対称性の問題は，基本的に手付かずのまま残っている。インターネットによるグローバル化が進んでいる現在，本人が気付かないうちに，外国企業によって個人情報が収集されているという実態への対応が必要である。

第四については，本人の同意を得ない第三者提供（オプトアウト規定）の届出，公表等が厳格化された（同法第23条第2項）が，そもそも，オプトイン方式が採用されていないこと自体が問題である。

改正個人情報保護法には，不正名簿取引の規制，個人データの取扱い数量が5000人以下の中小企業への規制対象の拡大等，積極面もあるが，上記のように，個人情報の保護よりも，ビッグデータの利活用のための環境整備に重点が置かれていると言わざるをえない。

6 ビッグデータ問題にどう取り組むか

個人情報，プライバシーの保護には各国とも取り組んできたが，本章で見てきたように，インターネット，ITの発展に伴い，大量の個人データが蓄積され，ビジネスに利活用されるようになってきた。特に，クラウド・コンピューティングとSNSの発展，さらにはIoTの展開に伴って，こうした個人情報・個人データの利活用がグローバル化していることが，問題を複雑にしている。個別の国の法規制が，海外にサーバーを置き，グローバルにビジネス展開している企業の活動に及ばないことは，大きな問題である。わが国

においては，不十分ながらも個人情報保護法が存在し，それに加えて憲法と事業法によって通信の秘密遵守義務が定められている。しかし，その規制が海外にサーバーを置いて日本の利用者向けにサービスを提供している企業には，事実上適用できていないのは，グーグルの事例で見た通りである。米国，EU 等が自国・地域の国際競争力の強化を目指して，自国に有利な仕組みづくりを狙っている中で，わが国も個人データの保護に関する規制の整備に取り組む必要があるのは，当然である。

　しかし，そこには忘れてはならない視点が2つある。第一に国際競争力の強化が優先されて，消費者の利益がなおざりにされてはならないということである。政府が進めてきた「パーソナルデータの利活用に関する制度見直し」の内容もそうした視点から批判的に見ていく必要がある。第二に，個人情報・個人データの利活用はグローバルな活動であり，規制に関する国際的な調整が不可欠であるということである。いくら，わが国独自に個人情報・プライバシーの保護のための精緻な仕組みをつくったとしても，グーグルがわが国の憲法・事業法に定められた「通信の秘密」遵守義務を事実上無視しているように，グローバルな市場で圧倒的な競争力を有する米国の IT 企業の利害を反映した米国の仕組みに，従わされることになっている現状を打破するためにも，わが国が国際的な仕組みづくりのリーダーシップをとっていく必要がある。

　同時に，NHK で放映された「震災 Big Data」[7] に例示されるように，ビッグデータの利活用に工夫を加えれば，災害時の対応等に役立つことも事実である。Victor Mayer-Schönberger & Cukier [2013] では，ビッグデータがインフルエンザの流行予測に使われた事例も紹介されている。本章の主題の枠を超える問題ではあるが，個人情報・プライバシーの保護に十分配慮しつつ，社会的に有用なビッグデータの利活用の方向性を探ることも必要であろう。

---

[7] 2013年3月3日，9月8日，2014年3月2日放映の NHK スペシャル。

7 本章のまとめ

　わが国における,「パーソナルデータの利活用に関する制度見直し」には,「利活用」という言葉に象徴されるように,IT企業の利害が色濃く反映されている側面と個人情報・プライバシーの保護のため消費者の保護を図るという側面の両方が存在する。この両側面の一方に偏ることなく,バランスの取れた展開を図る必要がある。また,「通信の秘密」の遵守義務,個人情報の保護義務がわが国企業には厳密に適用される一方で,米国IT企業に対しては,実質的には適用されていないという非対称性は早期に解消されねばならない。

　なお,ビッグデータ問題には,ビッグデータの分析がブラックボックス化していることに伴うデータ改ざんの危険性,ビッグデータ収集・蓄積に規模の経済性が働くことによる寡占化の可能性,収集・蓄積されたデータの背景情報を無視したデータ万能主義・単純なデータ信仰の陥穽等も検討の視野に入れる必要があるが,本章では,主として個人情報・プライバシーに絞って検討を加えた。

第10章

プラットフォーム機能と Two-Sided Markets 理論

1 問題の所在

　ブロードバンドやスマートフォンの急速な普及とともに，インターネット上のデジタルコンテンツの流通が盛んになった。それとともに，様々なコンテンツ事業者が登場し，細分化された消費者がそれぞれのニーズに合ったコンテンツを消費するようになった。このコンテンツ事業者とコンテンツの消費者との間を取り持つのがプラットフォームである。デジタルコンテンツの複製・流通の限界費用は基本的にゼロであり，ネットワークの外部性も働くことから，グーグルやアップル等による寡占化も進んでいる。プラットフォーム事業者のビジネスモデルは，グーグルのように検索エンジンを武器とした広告モデル，アップルのように iPhone・iPad と App Store を一体化したクローズなモデル等，多様なものが存在するが，プラットフォーム事業者の顧客という視点から見ると，広告主と消費者，コンテンツプロバイダーというように，2つ（又は3つ）のタイプの顧客が存在し，それぞれに対する課金も一方の顧客を有料化し，他方の顧客には無料でサービスを提供したり，一方の顧客には低料金でサービスを提供し，他方の顧客には高額の料金を設定したりする等，Two-Sided Markets に該当すると考えられるものが多く，略奪的な価格設定等伝統的な産業組織論の考え方が適用できないケースも出てきている。そこで，本章ではコンテンツ流通におけるプラットフォームの役割と，その規制のあり方について，東西 NTT の提供する

NGN を取り上げて分析し，今後のプラットフォーム事業者に対する規制のあり方への含意を探ることとする。

2 NGN とプラットフォーム機能

インターネット上の情報流通が盛んになる一方で，情報の漏洩，ウイルスの被害等も拡大し，現在のインターネットの信頼性，安全性に疑問符がつけられるようになってきた。こうした事態に対応するために，通信事業者は「インターネットの柔軟性と電話網の信頼性を兼ね備えた」次世代ネットワーク (NGN) を提唱し，わが国でも NTT が，2008年3月から商用サービスを開始した (NTT [2007])。この NGN については，これまでのインターネットでは提供されていなかったような様々なプラットフォーム機能の提供も予定されていることから，「固定／携帯が融合し光化も加速」する（日経 BP [2008]) 等と大きな期待も寄せられている。同時に規制政策の面からその事業展開に一定の制約を課そうとする議論も見られた[1]。しかし，NGN のプラットフォーム機能について，理論的に整理した議論は数少ない。

そこで，近年の社会経済活動における様々なプラットフォーム機能の浸透とともに，経済学の産業組織論や経営学の戦略論の分野において注目されるようになってきた Two-Sided Markets の理論に依拠して議論を展開することとしたい。Two-Sided Markets の理論は Rochet (, Jean Marcel) と Tirole (, Jean-Charles) 等が中心となって展開されてきた[2]。Two-Sided Markets が，注目されるようになったきっかけは，米国におけるクレジットカードの手数料の仕組みが反トラスト法に違反するのではないかという懸念である[3]。クレジット会社は，加盟店とクレジットカード所有者との間の決済機能を提供するという意味で，Two-Sided Markets の一種であるが，その際

---

1) 例えば，総務省 [2008a] 等。
2) Rochet & Tirole [2003] 等が初期の文献である。
3) 詳しくは，Rochet & Tirole [2002] 等を参照。例えば，EU がマスターカードに対して競争法に違反しているとの警告を発したと報じられた（日本経済新聞 [2007]）。

に加盟店から徴収している手数料が問題視された。

　Two-Sided Markets とはそもそもどのような市場であろうか。Rochet と Tirole は「プラットフォームがエンドユーザー間の相互作用を可能とし，両サイド（タイプの異なる2組：筆者注）の顧客に対して適切な課金の仕組みを適用することによって，両者を参画させるような市場」と定義している（Rochet & Tirole [2006]）。ここでは，グループ内の（直接的な）外部性のみならず，グループ間の（間接的な）外部性が問題になる。外部性の存在しない市場においては，限界費用に基づく価格設定が社会的厚生を最大にすると考えられてきた。しかし，Two-Sided Markets においては，プラットフォームはこの外部性を内部化する機能を有することから，異なる顧客グループ毎に単独で，伝統的な限界費用価格形成原理を適用するのではなく，外部性の効果を内部化し，プラットフォーム参加者全体の厚生を最大化するための価格設定が求められる。こうした市場は，クレジットカードばかりではなく，ソフトウェア，インターネット，ビデオ・ゲーム等のニューエコノミーに見出されることが多いが，新聞やテレビ等の伝統的なメディアにも適用可能である。

　2000年以降，Two-Sided Markets に関する論文も次々と発表され，2004年1月にはフランスのトゥールーズ大学において，Two-Sided Markets の経済学に関するシンポジウムが開催された[4]。また，経営学でも注目され，経済学と経営学をつなぐ概念として発展してきている[5]。NTT が2008年に提供を開始した NGN では，帯域保証サービス[6]に加えて，多様なプラットフォーム機能の提供が予定されていたが，コンテンツプロバイダーとコンテンツの利用者という2つのタイプのユーザー間を仲介する機能は最も重要な機能の1つであり，この Two-Sided Markets の理論が適用される市場の1つであると考えられる。

4）このシンポジウムで発表された論文の一部は，*Rand Journal of Economics* の2006年第37巻第3号に掲載されている。
5）例えば，Eisenmann et al. [2006] 等。
6）一般のインターネットは，ベストエフォート型のサービスであるため，トラフィックが集中すると，伝送速度が落ちたり，通信エラーが発生したりすることがある。これに対して，NGN の帯域保証サービスにおいては，常時一定の伝送速度が保証される。

3
Two-Sided Markets とは

そもそも，Two-Sided Markets は通常の市場とどこが異なるのであろうか。通常の財・サービスにおいては，当該財・サービスの購入者という1つのタイプの顧客しか存在しない。通常の市場でも，一見すると，大口／小口，事業所／家庭，成人／子供，男性／女性等異なったタイプの顧客が存在するように見えるが，ここでは，顧客間の相互作用は存在せず，財・サービスを生産する企業は，顧客に対して財・サービスを提供するのみである。これに対して，Two-Sided Markets においては，2又はそれ以上のタイプの顧客が存在し（図表10-1），これら異なったタイプの顧客の間に外部性が働く。

例えば，クレジットカード市場においては，クレジット会社には，加盟店とクレジットカードを使用する消費者という2つのタイプの顧客が存在する。クレジット会社は，消費者向けにクレジットカードを発行する一方で，そのクレジットカードを使用することのできる加盟店を募っている。カード

図表10-1　Two-Sided Markets のイメージ

図表10-2　クレジット会社のプラシング

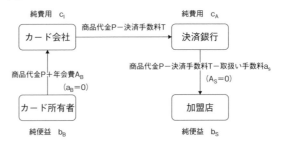

所有者が加盟店においてクレジットカードを利用して買い物をすると,加盟店に対しては決済銀行経由で,決済手数料 T と取扱い手数料 a_S を控除した商品代金が支払われ,カード所有者の口座からはその金額が引き落とされる(図表10-2)。

つまり,クレジット会社はカード所有者と加盟店との間の決済を代行する機能を果たしている。この機能に対して,クレジット会社は,通常カード所有者からは年会費 A_B を徴収するが,カード使用に対する手数料 a_B は 0 である。また,加盟店からは購入金額の一定割合を手数料 a_S として徴収するが,年会費は存在しない($A_S = 0$)。カード所有者から見れば,クレジットカードの取扱店が多ければ多いほど利便性が増すという意味で,外部性が存在する。同時に,加盟店から見れば,クレジットカードを使用する顧客が多ければ多いほど売り上げ増につながるという意味で外部性が働く。その意味で,クレジットカードは,Rochet と Tirole の Two-Sided Markets の定義に該当する市場の1つである。

現代の社会には,Two-Sided Markets の定義に当てはまる市場が多数存在する(図表10-3)。例えば,テレビ放送の場合には,テレビ局が広告主から広告料を得て,自ら制作したコンテンツを視聴者に提供するというプラットフォームとなっている(図表10-4)。しかし,これが YouTube の場合には,コンテンツ制作機能がアンバンドルされ,広告主,コンテンツプロバイダー,視聴者という3つのタイプの顧客に対するプラットフォームとなっている(図表10-5)。図表10-3では,優遇される側の顧客を Two-Sided Markets に関する文献に基づいて整理してあるが,これは,優遇される側の顧客の数がクリティカル・マスに到達し,外部性(特にネットワークの外部性)に基づいて,持続的な成長を開始するまでの間のプラットフォームの価格戦略として見たものであり[7],顧客の最終的な負担まで考慮すれば,優遇されている訳ではないという見方もありうる。例えば,ショッピングモールやオークションサイトの例で言えば,出店費用が商品価格に転嫁されるであ

[7) ネットワークの外部性とクリティカル・マスに関する議論等については,林他[2006]を参照。

図表10-3　Two-Sided Markets の例

例	顧客 Type A	顧客 Type B	優遇される側
証券取引所	株式の販売者	株式の購入者	平等
不動産屋	不動産の所有者	不動産の購入者	顧客 Type B
ショッピングモール	出品者	買い物客	顧客 Type B
オークションサイト	出品者	購入者	顧客 Type B
新聞	広告主	購読者	顧客 Type B
電話帳	広告主	電話加入者	顧客 Type B
テレビ	広告主	視聴者	顧客 Type B
ポータルサイト	広告主	ウェブサーファー	顧客 Type B
検索エンジン	広告主	検索者	顧客 Type B
有料チャンネル	コンテンツ提供者	視聴者	顧客 Type A
クレジットカード	加盟店主	消費者	顧客 Type B
PC OS	アプリケーション開発者	PC 使用者	顧客 Type A
ビデオ・ゲーム	ゲームソフト開発者	プレーヤー	顧客 Type B
PDF	PDF 作成者	PDF 読者	顧客 Type B
音楽プレーヤー	楽曲製作者	視聴者	顧客 Type A
電話	発信者	受信者	顧客 Type B

出所：Rochet & Tirole［2004］［2006］などを基に作成

ろう。同様に，ビデオ・ゲームの場合にも，ゲームソフト開発者側のコストは，ゲームソフトの価格に転嫁される。ここでは，あくまでも，プラットフォームの，異なるタイプの顧客に対する価格戦略という視点で見ていることに留意する必要がある。

　Evans（, David Sparks）はこの Two-Sided Markets を競争法の視点から検討するに当たり，以下の3類型に分類している（Evans［2003］）が，この分類は Two-Sided Markets の本質を理解する一助になろう。
① 市場創出型
　　市場創出型プラットフォームは，購入者と販売者がそれぞれ自分の希望に合った契約を探すためのサービスを提供するもので，証券取引所，競売所，職業紹介所，及び不動産屋等の仲介業者が該当する。オークションサイトもこの類型に含まれる。ここでは，購入側，販売側双方の参加者が増加するにつれ，参加者が条件に合う相手を見つけることのできる可能性が高くなるという意味での外部性が存在する。

図表10-4　テレビ放送

図表10-5　YouTube

② 視聴者創出型

　視聴者創出型プラットフォームは，広告主と視聴者を結びつける役割を果たすもので，新聞，電話帳，テレビ等のメディア，及びポータルサイト等が該当する。メディアは視聴者を集めるようなコンテンツを提供する。逆に視聴者は広告主を集めるために使われる。ここには二種類の外部性が存在する。広告主は，より多数の視聴者を有するプラットフォームを評価するという意味で，視聴者は広告主に対して正の外部性を有する。逆に，視聴者は，有用なコンテンツが提供されるプラットフォームを評価し，多数のコンテンツ提供のためには，コンテンツ制作のために要する資金を提供してくれる広告主の存在が必要になるという意味で，広告主は顧客に対して正の外部性を有する。

③ 需要創出型

　需要創出型プラットフォームは，複数のタイプの顧客グループに対して，間接的な外部性を生み出すような財・サービスを提供するものである。例えば，消費者と加盟店に対してサービスを提供するクレジットカードがその1つである。クレジットカードは，消費者に対しては現金なしで買い物をできるという機会を提供し，加盟店に対しては，加盟店に代わって商品代金を回収するというサービスを提供す

る。

　また，パソコンの OS，ビデオ・ゲーム，及び音楽プレーヤー等もこの類型に含まれる。ここでは，アプリケーションソフトを利用するユーザーと，ソフトの開発者との間の間接的な外部性が存在する。

以上見てきたことから，Two-Sided Markets を定義するとすれば，以下の条件を満たす市場であるということができる（Cortade [2006]）。

① 明確に異なる2つのグループの顧客が存在すること
② 一方のグループの顧客にとっての価値が，他方のグループの顧客の数に依存すること
③ 一方のグループが生み出す外部性を内部化するための仲介者が必要であること

4
Two-Sided Markets における外部性

　以上から Two-Sided Markets においては2つの外部性が問題になることが分かる。以下，Cortade [2006] に従って，その特徴を見てみよう。通常の外部性とは異なり，Two-Sided Markets では，「加入の外部性（直接的外部性）」と「使用の外部性（間接的外部性）」を区別する必要がある。

　「加入の外部性」とは，プラットフォームの使用者が増えれば増えるほど，新規の使用希望者が増加することを指す[8]。例えば，ISP の加入者が増加すれば増加するほど，トラヒックを交換できる可能性が増すことから，新規の加入者が増加する。これは，直接的な（グループ内）外部性である。しかし，Two-Sided Markets における「加入の外部性」は，2つの異なったユーザーグループの存在から生じる。ウェブサイトの例でいえば，プラットフォームに接続されたウェブの数が多ければ多いほど，消費者にとっては，当該プラットフォームの魅力が増すことになる。これは間接的な（グループ間）外部性である。

8）詳しくは，Armstrong [1998] を参照。

「使用の外部性」は，2つのユーザーグループの間の相互作用から生じる。ISPの例で言えば，ウェブサイトとインターネット利用者の相互作用からウェブサイト，利用者それぞれが便益を享受することができる。

このように，Two-Sided Marketsが通常の市場と異なる点は，異なったタイプの顧客の間に外部性が存在し，顧客はこの外部性を内部化できないことから，プラットフォームが必要になるということである。即ち，取引費用の面から，販売者，購入者相互間の交渉による価格設定が困難であり，プラットフォームがその機能を代行するのである。通常の市場においても，大口／小口，事業所／家庭，成人／子供，男性／女性等異なったタイプの顧客が存在する場合が多いが，これらの顧客間に外部性が存在しない。異なったタイプの顧客間の外部性の存在こそが，Two-Sided Marketsを特徴づけるものである。

5 Two-Sided Marketsと価格設定

5.1 加入料と使用料

以上2つの外部性が存在することから，Two-Sided Marketsにおける価格設定は通常の市場における価格設定とは異なったアプローチをとる必要がある。通常の市場においては，需要と限界費用とが一致する水準に価格を設定することが社会的厚生を最大にすると考えられてきた（限界費用価格形成原理）。Two-Sided Marketsにはこれが当てはまらない。販売者と購入者の取引は，プラットフォームが仲介して初めて成り立ち，両者の間には「使用の外部性」が働くからである。プラットフォームはこの外部性を自身が設定する価格構造によって内部化することができる。

従って，プラットフォームは2つのグループのユーザーに対して限界費用に基づいた対称的な価格を設定する必要はない。両グループの需要がバランスするように価格設定することができる。つまり，プラットフォームにとっては，総費用を如何に両グループに配分するかという価格の配分（price allocation）が重要になる（Rochet & Tirole [2004]）。顧客グループBの外部性の便益を顧客グループSが享受することができるとすれば，顧客グループBに対する価格を限界費用以下の水準に設定し，顧客グループSに対する価格を限界費用以上の水準に設定することも可能である。効率的な価格は限界費用とは限らない。それ以上でもありうるし，それ以下でもありうる。従って，Two-Sided Marketsにおいては，電気通信分野の相互接続料金等で採用されている長期増分費用（LRIC：Long Run Incremental Cost）等コストベースの価格設定は，必ずしも最適ではないということになる。

事実，Two-Sided Marketsにおいては，以下に示す例に見られるように，顧客グループ毎に非対称的な価格設定が一般的に観察される[9]。

（例1）ナイトクラブ

限界費用価格形成原理によれば，ジェンダー中立的な料金設定，即ち，男女同一料金が望ましい。しかし，現実には女性は無料，男性は全てのコストをカバーするような料金設定をしていることが多い[10]。その理由は自明であろう。

（例2）Adobeの文書作成ソフト

PDFの作成側のソフト，例えばAcrobatは有料で販売されているが，ファイルを読む側のソフト，Adobe Readerは無料で配布されている。これは，読む側は価格志向が強く，代金を払ってまではソフトを利用しようと思わないのに対して，作成側は，読む側の人数が多ければ多いほど PDF作成ソフトを購入するインセンティブが働くことを考慮したものである。

（例3）ビデオ・ゲーム

ゲーム機メーカーは消費者向けのゲーム機の価格を割安に設定する一方，ゲームソフト開発者には小売価格の一定割合のライセンス

---

[9] 但し，これはネットワークの外部性が問題となる市場において，消費者の数がクリティカル・マスに達するまでの間の戦略として効果的のものであり，市場が成熟した後も継続されるとは限らない。

[10] 最近社会問題化している「出会い喫茶」においては，男性客は有料であるのに対して，女性客は無料である上に，ケーキや飲み物が無料で提供されているようであるから，女性客向けの料金はマイナスということになる。

料を課し,優良ソフトを確保しようとしている[11]。

(例4) パソコンの OS ソフト

　　パソコンの OS ソフトの価格は,ビデオ・ゲームとは逆に,割高に設定されている一方で,アプリケーションソフトの開発にライセンス料は不要で,アプリケーションソフト開発を促している。これは,パソコンの OS ソフトはパソコンを使用しようとする限り必需品であり,多少高くても購入される一方,OS ソフト購入者にとっては,利用できるパソコンソフトが多ければ多いほどメリットがあることから,OS ソフトの購入を促進するためにもアプリケーションソフトの開発に対してインセンティブを与える必要があるからである。

(例5) テレビ放送

　　消費者には無料でコンテンツを提供し,広告主に課金している。広告主にとっては,視聴者数が多ければ多いほど広告効果が高まることから,放送局は無料コンテンツを提供することで多数の視聴者を確保しようとしている。

(例6) 固定電話発携帯電話着の通話料金

　　一般に,固定電話から携帯電話への着信料金はコストを上回る水準になっている。固定電話発携帯電話着の料金が高いと,携帯電話への加入と利用とがより有利になる。即ち,携帯電話が現在のように普及した段階では,多くの消費者は固定電話と携帯電話の両方に加入しているので,携帯電話相互間で通信するようになる。社会的厚生はこの効果を考慮する必要がある。

　以上を一般化した図表10-6（Rochet & Tirole [2006]）に基づいて考察する。ここでは,販売者（Seller）と購入者（Buyer）という2つのタイプのエンドユーザー間の取引によって潜在的な利得があるものと仮定する。考察に当たっては,定額制の会費（Fixed Membership Charge）と,使用料

---

11) 但し,このライセンス料がゲームソフトの販売価格に転嫁されていれば,単純に,消費者側が優遇されていると結論づけることはできない。

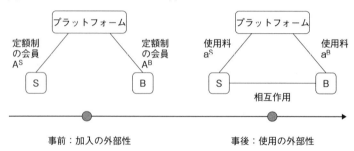

図表10-6　プラットフォームと料金

S：販売者　　B：購入者　　A：会費（定額制）　　a：使用料

(Usage Charge) の2種類の料金，加入の外部性と利用の外部性をそれぞれ区別する必要がある。エンドユーザー間の取引から発生する利得は，ほとんどの場合，「使用 (Usage)」に起因する。例えば，クレジットカードの場合，カード所有者が現金の代わりにカードを使用した際に，カード所有者と加盟店は，利便性を享受する。図表10-6において，プラットフォームは加盟店とカード所有者に対して，使用料 a^S，a^B をそれぞれ課す。例えば，Visaは加盟店から手数料を徴収するので，$a^S > 0$ であり，カード所有者はカードを使用しても手数料を支払わないので，$a^B = 0$ である[12]。使用の外部性は，使用の意思決定から発生する。現金を使用する代わりにカードを使用することにメリットがあるのであれば，カードの加盟店は，カードの使用者に対して正の利用の外部性を発揮することになる。

また，電話の場合，電話に加入しているということそのものではなく，発信者と受信者のコミュニケーションから便益が生じる。電話の場合には，発信者は通話料を支払うのに対して，受信者は着信に対して通話料は支払わない (Calling Party Pays System)[13]。もし，発信者が友人に対して電話をかけることによって，便益を得るのであれば，この友人は，当該の電話を受信することによって，発信者に対して正の外部性を発揮することになる。

---

[12] カード使用者がポイントサービスを受けられる場合には，$a^B < 0$ となる。
[13] 米国では，携帯電話の着信側にも課金される (Receiving Party Pays System) という仕組みになっている。

図表10-7　Two-Sided Markets における価格設定

	販売者 S	購入者 B
定額制の会費	$A^S \geq 0$	$A^B \geq 0$
使用料	$-\alpha_1 \leq a^S \leq \alpha_2$	$-\beta_1 \leq a^B \leq \beta_2$

プラットフォームは使用に先立って，使用とは無関係な固定料金 A^S, A^B を課すことがある。例えば，クレジットカードの Visa は先に見たように加盟店からは会費を徴収しない（$A^S = 0$）が，カード所有者から年会費を徴収する（$A^B > 0$）。ビデオ・ゲームの場合には，プラットフォームはゲームソフト開発者に対して，ソフト開発ツールを購入させ（$A^S > 0$），またソフトの販売数に応じてロイヤルティーを徴収する（$a^S > 0$）。一方，ビデオ・ゲーム機を消費者に対して販売する（$A^B > 0$, $a^B = 0$）。ウィンドウズの場合，マイクロソフト社は，消費者から OS ソフトの購入料を徴収する（$A^B > 0$, $A^S = 0$）が，その使用料金は無料である（$a^S = a^B = 0$）。一方の側のユーザーが他方の側のユーザーとの相互作用によって正の純余剰を引き出すことができる限り，加入の意思決定によって，加入の外部性を発生させる。

以上の Rochet と Tirole の分析に基づいて筆者が整理したのが図表10-7である。定額制の会費は販売者，購入者それぞれに対して，無料の場合もあるし，有料の場合もある。また，使用料については，販売者，購入者それぞれについて，無料ないし，有料であるが，時には「出会い喫茶」の女性の場合のように負の値となることもある。

プラットフォームはこのようなバリエーションの中から，どのように価格設定をしているのかが，次の考察の対象である。

5.2　価格の水準と配分

1つのタイプの顧客しか存在しない One-Sided Markets の場合には，プラットフォームにおける取引の総量 V は，総価格の水準 $a = a^B + a^S$ にのみ依存する。これに対して，Two-Sided Markets においては，取引の総量 V は a が一定として，a^B と a^S の配分に応じて変化する。即ち，Two-Sided Markets においては，価格の構造が利潤と効率性に影響を与えるという特徴

を有する。従って，片側の顧客からの利益を抑え，極端な場合には，損失を発生させるとともに，反対側の顧客からコストを回収したりするという戦略が採用されることもある。その際に重要な役割を果たすのが，販売者（S），購入者（B）相互間の間接的な外部性である。

　これを理解するために図表10-6のa^Sとa^Bとに基づいて考察する。ここではBがSに対して与える外部性の方が，SがBに対して与える外部性よりも大きいと仮定しよう。この場合に，a^Sとa^Bとの配分をどのようにするのが合理的であろうか。SにとってのBの増加する効果の方が，BにとってのSが増加する効果よりも大きいのであるから，プラットフォームにとっては，a^Bを切り下げてBの数を増加させ，その結果としてSの数を増加させるのが合理的になる。a^Bの切り下げによって生じる損失は，a^Sを高めに設定することによって補塡することができる。テレビの場合，視聴料をゼロにする一方で，広告主から高額のCM料を徴収していることは，その一例である。

　こうした市場に対しては，通常の限界費用価格形成原理は当てはまらず，競争法の適用に関しても，異なった取扱いをする必要がある。このため，競争法学者からも，市場の画定と市場支配力の評価に当たって，Two-Sided Marketsの特性を考慮すべきであるという見解が示されるようになってきた（Evans [2003]）。①製品／サービスは，プラットフォームの存在抜きには実現しえないこと，②両サイドそれぞれの価格は，当該サイドのコスト，需要を単独で反映したものとする必要はないこと，③一方の側で利益を上げたとしても，他方の競争条件によっては，それが失われる可能性があること等がその根拠である。これを，Cortade（, Thomas）流に言い換えれば，①限界費用を上回る価格は，必ずしも市場支配力の存在を意味しない，② Two-Sided Marketsにおいては，相互補助は必ずしも略奪的な価格設定を意味しない，③市場集中は必ずしも非効率的ではない，ということになる（Cortade [2006]）。従って，Two-Sided Marketsにおける市場分析に当たっては，両サイド間の間接的なネットワークの外部性，両サイドにおける需要の弾力性，それぞれのサイドにおける市場構造や競争条件を考慮に入れる必要がある，とするEvansの主張は的を射たものである。Evansによれば，従

来型の市場分析を Two-Sided Markets に適用することには以下のような問題がある（Evans [2003]）。
① 革新的なビジネスモデルの展開を抑制する可能性がある。
② 一方の側で得られた利益が他方の側で食いつぶされることを無視すれば，反競争的なインセンティブの分析が不完全になる。
③ 他方の側の消費者に与える影響を無視すれば，反競争的な影響の分析が不完全なものになる。

Evans は以上の考察に基づき，先に挙げた Two-Sided Markets の3類型毎に独自の市場分析を行うことを提案している。Two-Sided Markets には，通常の市場分析とは異なったアプローチが必要になるという指摘は重要である。

6 Two-Sided Markets 理論から見た NGN

6.1 NGN とは

わが国におけるブロードバンドは2000年の東西 NTT による加入電話回線のラインシェアリングとコロケーションの提供開始以降，DSL を中心として急成長し，近年では，第1章で見たようにその DSL に代わって FTTx の成長が目覚ましい[14]。こうしたブロードバンドの成長とともに，インターネット上で動画や音楽の配信が普及するとともに，利用者による情報発信も活発化した。これに伴って2つの問題が注目されるようになってきた。1つは，ネットワークの輻輳である。自律分散的なネットワークとして発展してきたインターネットは，通信品質が保証された伝統的な電話網とは異なり，通信品質はそれぞれのプロバイダーのベストエフォートに任されている。このため一部のヘビーユーザーが動画ファイル等を集中的に送受信すると，ネットワークが輻輳し，その他のユーザーの通信品質が悪化するという問題が表面化してきた[15]。

---

14) ブロードバンド，及び NGN に関する議論の詳細は，福家［2007］を参照。

2つ目は，セキュリティの問題である。もともとインターネットは匿名での利用が可能であることから，インターネット上でウイルスが蔓延したり，プライバシーの侵害，著作権の侵害等が横行したりしている。また，インターネットを利用した詐欺事件等も問題となっている。

つまり，ブロードバンドの普及に伴ってインターネットの限界も表面化してきたのである。そこで，インターネットの限界を克服するために，「電話網の信頼性とインターネットの柔軟性を併せ持ち，認証・課金・著作権管理等のプラットフォーム機能を備えた」NGN が提唱された。英国の BT，韓国の KT や，米国の AT&T 等が導入を進めているが，わが国の NTT も 2004年に NGN 構想を発表し（NTT [2004]），2008年からは商用サービスを開始した（NTT [2007]）。この NGN においては，①地上デジタル放送の IP 再送信向けやユニキャスト通信用の帯域保証型サービスの提供，ならびに②ユーザー認証，パケットの暗号化，なりすまし防止等をサポートした IPv6 通信機能の標準装備が特徴的であるが，NTT の発表資料では，課金・著作権管理等のプラットフォーム機能の提供については，明確にされていなかった。しかし，プラットフォーム機能はこれまで NTT が NGN の機能の1つとして重視してきたものであり，またインターネット上のコンテンツ流通の面からは不可欠なものであることから，本章では，NGN のプラットフォーム機能に焦点を絞って Two-Sided Markets の理論の視点から論じる。

6.2 NGN と料金設定

Two-Sided Markets の理論は，NGN のプラットフォーム機能に対してどのような含意があるのであろうか。Two-Sided Markets は，2つのタイプの顧客が存在する市場に限られたものではない。3つ以上のタイプの顧客が存在する市場もあることから，こうした市場をより一般化して，Multi-Sided Markets と呼ぶこともある。

---

15) 米国では，通信事業者がトラフィックの増加に伴って必要となったネットワークの拡充コストを賄うために，特定のアプリケーションに対して付加料金を課すべきだという主張を行い，これに対して，インターネットの利用者からは，特定のアプリケーションを差別するのは，インターネットの中立性の原則に反するというネットワークの中立性の議論が展開されている。詳しくは，福家 [2007] を参照。

図表10-8　Two-Sided Markets の視点から見た NGN のイメージ

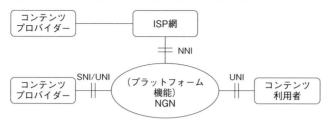

UNI：User-Network Interface
NNI：Network-Network Interface
SNI：Application Server-Network Interface

　コンテンツプロバイダーが NGN に接続する形態には，① NGN と直接接続（SNI/UNI）する形態と，② NGN と NNI 接続している ISP 事業者経由で接続する形態が考えられる（図表10-8）。従って，NGN には少なくともコンテンツプロバイダー，コンテンツ利用者に加えて ISP 事業者という3つのタイプの顧客が存在することになる[16]。ここでは，問題を単純化するために，NGN のプラットフォームを，まずコンテンツプロバイダーとコンテンツ利用者の2つのタイプの顧客を有するものとして見てみよう。それぞれに課す料金は，購入者 B をコンテンツ利用者，販売者 S をコンテンツプロバイダーと考えれば，限界費用価格形成原理等のコストベースの価格設定を離れて，図表10-7に示したバリエーションから戦略的に選択するのが妥当であるということになる。

　それでは，どのような戦略を採用すべきであろうか。先の価格水準と配分に関する考察に基づけば，コンテンツプロバイダーがコンテンツ利用者に与える外部性と，コンテンツ利用者がコンテンツプロバイダーに与える外部性のどちらが大きいかが決め手となる。実証的な検証が必要であるが，ここにはクレジットカードという格好の事例が存在する。NGN のプラットフォーム機能は，クレジットカード会社の機能と共通する点が多い。

　NGN 市場において，コンテンツプロバイダーとコンテンツ利用者の間の

---

[16] 現実には NGN においては，IP 電話サービス等も提供されることから，何種類もの顧客が存在することになる。

単なる伝送サービスに加えて，顧客管理，課金代行等のプラットフォーム機能に対するニーズが存在することは，携帯電話における i-mode が実証済みである。この機能は，図表10-2に示したクレジットカード会社の機能に類似している。ここでは，どのような価格設定が行われているのであろうか。クレジットカードにおいては，限界費用に基づく価格設定は採用されていない。カード所有者からは，定額制の会費を徴収している（$A^B \geqq 0$）[17]が，カードの使用は無料である（$a^B \leqq 0$）。一方，加盟店からは売上金額に応じた手数料を徴収している（$a^S > 0$）が定額制の会費は徴収していない（$A^S = 0$）。これを応用すれば，コンテンツ利用者については，定額制の会費を徴収し（$A^B \geqq 0$），その利用料金はゼロにする（$a^B = 0$）ことが考えられるが，NGN 自体の基本料金が存在することを考慮すれば，プラットフォーム機能については定額制の料金自体も設定しない（$A^B = 0$）ことが適当であろう。

ここで生じた赤字はコンテンツプロバイダーから回収することができる。コンテンツプロバイダーについては，コンテンツ利用者の数という外部性を享受することができることから，プラットフォームはその外部性を内部化して，限界費用を上回る料金設定をすること，即ち，コンテンツの売上高に応じた料金とすることができる（$a^S > 0$）[18]。つまり，コンテンツの利用者を優遇し，プラットフォーム機能のコストは，コンテンツプロバイダー側から回収することが適当と考えられる。

この結論の妥当性を検証するためには，NGN には既存のインターネットという代替的なネットワークが存在することを考慮に入れる必要がある。即ち，NGN が単独で存在するのではなく，既存のインターネットという代替的なネットワークが存在し，しかもそのインターネットは送受信されるデータ量に関係なく，コンテンツプロバイダーも，コンテンツ利用者も定額制の料金で利用可能であることを考慮に入れる必要がある[19]。同時に，コンテン

---

17) 近年，年会費を徴収しないクレジットカードも登場してきている。
18) これは，携帯電話の i-mode 等で採用されているコンテンツの販売に対する料金回収代行と見ることができる。
19) 詳しくは，福家［2007］を参照。

図表10-9　ＮＧＮと Multi-Homing

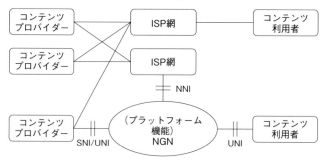

UNI：User-Network Interface
NNI：Network-Network Interface
SNI：Application Server-Network Interface

ツの提供に当たっては，複数のプラットフォームが利用可能な multi-homing も考慮する必要がある。図表10-8は，図表10-9のように置き換えなければならない。

　Armstrong (, Mark) はこうしたプラットフォームの競争のあり方を，以下の3つに分けて分析している（Armstrong [2006]）。

① 双方のグループが single-homing
② 一方のグループが single-homing で，他方のグループが multi-homing
③ 双方のグループが multi-homing

一般の ISP であれば，②のケースに該当する。コンテンツ利用者は multi-homing すると，利用コストが高くなることから，通常 multi-homing を選択しない。この場合，コンテンツプロバイダーが multi-homing でなければ，自分の希望するコンテンツを利用することができない。一方，コンテンツプロバイダーは，コンテンツ利用者にコンテンツを提供しようとすると，当該コンテンツ利用者が選択したプラットフォームを利用せざるを得ない[20]。従って，コンテンツプロバイダーは必然的に複数の ISP を利用する，即ち，multi-homing することになる。このように，プラットフォームは，

20）このため，こうしたプラットフォームは，競争上のボトルネック（Competitive Bottleneck）と呼ばれる（Armstrong [2006]）。

multi-homing 側のコンテンツプロバイダーに対して，single-homing 形態にあるコンテンツ利用者に対するアクセスを提供するに当たり，独占力を有することになる。この独占力の結果，ISP は multi-homing 側に対しては高価格を設定することができる。これに対して，single-homing 側では顧客獲得競争をしなければならないので，ISP は multi-homing 側で獲得した高利潤を使って，その価格を低水準に設定することになる。

　しかし，NGN の場合には，事情が異なる。国内に限って見ても，NGN がサービス提供されていない地域に存在するコンテンツプロバイダーは，NGN ではなく一般の ISP を利用せざるを得ない。また，海外においては，NTT が提供を予定している NGN のような機能を備えたネットワークは一般的ではないことから，コンテンツ・プロバイダーも一般の ISP に接続されていると考えるのが自然である。コンテンツの利用者が NGN の外にある，例えば Yahoo!BB に接続されたコンテンツプロバイダーや海外の YouTube にアクセスしようとすれば，NGN の契約に重畳して ISP と利用契約を結び，一般のインターネットを利用することが必要である。つまり，コンテンツ利用者側も multi-homing することになる。

　こうした状況の下で NGN の利用の増加を図るためには，NGN はプラットフォーム機能によって，一般のインターネットとの差別化を図り，利用者を NGN に誘導することが必要になる。

　但し，ここではグーグル等の広告型ビジネスへの対応が課題となる。広告型ビジネスでは，広告料を徴収するグーグル等のプラットフォーム事業者が伝送サービスとしての NGN を利用することとなり，コンテンツの販売に基づく料金回収代行収入を得る機会が存在しない。従って，NGN のプラットフォーム機能がビジネスとして成り立つためには，そのプラットフォーム機能を顧客管理や著作権管理等の面でより優れたものにするとともに，コンテンツプロバイダーの広告料徴収を代行する機能の提供が求められる。つまり，グーグル等の広告料徴収の仕組みよりも，コンテンツプロバイダーにとって魅力的な仕組みを提供できるか否かで，NGN のプラットフォームビジネスの成否が左右されることになろう。

6.3 NGN と規制

　Two-Sided Markets の理論は，従来の独占禁止政策の見直しをも迫るものである。これまで見てきたように，Two-Sided Markets においては，プラットフォームが異なった顧客グループ間の間接的な外部性を内部化することから，その価格設定においても，限界費用に基づいた価格設定が社会的厚生を最大にする訳ではない。プラットフォームの性格に応じて，一方の顧客グループには限界費用を上回る価格設定をし，他方の顧客グループに対しては限界費用を下回る価格あるいは，マイナスの価格を設定することも合理的である。第一に，それぞれの顧客グループ毎に，単独で費用と便益が対応する訳ではない。第二に，一方のグループの顧客側のコストや需要が変化すれば他方のグループの顧客のコストや需要が変化する。第三に，プラットフォームの存在抜きでは，商品・サービス自体が存在しえないことが多い。このような理由から，多くの Two-Sided Markets の性格を有するプラットフォームにおいては，そのような価格設定が行われている（図表10-3）。

　これに対して，通常の市場の発想の延長線上で，一方の顧客グループのみを対象として，市場の画定を行った上で，市場支配力を判断することは適当ではない。また，同様に，一方の顧客グループのみを対象として，略奪的な価格設定や，排他的取引を認定することは Two-Sided Markets の健全な成長を妨げる恐れがある。

　このような認識に基づいて，図表10-9に戻れば，ここには，コンテンツプロバイダー，コンテンツ利用者，及びISPという3つのタイプの顧客グループが存在する。こうした市場では，プラットフォームとしてのNGNは，これら3者の関係に基づいて，最も効率的な価格設定をするのが，社会全体としても効率的である[21]。NGN のプラットフォーム機能について，単純に限界費用等のコストに基づいて価格設定するのは，好ましいことではな

---

21) これ以外にも，NNI に基づいて，他の通信事業者の IP 網，電話網，及び携帯電話網等と接続する場合の相互接続料金が問題となるが，アクセスサービスとしての NGN が，他の事業者にとって不可欠性を有するか否かが問題となり，Two-Sided Markets の理論で単純に割り切ることはできない（総務省［2008a］の議論等）。

い[22]。

7
本章のまとめ

　以上,近年産業組織論のみならず,経営学の分野においても注目を浴びている,Two-Sided Markets の理論から NGN のプラットフォーム機能について検討した。Two-Sided Markets においては,加入(直接的),使用(間接的)という2つの外部性が働くことから,通常の市場に適用される限界費用価格形成原理は妥当せず,外部性を考慮に入れた価格設定が必要であることを明らかにした。これは,単に個別企業の価格戦略にとどまらず,相互接続料金の設定においても,長期増分費用のようなコストベースの料金設定は,Two-Sided Markets として位置づけられるプラットフォーム機能を備えた NGN というネットワークサービスの健全な発展を妨げるおそれがあるという重要な含意を示すものである。競争事業者の厚生ではなく,社会全体の厚生を最大にする視点からの検討が望まれる。

　但し,この結論を NGN からプラットフォームへと一般化するに当たっては,Two-Sided Markets の理論の限界についても留意する必要がある。Two-Sided Markets については,近年議論が活発化してきているが,未だ統一的な理論が形成されている訳ではない。個別の事例を見て事後的な説明を加えようとしているが,Bourreau & Sonnac [2006] も指摘するように,これまでの研究が,①各種の事例の提示にとどまり,一般的な理論としての頑健性が確認されていない,②計量経済学的な理論研究にとどまり,実証的な研究がまだまだ十分とは言えない等の課題も残されている。現実のデータに基づく実証的な分析の裏付けによって,客観的な理論としての頑健性を強めていく必要がある。

　また,Two-Sided Markets においては,従来の競争法の手法を単純に適

---

22) 残念ながら,東西 NTT 自らが「(NGN の) 利用者料金に関しては,ネットワークコスト及び営業費 (顧客獲得のコストを除く) の合計額を上回るように設定する」と表明した (総務省 [2008a])。

用すべきではないとする議論も行われているが，プラットフォーム，例えばグーグルの検索エンジンがエッセンシャル・ファシリティとみなされる場合の適用可能性については，さらなる理論的な整理が必要であることを最後に指摘しておきたい。

参考文献

【英文文献】

Amazon [2010], *Kindle Device Unit Sales Accelerate Each Month in Second Quarter: New e$189 Price Results in Tipping Point for Growth.* 2010年7月18日付け報道資料.

Amazon [2015], *Q4 2015 Financial Result.*（http://phx.corporate-ir.net/phoenix.zhtml?c=97664&p=irol-reportsOther）

Anderson, Chris [2009], *Free: The Future of a Radical Price.* Hyperion（小林弘人監修・高橋則明訳 [2009],『フリー：〈無料〉からお金を生み出す新戦略』NHK 出版）.

Armstrong, Mark [1998], Network Interconnection in Telecommunications. *The Economic Journal, 108,* 545–564.

Armstrong, Mark [2006], Competition in Two-Sided Markets, *The Rand Journal of Economics, 37*（3）, 668–691.

Auletta, Ken [2009], *Googled: The End of the World as we know It.* Penguin Press（土方奈美訳 [2010],『グーグル秘録：完全なる破壊』文藝春秋）.

Bourreau, Marc & Nathalie Sonnac [2006], Introduction. *Communications & Strategies, 61.*

Bykowsky, Mark M. & William W. Sharkey [2014a], Net Neutrality and Market Power. *FCC Office of Strategic Planning and Policy Analysis* July 2014.

Bykowsky, Mark M. & William W. Sharkey [2014b], Welfare Effects of Paid for Prioritization Services: A Matching Model with Non-Uniform Quality of Service. *FCC Office of Strategic Planning and Policy Analysis* July 2014.

Caillaud, Bernard & Bruno Jullien [2003], Chicken & Egg: Competition Among Intermediation Service Providers. *The Rand Journal of Economics, 34*（2）, 309–328.

Carlton, D. W. & J. M. Perloff [2005], *Modern Industrial Organization*（Fourth Edition）. Pearson.

Cave, Martin [2006], Six Degrees of Separation: Operational Separation as a Remedy in European Telecommunications Regulation. *Communications & Strategies, 64,* 89–103.

Cave, Martin [2008], *Vertical Integration and the Construction of NGA Networks.* A paper commissioned by Telstra.

CISCO [2014], *Visual Networking Index Online Database.*（http://www.cisco.com/c/en/us/solutions/service-provider/visual-networking-index-vni/index.html#~overview）.

Cortade, Thomas [2006], A Strategic Guide on Two-Sided Markets Applied to the ISP Market. *Communications & Strategies, 61*（1）, 17–35.

Crandall, Robert W. [2005], *Competition and chaos: U. S. Telecommunications since the*

1996 Telecom Act. The Brookings Institute(佐々木勉訳 [2006],『テレコム産業の競争と混沌：米国通信政策, 迷走の10年』NTT 出版).

DeNardis, Laura [2014], *The Global War for Internet Governance.* Yale University Press (岡部晋太郎訳 [2015],『インターネットガバナンス：世界を決める見えざる戦い』河出書房新社).

EC [1995], *Directive 95/46/EC of the European Parliament and of the Council of 24 October 1995 on the protection of individuals with regard to the processing of personal data and on the free movement of such data* (http://eur-lex.europa.eu/LexUriServ/LexUriServ.do?uri=CELEX:31995L0046:en:HTML).

EC [1996], *Directive 96/19 amending Directive 90/388 with regard to the implementation of full competition in telecommunications markets* (Full Competition Directive).

EC [2000], *Regulation (EC) No 2887/2000 of the European Parliament and of the Council of 18 December 2000 on unbundled access to the local loop.*

EC [2002], *Directive 2002/21/EC of the European Parliament and of the Council of 7 March 2002 on a common regulatory framework for electronic communications networks and services* (Framework Directive).

EC [2003], *Commission Recommendation of 11/02/2003 on relevant product and service markets within the electronic communications sector susceptible to ex ante regulation in accordance with Directive 2002/21/EC of the European Parliament and of the Council on a common regulatory framework for electronic communication networks and services* (C (2003) 497).

EC [2006], *Proposal for a Regulation of the European Parliament and of the Council on roaming on public mobile networks within the Community and amending Directive 2002/21/EC on a common regulatory framework for electronic communications networks and services* (COM (2006) 382 final).

EC [2007a], *Commission Recommendation on relevant product and service markets within the electronic communications sector susceptible to ex ante regulation in accordance with Directive 2002/21/EC of the European Parliament and of the Council on a common regulatory framework for electronic communications networks and services* (2 nd edition) (C (2007) 5406 rev 1).

EC [2007b], *Regulation (EC) No 717/2007 of the European Parliament and the Council of June 2007 on roaming on public mobile telephone networks within the Community and amending Directive 2002/21/EC.*

EC [2007c], *Commission Staff Working Document, Impact Assessment.* Accompanying document to the Commission proposal for a Directive of the European Parliament and the Council, |COM (2007) 697, COM (2007) 698, COM (2007) 699, SEC (2007) 1473| , 13 November 2007.

EC [2009], *Regulation (EC) No 544/2009 of the European Parliament and of the Council of 18 June 2009 amending Regulation (EC) No 717/2007 on roaming on public mobile telephone networks within the Community and Directive 2002/21/EC on a common regulatory framework for electronic communications networks and services.*

EC [2010a], *Digital Agenda: Commission outlines action plan to boost Europe's prosperity and well-being* (IP/10/581, 19 May 2010).

EC [2010b], *Digital Agenda for Europe: key initiatives* (MEMO/10/200, 19 May 2010).

EC [2011a], *Proposal for a Regulation of the European Parliament and of the Council on roaming on public mobile communications networks within the Union* (COM (2011) 402 final) (2011/0187 (COD)).

EC [2011b], *Report from the Commission to the European Parliament, the Council, the European Economic and Social Committee and the Committee of the Regions on the outcome of the functioning of Regulation (EC) No 717/2007 of the European Parliament and of the Council 27 June 2007 on roaming on public mobile communications networks within the Community, as amended by Regulation (EC) No 544/2009*, (COM (2011) 407 final).

EC [2012a], *Digital Agenda: EU reaches preliminary deal on future-proof roaming solution for mobile phone users.*

EC [2012b], *Regulation (EU) No 531/2012 of the European Parliament and of the Council of 13 June 2012 on roaming on public mobile communications networks within the Union.*

EC [2012c], *Proposal for a Regulation of the European Parliament and of the Council on the protection of individuals with regard to the processing of personal data and on the free movement of such data* (General Data Protection Regulation) (http://ec.europa.eu/justice/data-protection/document/review2012/com_2012_11_en.pdf).

EC [2013a], *LIBE Committee vote backs new EU data protection rules* (http://europa.eu/rapid/press-release_MEMO-13-923_en.htm).

EC [2013b], *Communication from the Commission to the European Parliament, the Council, the European Economic and Social Committee and the Committee of the Regions on the Telecommunications Single Market* (COM (2013) 634) (https://ec.europa.eu/digital-single-market/news/communication-commission-european-parliament-council-european-economic-and-social-committee-a-0).

EC [2015a], *Antitrust: Commission sends Statement of Objections to Google on comparison shopping service* (http://europa.eu/rapid/press-release_MEMO-15-4781_en.htm).

EC [2015b], *Commission welcomes agreement to end roaming charges and to guarantee an open Internet* (IP/15/5265).

EC [2015c], *Bringing down barriers in the Digital Single Market: No roaming charges as of June 2017* (IP/15/5927). (http://europa.eu/rapid/press-release_IP-15-5927_en.htm)

EC [2015d], Regulation (EU) 2015/2120 of the European Parliament and of the Council of 25 November 2015 laying down measures concerning open internet access and amending Directive 2002/22/EC on universal service and users' rights relating to electronic communications networks and services and Regulation (EU) No 531/2012 on roaming on public mobile communications networks within the Union, *Official Jour-*

nal of the European Union, L310 (http://data.europa.eu/eli/reg/2015/2120/oj).
EC [2015e], *Agreement on Commission's EU data protection reform will boost Digital Single Market* (IP/15/6321) (http://europa.eu/rapid/press-release_IP-15-6321_en.htm).
ECTA [2009], *Broadband Scorecards* (http://www.ectaportal.com/en/basic650.html).
Eisenmann, Thomas, A. Parker, & M. W. V. Alsyne [2006], Strategies For Two-Sided Markets. *Harvard Business Review, October 2006*（松本直子訳 [2007],「ツー・サイド・プラットフォーム戦略」『Diamond ハーバード・ビジネス・レビュー』2007年6月号).
ERG [2007], *ERG opinion on Functional Separation* (ERG (07) 44).
Evans, David S. [2003], The Antitrust Economics of Multi-Sided Platform Markets. *Yale Journal on Regulation, 20*（2).
Evans, David S., Andrei Haqiu, & Richard Schmalensee [2006], *Invisible Engines: How Software Platforms Drive Innovation and Transform Industries*. MIT Press.
Faratin, Peyman, D. Clark, S. Bauer, W. Lehr, P. Gilmore & A. Berger [2008], The Growing Complexity of Internet Interconnection. *Communications & Strategies, 72*.
FCC [1996], *The First Report & Order on the local Competition Provisions of the Telecommunications Act* (FCC 96-325)
FCC [2000], *The Digital Handshake: connecting Internet Backbones*. OPP Working Paper No. 32 (https://transition.fcc.gov/Bureaus/OPP/working_papers/oppwp32.pdf).
FCC [2002], *In the matter of Inquiry Concerning High-Speed Access to the Internet Over Cable and Other Facilities, Declaratory Ruling and Notice of Proposed Rulemaking* (FCC 02-77).
FCC [2003], *Review of the Section 251 Unbundling Obligations of the Telecommunications Act of 1996; Deployment of Wireline Services Offering Advanced Telecommunications Capability; Appropriate Framework for Broadband Access to the Internet over Wireline Facilities*. (FCC 03-36), 20 February 2003.
FCC [2004], *FCC Releases New Rule for Network Unbundling Obligations of Incumbent Local Phone Carriers*, Order on Remand (FCC 04-290), 15 December 2004.
FCC [2005a], *FCC Eliminates Mandated Sharing Requirement on Incumbents' Wireline Broadband Internet Access Services, Report and order and Notice of Proposed Rulemaking*, (FCC 05-150), 23 September 2005.
FCC [2005b], *In the Matters of Appropriate Framework for Broadband Access to the Internet over Wireline Facilities Universal Service Obligations of Broadband Providers Review of Regulatory Requirements for Incumbent LEC Broadband Telecommunications Services Computer III Further Remand Proceedings: Bell Operating Company Provision of Enhanced Services; 1998 Biennial Regulatory Review – Review of Computer III and ONA Safeguards and Requirements Conditional Petition of the Verizon Telephone Companies for Forbearance Under 47 U.S.C. § 160 (c) with Regard to Broadband Services Provided Via Fiber to the Premises; Petition of the Verizon Tele-*

phone Companies for Declaratory Ruling or, Alternatively, for Interim Waiver with Regard to Broadband Services Provided Via Fiber to the Premises Consumer Protection in the Broadband Era, Report and Order and Notice of Proposed Rulemaking (FCC 05-150).

FCC [2006], *In the Matter of United Power Line Council's Petition for Declaratory Ruling Regarding the Classification of Broadband over Power Line Internet Access Service as an Information Service, Memorandum Opinion and Order* (FCC 06-165).

FCC [2007], *In the Matter of Appropriate Regulatory Treatment for Broadband Access to the Internet Over Wireless Networks, Declaratory Ruling* (FCC 07-30).

FCC [2008], *High-Speed Services for Internet Access: Status as of December 31, 2007* (http://fjallfoss.fcc.gov/edocs_public/attachmatch/DOC-287962A1.pdf).

FCC [2010], *Report and order In the Matter of Preserving the Open Internet* (FCC 10-201).

FCC [2014a], *Notice Of Proposed Rulemaking: In the Matter of Preserving the Open Internet* (FCC 14-61) (https://apps.fcc.gov/edocs_public/attachmatch/FCC-14-61A1.pdf).

FCC [2014b], *Internet Access Services: Status as of December 31, 2013* (https://transition.fcc.gov/Daily_Releases/Daily_Business/2014/db1016/DOC-329973A1.pdf).

FCC [2015], *Report and order on remand, declaratory ruling, and order In the Matter of Preserving the Open Internet* (FCC15-24).

FCC [2016], *Fiscal Year 2016 Budget Estimates Submitted to Congress February 2016* (http://transition.fcc.gov/Daily_Releases/Daily_Business/2016/db0209/DOC-337668A2.pdf).

Hausman, J. & J. Wright [2006], T*wo-Sided Markets with Substitution: Mobile Termination Revised*, mimeo, TSM Conference, competition policy in two-sided markets, IDI, University of Toulouse.

Hermalin, Benjamin, E. & Michael L. Katz [2006], Your Network or Mine? The economics of Routing Rules. *The Rand Journal of Economics, 37*（3）, 692-719.

Huber, P. [1997], *Law and Disorder in Cyberspace: Abolish the FCC and Let Common Law Rule the Telecosmo.* Oxford University Press.

Joskow, Paul L. [2006], *Vertical Integration*. Prepared for the American Bar Association Antitrust Section's "Issues in Competition Law and Policy Project" (http://econ-www.mit.edu/files/1191).

Kamino, Arata & Fuke, Hidenori [2008], *Diffusion of the Broadband Internet and the Structural Separation*. A paper presented at 17th Biennial Conference of ITS.

Kirkpatrick, David [2010], *The Facebook Effect*. Virgin Books（滑川海彦・高橋信夫訳 [2011],『フェイスブック：若き天才の野望』日経BP）.

Krogfoss, Bill, M. Weldon & L. Sofman [2012], Internet Architecture Evolution and the Complex Economics of Content Peering. *Bell Labs Technical Journal 17*（1）, 163-184.

Lessig, L. [2008], *It's Time to Demolish the FCC*, Newsweek Dec. 22 2008 (http://www.newsweek.com/lessig-its-time-demolish-fcc-83409 2016年5月19日閲覧).

Marcus J. Scott [2014], *The Economic Impact of Internet Traffic Growth on Network Operators*. WIK-Consult Draft Report for submission to Google.

Network Reliability and Interoperability Council V Focus Group 4: Interoperability (FCC) [2001], *Service Provider Interconnection for Internet Protocol Best Effort Service* (https://drive.google.com/file/d/0BwgxFz7Q4c0VUXJCYWEzSmxDX0k/edit?pli=1).

Norton, William B. [2011], *Internet Peering Playbook: Connecting to the Core of the Internet*, Dr. Peering Press.

Norton, William B. [2014], *Internet Transit Tricks, 30 April 2014* (http://drpeering.net/AskDrPeering/blog/articles/Ask_DrPeering/Entries/2014/4/30_Internet_Transit_Tricks.html).

OECD [2000], *Telecommunications Regulations: Institutional Structures and Responsibilities*, (DSTI/ICCP/TISP (99) 15/FINAL).

OECD [2002], *The Benefits and Costs of Structural Separation of the Local Loop*, (DSTI/ICCP/TISP (2002) /Final).

OECD [2006], *Telecommunication Regulatory Institutional Structures and Responsibilities* (DSTI/ICCP/TISP (2005) 6/FINAL).

OECD [2009], *International mobile roaming charging in the OECD area* (DSTI/ICCP/CISP (2009) 8/final).

OECD [2010], *International Mobile Roaming Services: Analysis and Policy Recommendations* (DSTI/ICCP/CISP (2009) 12/final).

OECD [2013], *Recommendation of the Council concerning Guidelines governing the Protection of Privacy and Transborder Flows of Personal Data (2013)* (http://www.oecd.org/sti/ieconomy/2013-oecd-privacy-guidelines.pdf).

Ofcom [2010], *Ofcom Organisation chart by reporting structure*.

Ofcom [2015], T*he Office of Communications Annual Report and Accounts For the period 1 April 2014 to 31 March 2015* (http://www.ofcom.org.uk/content/about/annual-reports-plans/annual-reports/annual-report-14-15/annual-report-14-15.pdf).

OPTA [2004], *Vertical Integration: Efficiency & Foreclosure*. Economic Policy Note, no. 3, May 2004.

Reding, Viviane [2006a], *The Review 2006 of EU Telecom Rules: Strengthening Competition and Completing the Internal Market* (Speech/06/422).

Reding, Viviane [2006b], *From Service Competition to Infrastructure Competition: the Policy Options Now on the Table* (Speech/06/697).

Return On Now [2015], *2015 Search Engine Market Share By Country* (http://returnonnow.com/internet-marketing-resources/2015-search-engine-market-share-by-country/).

Rey, Patrick & Jan Tirole [2007], A Primer in Foreclosure. In Armstrong, Mark & Robert H. Porter (eds.) [2007] *Handbook of Industrial Organization Volume 3*, North-Holland, pp.2145-2220.

Rifkin, Jeremy [2014], *The Zero Marginal Cost Society: The Internet of Things, the Collaborative Commons, and the Eclipse of Capitalism*. St. Martins Press (柴田裕之訳 [2015], 『限界費用ゼロ社会:〈モノのインターネット〉と共有型経済の台頭』NHK出版).

Riordan, M. H. [2008], Competitive Effects of Vertical Integration. In Buccirossi, Paolo (ed.) [2008] *Handbook of Antitrust Economics*, MIT Press.

Rochet, Jean-Charles & Jean Tirole [2002], Cooperation Among Competitors: Some Economics of Payment Card Associations. *Rand Journal of Economics, 33* (4), 549-570.

Rochet, Jean-Charles & Jean Tirole [2003], Platform competition in Two-sided Markets. *Journal of the European Economic Association, 1* (4), 990-1029.

Rochet, Jean-Charles & Jean Tirole [2004], *Two-Sided Markets: An Overview*. mimeo, IDEI, Toulouse.

Rochet, Jean-Charles & Jean Tirole [2006], Two-sided markets: a progress report. *Rand Journal of Economics, 37* (3), 645-667.

Smart Insights [2016], *Global social media research summary 2016*. (http://www.smartinsights.com/social-media-marketing/social-media-strategy/new-global-social-media-research/)

Statista [2016], *Worldwide desktop market share of leading search engines from January 2010 to January 2016* (http://www.statista.com/statistics/216573/worldwide-market-share-of-search-engines/).

TeleGeography [2014], *IP Transit Forecast Service*, (https://www.telegeography.com/research-services/ip-transit-forecast-service/ 2015年12月20日閲覧).

TeleGeography [2015a], *IP Transit Forecast Service* (https://www.telegeography.com/research-services/ip-transit-forecast-service/index.html 2015年12月20日閲覧).

TeleGeography [2015b], *IP transit price and peering trends yield regional revenue divide, 9 July 2015* (https://www.telegeography.com/products/commsupdate/articles/2015/07/09/ip-transit-price-and-peering-trends-yield-regional-revenue-divide/ 2015年12月20日閲覧).

Tirole, J. [1988], *The Theory of Industrial Organization*, MIT Press.

Victor Mayer-Schönberger (2009), *delete*: The Viture of Forgetting in the Digital Age, Princeton University Press.

Victor Mayer-Schönberger & Kenneth Cukier [2013], *Big Data*: A Revolution that will transform How We Live, Houghton Mifflin Harcourt (斉藤栄一郎訳 [2013], 『ビッグデータの正体:情報の産業革命が世界のすべてを変える』講談社).

Waverman, Leonard [2006], The challenges of a digital world and the need for a new regulatory paradigm. In Richards, Ed., Robin Foster & Tom Kiedrowski (eds) [2006] *Communications: The Next Decade*, Ofcom.

Weller, D. & B. Woodcock [2013], Internet Traffic Exchange: Market Developments and

Policy Challenge. OECD Digital Economy Papers, No. 207, OECD Publishing（http://www.oeced-ilibrary.org/docserver/download/5k918gpt130q.pdf?expires=1469411170&id=id&accname=guest&checksum=10440D4D76299A0F4FC8118C54F7F5A7）.

Werbach, Kevin [2009], The Centripetal Network: How the Internet Holds Itself Together and the Forces Tearing It Apart. *US Davis Law Review, 42*, 343.

White House [2012], *Consumer Data Privacy in a Networked World: A Framework for Protecting Privacy and Promoting Innovation in the Global Digital Economy*（http://www.whitehouse.gov/sites/default/files/email-files/privacy_white_paper.pdf）.

White House [2014]〕, Big Data: Seizing Opportunities（https://www.whitehouse.gov/sites/default/files/docs/big_data_privacy_report_may_1_2014.pdf）.

WIK [2010], *Study on the Options for Addressing Competition Problems in the EU Roaming Market: Study for the European Commission*. WIK-Consult Final Study Report: Study for European Commission.

Williamson, O.E. [1975], *Markets and Hierarchies: Analysis and Antitrust Implications*, Free Press.

Williamson, O.E. [1985], *The Economic Institutions of Capitalism*, Free Press.

【和文文献】

KDDI [2005]，『EV-DO Rev.A の導入と次世代通信インフラ「ウルトラ3G」構想について』，2005年6月15日付け報道発表資料（http://www.kddi.com/corporate/news_release/2005/0615/index.html）。

KDDI [2016a]，『「スーパーカケホ」に1GBのデータ定額サービス登場』2016年2月1日付け報道資料（http://news.kddi.com/kddi/corporate/newsrelease/2016/02/01/1570.html）。

KDDI [2016b]，『「新2年契約」の料金プランの提供等について』2016年3月17日付け報道資料（http://news.kddi.com/kddi/corporate/newsrelease/2016/03/17/1683.html）。

NTT [2004]，『NTTグループ中期経営戦略』2004年11月10日付け報道発表資料（http://www.ntt.co.jp/news/pdf/2004/041110d.pdf）。

NTT [2005]，『NTTグループ中期経営戦略の推進について』2005年11月9日付け報道発表資料（http://www.ntt.co.jp/news/news05/0511phqg/051109.html）。

NTT [2006]，『次世代ネットワークのフィールドトライアルの実施について』2006年3月31日付け報道発表資料（http://www.ntt.co.jp/news/news06/0603/060331.html）。

NTT [2007]，『次世代ネットワークを利用した商用サービスに関する活用業務の認可申請等について』2007年10月25日付け報道発表資料（http://www.ntt-east.co.jp/release/0710/071025b.html）。

NTT [2014]，『"光コラボレーションモデル" 新たな価値創造への貢献』2014年5月13日付けプレゼンテーション資料（http://www.ntt.co.jp/ir/library/presentation/2014/140513_2.pdf）。

NTTドコモ [2015]，『「NOTTV」サービスの終了について』2015年11月27日付け報道発

表資料（https://www.nttdocomo.co.jp/info/news_release/2015/11/27_00.html）。
NTT ドコモ［2016a］,『「カケホーダイ＆パケあえる」に「シェアパック 5」を追加』2016年 1 月29日付け報道資料（https://www.nttdocomo.co.jp/info/news_release/2016/01/29_00.html）。
NTT ドコモ［2016b］,『アナリスト向け説明会 質疑応答（2016年 3 月期 第 3 四半期決算説明会）』（https://www.nttdocomo.co.jp/corporate/ir/library/presentation/160129_qa/index.html）。
NTT ドコモ［2016c］,『2 年定期契約等の解約金がかからない期間を定期契約満了月の翌月と翌々月の 2 か月間に延長』2016年 3 月 7 日付け報道発表資料（https://www.nttdocomo.co.jp/info/notice/page/160307_01_m.html）。
NTT ドコモ［2016d］,『新料金プランを更に充実し、長くご利用のお客さまがよりおトクに――2 年定期契約に選べる 2 つのコースを新設,「ずっとドコモ割」を拡充,「更新ありがとうポイント」を開始――』2016年 4 月14日付け報道資料（https://www.nttdocomo.co.jp/info/news_release/2016/04/14_00.html）。
NTT 東日本［2014］,『活用業務届出書』（http://www.soumu.go.jp/main_content/000329991.pdf）。
NTT 東日本［2015］,『「光コラボレーションモデル」の提供開始について』2015年 1 月22日付け報道資料（http://www.ntt-east.co.jp/info/detail/150122_01.html）。
あきみち・空閑洋平［2011］,『インターネットのカタチ：もろさが織り成す粘り強い世界』オーム社。
朝日新聞［2009］,『権力の番組介入監視 日本版 FCC 総務相が構想』2009年10月 6 日付け朝日新聞記事。
朝日新聞［2015］,『携帯料金の軽減 首相が検討指示』2015年 9 月12日付け朝日新聞記事。
朝日新聞［2016］,『総務相,電波停止に言及 公平欠く放送と判断なら』,2016年 2 月 9 日付け朝日新聞記事。
依田高典［2011］,『次世代インターネットの経済学』岩波書店。
植草益［1995］,『日本の産業組織：理論と実証のフロンティア』有斐閣。
植草益［1996］,「インセンティブ規制の理論と政策」『公益事業研究』第48巻第 1 号, 1-8, 105。
内川芳実［1989］,『マスメディア・法政策史研究』有斐閣。
海野敦史［2014a］,「米国におけるネットワークの中立性をめぐる議論とその含意（一）：利用者間の「平等」の観点を中心として」『ICT World Review』June/July 2014, Vol. 7 No. 2, 54-77。
海野敦史［2014b］,「米国におけるネットワークの中立性をめぐる議論とその含意（二・完）：利用者間の「平等」の観点を中心として」『ICT World Review』August/September 2014, Vol. 7 No. 7, 59-81。
海野敦史［2015］,「米国における新オープンインターネット保護規則及びそれを定める命令・決定の様相：ネットワークの中立性を巡る議論の二次的な到達点とその要諦」『ICT World Review』April/May 2015, Vol. 8 No. 1, 41-73。

小田切宏之 [2000],『企業経済学』東洋経済新報社.
小田切宏之 [2001],『新しい産業組織論：理論・実証・政策』有斐閣.
鬼木甫 [2011],「周波数再編成（利用・移転）のエコノミクス：オークションの考え方を取り入れた移行コスト負担制度」『InfoCom Review』第55号，13-31.
鬼木甫 [2012],「周波数再編成（利用・移転）のエコノミクスⅡ（前編）：新システム（EMM）による再編成加速の提案」『InfoCom Review』第58号，20-44.
鬼木甫 [2013],「周波数再編成（利用・移転）のエコノミクスⅡ（後編）：新システム（EMM）による再編成加速の提案」『InfoCom Review』第59号，2-24.
鬼木甫 [2015],「周波数オークションの携帯産業の成長（前編）：海外諸国のオークション導入」『InfoCom Review』第65号，2-27.
鬼木甫 [2016],「周波数オークションの携帯産業の成長（後編）：海外諸国のオークション導入」『InfoCom Review』第66号，2-29.
閣議決定 [2013],『日本再興戦略』(http://www.kantei.go.jp/jp/singi/keizaisaisei/pdf/saikou_jpn.pdf).
神野新 [2009],「米国通信事業者の大型合併審査の変遷と課題：効率性と公共の利益のバランス」『情報通信学会誌』第90号.
神野新 [2010],「グローバルな視点から見たネットワークの中立性の議論の本質と米国の特殊性の検証」『InfoCom Review』第50号，2-16.
河内孝 [2007],『新聞社：破綻したビジネスモデル』新潮社.
韓永學 [2009],「放送・通信規制機関の再編に関する一考察：韓国の放送通信委員会の設立と日本への示唆」『情報通信学会誌』第90号，11-23.
経済財政諮問会議 [2006],『経済財政運営と構造改革に関する基本方針2006』(http://www5.cao.go.jp/keizai-shimon/cabinet/2006/decision060707.pdf).
高度情報通信ネットワーク社会推進戦略本部 [2013],『パーソナルデータの利活用に関する制度見直し方針』(http://www.kantei.go.jp/jp/singi/it2/kettei/pdf/dec131220-1.pdf).
国民生活センター [2006],『海外で利用できる携帯電話のトラブル：国際ローミングサービスを中心に』.
国民生活センター [2011],『急増するスマートフォンのトラブル』.
境真良 [2010],『Kindle ショック：インタークラウド時代の夜明け』ソフトバンク新書.
実積寿也 [2013],『ネットワーク中立性の経済学：通信品質をめぐる分析』勁草書房.
情報通信総合研究所 [2012],『情報通信アウトルック2013：ビッグデータが社会を変える』NTT出版.
新保史生 [2012],『グーグルの個人情報指針を考える（下）：統一的な国の窓口を設けよ』2012年4月12日付け日本経済新聞経済教室記事.
総務省 [2002],『MVNOに係る電気通信事業法及び電波法の適用関係に関するガイドライン』2002年6月11日 (http://www.soumu.go.jp/s-news/2002/020611_2.html).
総務省 [2003],『電気通信事業法及び日本電信電話株式会社等に関する法律の一部を改正する法律案の概要』2003年3月17日.
総務省編 [2004],『平成16年版情報通信白書』ぎょうせい.
総務省 [2006a],『通信・放送の在り方に関する懇談会 報告書』2006年6月6日 (http://

www.soumu.go.jp/joho_tsusin/policyreports/chousa/tsushin_hosou/pdf/060606_saisyuu. pdf）。

総務省［2006b］,『通信・放送の在り方に関する政府与党合意』2006年 6 月20日（http:// www.soumu.go.jp/joho_tsusin/policyreports/chousa/tsushin_hosou/pdf/060623_1.pdf）。

総務省［2006c］,『通信・放送分野の改革に関する工程プログラム』平成18年 9 月 1 日付け報道資料（http://www.soumu.go.jp/pdf/060901_2.pdf）。

総務省［2006d］,『IP 化の進展に対応した競争ルールの在り方について：新競争促進プログラム2010』2006年 9 月15日, IP 化の進展に対応した競争ルールの在り方に関する懇談会報告書（http://www.soumu.go.jp/s-news/2006/060915_5.html）。

総務省［2006e］,『新競争促進プログラム2010』平成18年 9 月19日付け報道資料（http:// www.soumu.go.jp/s-news/2006/pdf/060919_4_1.pdf）。

総務省［2007a］,『MVNO に係る電気通信事業法及び電波法の適用関係に関するガイドライン』2007年 2 月改定（http://warp.da.ndl.go.jp/info:ndljp/pid/3193264/www.soumu. go.jp/menu_news/s-news/2007/070213_1.html）。

総務省［2007b］,『通信・放送の総合的な法体系に関する研究会　中間とりまとめ』平成19年 6 月19日（http://www.soumu.go.jp/s-news/2007/070619_3.html）。

総務省［2007c］,『ブロードバンドサービスの契約数等（平成19年 6 月末）』2007年 9 月18日付け報道資料（http://www.soumu.go.jp/s-news/2007/070918_4.html）。

総務省［2007d］,『地上デジタル放送の利活用の在り方と普及に向けて行政の果たすべき役割』2007年 8 月 2 日付け情報通信審議会第 4 次中間答申（http://www.soumu.go.jp/s-news/2007/pdf/070802_5_bt2.pdf）。

総務省［2007e］,『モバイルビジネス活性化プラン（平成19年 9 月21日）』（http://www8. cao.go.jp/kisei-kaikaku/minutes/wg/2007/1010/item_071010_02.pdf）。

総務省［2007f］,『新競争促進プログラム2010（2007年10月23日改定）』（http://www.gov-book.or.jp/contents/pdf/official/292_1.pdf）。

総務省［2007g］,『次世代ネットワークに係る接続ルールの在り方について　情報通信審議会への諮問』2007年10月26日付け報道資料（http://www.soumu.go.jp/s-news/2007/071026_9.html）。

総務省［2007h］,『通信・放送の総合的な法体系に関する研究会報告書』平成19年12月 6 日（http://www.soumu.go.jp/main_sosiki/joho_tsusin/policyreports/chousa/tsushin_houseikikaku/pdf/071206_4.pdf）。

総務省［2008a］,『NTT 東日本及び NTT 西日本の提供する次世代ネットワーク等を利用したサービスに係る認可方針（案）』。

総務省［2008b］,『MVNO に係る電気通信事業法及び電波法の適用関係に関するガイドライン（再改定）』（http://www.soumu.go.jp/menu_news/s-news/2002/pdf/070221_1. pdf）。

総務省［2009a］,『新競争促進プログラム2010（平成21年 6 月26日再改定）』（http:// www.soumu.go.jp/main_content/000028587.pdf）。

総務省［2009b］,『通信・放送の総合的な法体系の在り方（答申）』平成21年 8 月26日（http://www.soumu.go.jp/main_content/000035773.pdf）。

総務省［2009c］,『電気通信市場の環境変化に対応した接続ルールの在り方について（答申）』平成21年10月16日，情報通信審議会答申（http://www.soumu.go.jp/main_content/000041213.pdf）。

総務省［2009d］,『「グローバル時代におけるICT政策に関するタスクフォース」の発足』平成21年10月23日付け報道資料（http://www.soumu.go.jp/menu_news/s-news/20305_1.html）。

総務省［2010a］,『放送法等の改正案の概要』（http://www.soumu.go.jp/main_content/000085295.pdf）。

総務省［2010b］,『第二種指定電気通信設備制度の運用に関するガイドライン』（http://www.soumu.go.jp/main_content/000060188.pdf）。

総務省［2010c］,『「光の道」構想実現に向けて：基本的方向性（案）』（http://www.soumu.go.jp/main_content/000065889.pdf）。

総務省［2010d］,『「光の道」WGの設置について（案）』（http://www.soumu.go.jp/main_content/000074780.pdf）。

総務省［2010e］,『「光の道」構想に関する基本方針について』（http://www.soumu.go.jp/main_content/000094806.pdf）。

総務省［2010f］,『「光の道」構想実現に向けた工程表』（http://www.soumu.go.jp/main_content/000096345.pdf）。

総務省［2010g］,『SIMロック解除に関するガイドライン』（http://www.soumu.go.jp/main_content/000072467.pdf）。

総務省［2011a］,『周波数オークションに関する懇談会 報告書』（http://www.soumu.go.jp/main_content/000146432.pdf）。

総務省［2011b］,『ブロードバンド普及促進のための環境整備の在り方（平成23年12月20日情報通信審議会答申）』（http://www.soumu.go.jp/main_content/000140178.pdf）。

総務省［2011c］『平成23年度以降の加入光ファイバーに係る接続料の改定に関して講ずべき措置について（要請）』（http://www.soumu.go.jp/main_content/000123132.pdf）。

総務省［2012a］,『グーグル株式会社に対する通知』（http://www.soumu.go.jp/menu_kyotsuu/important/kinkyu02_000117.html）。

総務省［2012b］,『電気通信事業分野における競争状況の評価に関する基本方針（2012年2月）』（http://www.soumu.go.jp/main_content/000180189.pdf）。

総務省［2012c］『電気通信事業分野における競争の促進に関する指針』（http://www.soumu.go.jp/main_content/000157521.pdf）。

総務省［2012d］,『平成24年版情報通信白書』（http://www.soumu.go.jp/johotsusintokei/whitepaper/ja/h24/pdf/index.html）。

総務省［2013a］,『メタル回線のコストの在り方に関する検討会（報告書）』（http://www.soumu.go.jp/main_content/000226433.pdf）。

総務省［2013b］,『モバイル接続料算定に係る研究会報告書』（モバイル接続料算定に係る研究会）（http://www.soumu.go.jp/main_content/000238119.pdf）。

総務省［2013c］,『第二種指定電気通信設備制度の運用に係るガイドライン（平成25年8月改正）』（http://www.soumu.go.jp/main_content/000247259.pdf）。

総務省［2013d］,「スマートフォン安心安全強化戦略」の公表（http://www.soumu.go.jp/menu_news/s-news/01kiban08_02000122.html）。

総務省［2013e］,『CS適正化イニシアティブ～スマートフォン時代の電気通信サービスの適正な提供を通じた消費者保護』（http://www.soumu.go.jp/main_content/000236367.pdf）。

総務省［2013f］,『MVNOに係る電気通信事業法及び電波法の適用関係に関するガイドライン（平成25年9月最終改定）』（http://www.soumu.go.jp/main_content/000313729.pdf）。

総務省［2014a］,『第二種指定電気通信設備制度の運用に関するガイドライン』（http://www.soumu.go.jp/main_content/000278606.pdf）。

総務省［2014b］,『2020年代に向けた情報通信政策の在り方—世界最高レベルの情報通信基盤の更なる普及・発展に向けて—中間整理』2020-ICT基盤政策特別部会（http://www.soumu.go.jp/main_content/000309527.pdf）。

総務省［2014c］,『ICTサービス安心・安全研究会 報告書 ～消費者保護ルールの見直し・充実～：～通信サービスの料金その他の提供条件の在り方等～』（http://www.soumu.go.jp/main_content/000326524.pdf）。

総務省［2014d］,『2020年代に向けた情報通信政策の在り方：世界最高レベルの情報通信基盤の更なる普及・発展に向けて（平成26年2月3日付け諮問第21号） 情報通信審議会答申、平成26年12月18日』（http://www.soumu.go.jp/main_content/000337511.pdf）。

総務省［2014e］,『SIMロック解除に関するガイドライン』（平成26年12月改正）（http://www.soumu.go.jp/main_content/000330409.pdf）。

総務省［2014f］,『2020年代に向けた情報通信政策の在り方：世界最高レベルの情報通信基盤の更なる普及・発展に向けて』2014年12月18日付け情報通信審議会答申（http://www.soumu.go.jp/main_content/000337511.pdf）。

総務省［2015a］,『NTT東西のFTTHアクセスサービス等の卸電気通信役務に係る電気通信事業法の適用に関するガイドライン（案）』（http://www.soumu.go.jp/main_content/000334522.pdf）。

総務省［2015b］,『NTT東西のFTTHアクセスサービス等の卸電気通信役務に係る電気通信事業法の適用に関するガイドライン』（http://www.soumu.go.jp/main_content/000344818.pdf）。

総務省［2015c］,『MVNOサービスの利用動向等に関するデータの公表（平成26年12月末時点）』（http://www.soumu.go.jp/menu_news/s-news/01kiban02_02000151.html）。

総務省［2015d］,『「期間拘束・自動更新付契約」に係る論点とその解決に向けた方向性』ICTサービス安心・安全研究会利用者視点からのサービス検証タスクフォース報告書（http://www.soumu.go.jp/main_content/000368928.pdf）。

総務省［2015e］,『電気通信事業法等の一部を改正する法律の施行等に伴う電気通信事業の利用者保護に関する省令等の整備案についての意見募集』（http://www.soumu.go.jp/menu_news/s-news/01kiban08_02000194.html）。

総務省［2015f］,『スマートフォンの料金負担の軽減及び端末販売の適正化に関する取組方針（平成27年12月18日）』（http://www.soumu.go.jp/main_content/000390880.pdf）。

総務省［2015g］,『スマートフォンの料金及び端末販売に関して講ずべき措置について（要請）（平成27年12月18日）』(http://www.soumu.go.jp/main_content/000390881.pdf)．

総務省［2016a］,『スマートフォンの端末購入補助の適正化に関するガイドライン（案）』(http://www.soumu.go.jp/main_content/000397171.pdf)．

総務省［2016b］,『電気通信事業報告規則（昭和六十三年郵政省令第四十六号）改正案』(http://www.soumu.go.jp/main_content/000397173.pdf)．

総務省［2016c］,『電気通信事業法の消費者保護ルールに関するガイドライン（案）』(http://www.soumu.go.jp/main_content/000394215.pdf)．

総務省［2016d］,『電気通信事業法等の一部を改正する法律の施行等に伴う関係省令等の整備案について』(http://www.soumu.go.jp/main_content/000395924.pdf)．

総務省［2016e］,『電気通信事業法等の一部を改正する法律の施行等に伴う電気通信事業の利用者保護に関する省令等の整備案に係る意見募集の結果及び情報通信行政・郵政行政審議会からの答申』(http://www.soumu.go.jp/menu_news/s-news/01kiban08_02000201.html)．

総務省［2016f］,『スマートフォンの端末購入補助の適正化に関するガイドライン』(http://www.soumu.go.jp/main_content/000405062.pdf)．

総務省［2016g］,『「スマートフォンの端末購入補助の適正化に関するガイドライン（案）」等に対する意見及び総務省の考え方』(http://www.soumu.go.jp/main_content/000405061.pdf)．

総務省［2016h］,『「スマートフォンの端末購入補助の適正化に関するガイドライン」に沿った端末購入補助の適正化について（要請）』(http://www.soumu.go.jp/menu_news/s-news/02kiban03_03000266.html)．

ソフトバンク［2016a］,『SoftBank，1GBのデータ定額パックを導入』2016年1月7日付け報道資料，(http://www.softbank.jp/corp/group/sbm/news/press/2016/20160107_02/)．

ソフトバンク［2016b］,『3年目以降，契約解除料のかからない新料金プランを提供，さらに現行料金プランの契約更新期間を延長』，2016年3月16日付け報道資料（http://www.softbank.jp/corp/group/sbm/news/press/2016/20160316_01/)．

玉井克哉［2012］,『グーグルの個人情報指針を考える（上）：ルール逸脱防ぐ枠組みを』2012年4月11日付け日本経済新聞経済教室記事．

田村真人［2010］,『電子書籍元年：ipad＆キンドルで本と出版業界は激変するか』，インプレスジャパン．

電気通信事業者協会［2006］,『携帯電話における国際ローミングサービスのトラブルおよびその対応』．

電気通信事業者協会［2007］,『携帯電話の国際ローミングサービスのトラブルに関する取組み』．

電気通信法制研究会［1987］,『逐条解説　電気通信事業法』第一法規出版．

電通［2016］,『2015年　日本の広告費』，(http://www.dentsu.co.jp/news/release/2016/0223-008678.html)．

西田宗千佳［2010］,『iPad vs. キンドル：日本を巻き込む電子書籍戦争の舞台裏』エン

ターブレイン。
日本経済新聞［2007］,『マスターカード　EU，巨額制裁金を警告，手数料の設定「独禁法違反」』2007年12月20日付け夕刊。
日本経済新聞［2012a］,「総務省，ヤフー新広告を調査へ」2012年6月27日付け記事。
日本経済新聞［2012b］,「ヤフー　19日からメール連動広告」2012年9月16日付け記事。
日本経済新聞［2013］,「『スイカ』データ外部販売　JR東，希望者は除外」2013年7月26日付け記事。
日本経済新聞［2014］,「JR東，法整備まで見送り」2013年3月21日付け記事。
日刊工業新聞［1984］,「実践VAN」『NK－MOOK』第26号。
日経BP［2008］,「新年特集　2008年日本の通信」『日経コミュニケーション』第501号（2008年1月1日）。
日本テレコム［2005］,『日本テレコム，次世代ICTプラットフォームサービス構想を発表　第一弾サービスとして「ULTINA On Demand Platform」KeyPlatを提供開始：次世代ユビキタスネットワーキングとコンテンツ・アプリケーションの統合化へ』2005年12月2日付け報道発表資料（http://www.japan-telecom.co.jp/release/2005/dec/1202/index.html）。
八田恵子［2016］,「EU内『ローミング料金ゼロ』へ向け新規制が施行される」,『Info-Com T&S World Trend Report』, 2016年1月号（通巻321号）。
林紘一郎［2002］,「インターネットと非規制政策」, 林紘一郎・池田信夫編著『ブロードバンド時代の制度設計』東洋経済新報社。
林紘一郎・湯川抗・田川義博［2006］,『進化するネットワーキング：情報経済の理論と展開』NTT出版。
福家秀紀［1983a］,「データ通信利用規程の改正について」『日本データ通信』第23号, 23-33。
福家秀紀［1983b］,「新しいデータ通信回線利用制度の概要」『金融法務事情』第1016号, 6-15。
福家秀紀［2000］,『情報通信産業の構造と規制緩和：日米英比較研究』NTT出版。
福家秀紀［2002］,「インターネットと相互接続・アンバンドリング」, 林紘一郎・池田信夫編著［2002］『ブロードバンド時代の制度設計』東洋経済新報社, pp.101-128。
福家秀紀［2007］,『ブロードバンド時代の情報通信政策』NTT出版。
福家秀紀［2014］,「回線開放の歴史的意義：ビッグデータと通信の秘密の視点から」『Journal of Global Media Studies』Vol.13, 59-73。
藤野克［2012］,『インターネットに自由はあるか：米国ICT政策からの警鐘』中央経済社。
牧野二郎［2010］,『Google問題の核心：開かれた検索システムのために』岩波書店。
宮澤健夫［1982］,「データ通信回線利用の自由化の意義と今後の課題」『電気通信業務』第392号, 5-7。
民主党［2003］,『通信・放送委員会設置法案』（http://dpjweb.net24.ne.jp/seisaku/kan0312/soumu/BOX_SOM00004.html）。
民主党［2009］,『民主党政策集 INDEX2009』（http://www.dpj.or.jp/policy/manifesto/

seisaku2009/img/INDEX2009.pdf）。
村田伊和夫・吉野光治・森本吉彦・福家秀紀［1982］,「データ通信利用回線制度の概要」『電気通信業務』第392号, 8-33。
郵政省電気通信政策局監修・日本データ通信協会編［1983］,『データ通信：新制度詳解』日本データ通信協会。
郵政省電気通信政策局データ通信課編［1983］,「データ通信関係法令早わかり」『エレクトロニクス』別冊, オーム社。

あとがき

　情報通信分野は，日々刻々変化している。クラウド・コンピューティングやビッグデータが喧伝されたかと思えば，今やIoTという言葉を目にしない日は，1日としてないという状況である。筆者は，この変化の中でわが国の情報通信産業が国際競争力を失う一方で，行き過ぎた規制緩和が消費者の利益を損なっているのでないか，という問題意識を抱いてきた。その危機感は，本稿を脱稿した現在でも変わるどころか，強くなってきている。

　世界最速・最安値を誇るブロードバンドの活用は十分に進んでいない。また携帯電話においても，かつてはi-mode等インターネット利用で先行したかに見えたがスマートフォンでは大きく立ち遅れた。ブロードバンド，スマートフォンを利用したビジネスにおいては，グーグル，アマゾン，アップル，フェイスブック等の米国IT企業に席巻されている。若者を中心としてその利用が爆発的に拡大したLINEも，もとはと言えば，韓国資本である。

　IoT時代においては，本書で強調してきたように，情報通信産業の主役が，従来の物理的なネットワークから，コンテンツ，プラットフォームに移ってきている。情報通信政策も，この変化に対応して，旧来の物理的なネットワーク分野における支配的な事業者としてのNTTに対する規制から，コンテンツ，プラットフォームの分野における市場の失敗にいかに対応するかに重点が置かれねばならない。

　この点から見ると，グーグルの検索サービスや携帯電話向けのOSであるAndroidの市場支配力に着目して問題提起しているEUの事例に学ぶ必要があろう。米国企業であるからと言って，必要な規制から尻込みしてはならない。また，わが国携帯電話市場の寡占化傾向は強まり，規制が撤廃されたその料金は高止まりしている。2015年9月の安倍首相の指示を受けて，総務省は消費者保護の強化に取り組んだものの，端末販売の正常化，長期契約の見直し等，法的な根拠もその内容も曖昧な行政指導にとどまり，本書執筆の時

点では顕著な成果を上げているとは言えないのが現状である。

　裁量的な行政指導に依存した規制から脱皮して，規制機関の第三者機関化を含めた規制の透明化を図ることこそが，わが国の国際競争力の強化，消費者の視点に立った情報通信行政につながることを強調して，本書のまとめとしたい。

　最後に，本書をまとめるに当たっては，多くの方から研究会の場等で貴重なアドバイスを頂いた。中でも，情報セキュリティ大学院大学の林紘一郎教授からは，多面的な分析の視点を与えて頂き，㈱情報通信総合研究所の神野新主席研究員からは，欧米の情報通信市場の動向について，様々な情報提供を頂いた。筆者の同僚である駒澤大学グローバル・メディア・スタディーズ学部の西岡洋子教授，絹川真哉准教授からも有益なコメントを頂いた。また，株式会社白桃書房の平千枝子氏には，出版の機会を与えてくださるとともに，執筆の過程で適切なアドバイスを頂いた。さらに，駒澤大学において，秘書業務を担当してくださった菊池陽子さんからは，資料の収集，図表の作成，原稿のチェック等で大変お世話になった。お世話になった方全てのお名前を挙げることは，紙面の都合上できないが，心より感謝の意を表したい。

　また，本書の出版に当たっては，筆者の所属する駒澤大学から，2016年度特別出版助成を頂いた。ここに記して，謝辞としたい。

2016年8月

福家　秀紀

事項索引

あ行

愛国者法（USA PATRIOT Act of 2001）　202
アイピーモバイル　39
アクセス　61, 73
アクセス回線　73
アクセスの同等性　62
アクセス網のオープン化　31
アップル　i, 17, 18, 21-23, 197, 209
アドセンス（AdSense）　19, 171, 189, 195, 199
アドワーズ（AdWords）　18, 195
アプリケーションソフト　100
アマゾン　ii, 17, 18, 20, 23
アマゾンビデオ　20
アマゾンプライム　21
アマゾンミュージック　20
アンバンドリング　46, 67-69, 74, 76, 78, 116, 119, 125, 126, 143
アンバンドル　166
暗黙の協調　ii, 43, 44, 47, 53, 144, 149
イー・アクセス　40, 42
一種事業　186
行って帰って来い　175
イー・モバイル　12, 14, 39, 40, 110
違約金　132, 133, 146, 149
インターネット　1, 6, 73, 83, 99, 153-156, 168, 171, 184, 185, 187, 191, 192, 202, 205, 209, 223, 224, 226, 228
インターネット放送の区別　52
ウィルコム　41
ウルグアイラウンド　88
英国　59, 62, 63, 70, 84, 90
エッジプロバイダー　164, 166-168
エッセンシャル・ファシリティ（不可欠設備）　154, 156, 170, 231
沖縄セルラー　38
オークション　25, 31, 39, 40, 44, 87
オプトアウト（Opt Out）　194, 196, 198, 201, 204, 205
オプトイン（Opt In）　194, 199, 201, 204, 205
オープンインターネット規則　163
卸売　77
卸売サービス　108
卸売市場　111
卸売料金　103, 104, 111, 113, 114, 116, 117, 122-125

卸電気通信役務　34, 36, 44
音声収入　12
音声通話　103
オンライン情報処理　173
オンラインショッピング　197

か行

海外パケ・ホーダイ　101, 107, 126
海外プラスナンバー　120
会計検査院　97
会計分離　59
外資規制　89
改正個人情報保護法　204, 205
回線開放　iii, 187, 191, 192
ガイドライン　35, 37, 48, 142
外部性　211-213, 226, 230
価格差別　57, 78
価格の配分（Price Allocation）　217
確認措置　141
カケホーダイ＆パケあえる　134
寡占　110, 121, 127, 144, 149
活用業務　32, 33
加入者回線（銅線）　73
加入電信回線　173
加入電信網　172
加入電話回線　173
加入電話網　172
加入の外部性　216, 220
管轄権　85, 123
関係特殊投資　57
間接的な外部性　215, 216, 222, 229
間接的なネットワークの外部性　222
管路　78
機会主義（Opportunism）　77, 78
規制緩和　25, 94, 100, 121, 127, 137, 149, 150, 188, 249
規制緩和政策　151
規制の非対称性　67
機能分離　30, 31, 59, 62, 63, 71, 72, 78
基本サービス　184
基本電気通信の自由化　89
キャッシュサーバー　161
キャッシュバック　135, 140, 143
キャッシング　165, 166
行政指導　129, 140, 142, 144, 149, 200
競争事業者のコストの引き上げ　56
競争政策委員会　33

251

競争導入　　172, 182, 185, 187, 188, 192
競争法　　91, 222
共同使用　　174-176, 179, 182
共同専用　　179
業務改善命令　　35, 143, 148, 149
業務範囲規制　　32
キンドル　　20
グーグル　　i, 17-19, 23, 161, 162, 167, 170, 171, 189, 190-192, 195, 202, 206, 209, 228, 249
クラウド　　21
クラウド・コンピューティング　　25, 193, 205, 249
クリティカル・マス　　213
クリームスキミング　　175, 177
クーリングオフ　　iii, 137, 141, 142
クレジットカード　　211-213, 215, 220, 225, 226
グローバル時代におけるICT政策に関するタスクフォース　　30, 96
経営形態　　31
経験財　　iii, 137
経済財政運営と構造改革に関する基本方針2006　　27
経済産業省　　191, 199
携帯電話　　1, 25, 26, 94, 99, 136-138, 151, 169
携帯電話（LTE）　　74
携帯電話事業者　　103
携帯電話の料金その他の提供条件に関するタスクフォース　　143
携帯電話向けのマルチメディア放送　　41
契約約款　　94, 188
経路依存性　　172, 191, 192
ケーブルTV　　66, 70, 72
ケーブルTV事業者　　15, 62, 68, 168, 170
ケーブルモデム　　8, 66-68, 72, 74, 76
検閲の禁止　　186-189
限界費用　　209, 211, 217, 222, 226, 229
限界費用価格形成原理　　217, 222, 225, 230
検索　　18, 180, 186, 190, 195, 196, 202, 249
限定合理性（Bounded Rationality）　　77
検討対象市場　　112, 113
検討対象市場に関する勧告　　112
憲法　　97, 195
行為規制　　55, 57, 59, 60, 70, 72, 75, 78
公益事業　　166
広告　　22
広告収入　　18, 19, 195, 198, 202
公衆通信回線　　173, 174, 181
公衆電気通信法（公衆法）　　172, 178, 179, 181, 184, 185
公衆電気通信法第55条の13第2項の場合等を定める臨時暫定措置に関する省令　　182
公衆法施行規則　　175
公正競争　　27, 33, 60, 83
公正取引委員会　　98
公―専　　188
公―専―公　　188
構造分離　　ii, 30, 55-57, 59, 60, 63, 68, 70, 72, 73, 75, 76, 78, 79
行動ターゲティング広告　　23, 189, 195, 196, 199, 201, 205
公―特―公　　177, 181
高度サービス　　184
購入履歴　　197
小売　　77
小売サービス　　108
小売料金　　101, 103, 111, 113, 114, 122, 123
互換性　　57
国際通話料金　　101
国際ローミング　　i, 20, 99-113, 115-125, 127
国民生活センター　　99, 100, 102, 121, 122, 130
個人情報　　ii, iii, 171, 189, 191-201, 203-207
個人情報保護委員会　　204
個人情報保護法　　199, 203, 206
個人データ　　200, 202-206
国家行政組織法　　97
固定費　　110
個別認可　　176
コロケーション　　63, 72, 78, 223
コンテンツ　　83, 87, 95, 168, 170, 197, 209, 211, 213, 225, 226, 228, 229, 249
コンテンツ規制　　50, 52, 82, 88
コンテンツ・サーバー　　157
コンテンツ事業者　　162
コンテンツプロバイダー　　161, 166, 167
コンピューター調査　　183, 187

さ行

最恵国（MFN：Most Favored Nation）　　89
最低契約期間（長期契約）　　131
サーバー　　190, 191, 193, 199
サービス卸　　33, 34, 36
サービス競争　　35
サービスベースの競争　　48, 79
サービス貿易　　89
産業振興　　90, 97
参照文書（Reference Paper）　　89
参入規制　　188
シカゴ学派　　79, 94
事業者間接続　　44
事業分離　　59
事後規制　　92-95
資産特殊性（Asset Specificity）　　77

自主規制　95
市場原理主義　94
市場支配力　25, 38, 55-57, 63, 68, 75, 82, 83, 156, 159, 162, 169, 222, 229, 249
市場創出型　214
市場の画定　75, 229
事前規制　35, 92-95, 112, 168
視聴者　157
視聴者創出型　215
指定電気通信役務　35
指定電気通信設備　27, 29
市内交換機　73
支配的な事業者規制　15, 168
資本分離　62, 63
集合行為問題　154
周波数　31, 82, 83
周波数オークションに関する懇談会　40
周波数割当　25, 87, 98, 110
守秘契約（NDA：Non-Disclosure Agreement）　154
ジュピターテレコム　66
需要創出型　215
需要の価格弾力性　109, 110
少数性の原則（a Small-Number Condition）　77
使用の外部性　216, 217
消費者プライバシー権利章典　201
消費者保護　iii, 95, 96, 98, 129, 142, 151
消費者保護報告書　129, 139, 140, 141
情報加工機能　165, 166
情報サービス　164, 165, 184
情報処理　166, 182
情報通信審議会　25, 32, 34
情報通信法　50, 95
情報の偏在性（Information Imperfectness）　77
商務省（Department of Commerce）　85
初期契約解除制度　141
初期契約解除ルール　139
自律分散　153, 223
新オープンインターネット規則　163, 165-167
新規参入　58
新競争促進プログラム2010　27, 29, 36
人材的（Human）　77
人事院　97
スイカ（Suica）　194, 198
垂直的な排除行為（Vertical Foreclosure）　58, 59
垂直統合（Vertical Integration）　i, 22, 48, 55-58, 60, 68, 76-79, 95, 108, 110, 168
スイッチングコスト　135, 168
ストリーミング　161, 163

スプリント　6
スマートフォン　i, ii, 1, 4, 9, 11, 20-23, 44, 47, 63, 99, 100, 107, 124, 129, 130, 131, 134, 143, 147, 191, 193, 209, 249
スマートフォン安心安全強化戦略　138
スマートフォン適正化取組方針　143
スマートフォン適正化要請　140, 144
スマートフォンの端末購入補助の適正化に関するガイドライン　147
スマートフォンの料金及び端末販売に関して講ずべき措置について（要請）　140
スマートフォンの料金負担の軽減及び端末販売の適正化に関する取組方針　129, 140
『スマートフォンの料金負担の軽減及び端末販売の適正化に関する取組方針』（総務省［2015f］）の策定及び携帯電話事業者への要請　48
精算料金　102
政治任用　87, 93
青少年インターネット環境整備法　95
政府与党合意　49
積滞　173
セキュリティ　224
接続会計　38
接続機器　173
接続約款　38
接続料　27, 29, 30, 38, 46
設備競争　29, 30, 35
設備ベースの競争　31, 48, 64, 65, 67, 68, 70, 72, 76, 79, 168
セーフガードキャップ　113, 114, 116
ゼロ円　5, 6, 135, 144
ゼロ円端末　48, 82
1996年電気通信法　67, 87, 166, 167
1934年通信法（Communications Act of 1934）　85
1927年無線法（Radio Act of 1927）　85
1984年通信法　90
全国自動即時化　173
専用性（Dedicated Assets）　77
専用線　172
線路敷設基盤　31, 32
相互接続　55, 58, 59, 83, 153, 155, 162, 167, 170, 174, 175
相互接続ポイント　158, 160
相互接続料金　59, 60, 154, 156, 157, 161, 162, 167, 218, 230
相互接続ルール　61
総務省　25-27, 30, 38, 40, 42, 44, 45, 49, 50, 65, 66, 81, 93, 95, 96, 103, 108, 123, 125, 127, 129, 136, 138, 140, 142, 143, 144, 147, 151, 168, 190, 191, 199, 249
ソフトバンク　ii, 4, 5, 11, 12, 14, 15, 34, 38,

39, 41, 42, 63, 64, 72, 110, 133, 148, 149, 169

た行

第一種指定電気通信設備　　31, 36, 37, 63
第一種電気通信事業者　　89
帯域保証　　211
帯域保証型サービス　　224
第一次回線開放　　172, 174, 177, 178
第三者機関　　81, 83, 204, 249
第三者提供　　203
第二次回線開放　　172, 178, 182
第二種指定電気通信設備　　36-38
第二種指定電気通信設備制度の運用に関するガイドライン　　38
第二種指定電気通信設備接続会計規則　　38
ダウンロード　　161
抱き合わせ販売　　57
ダークファイバー　　64, 74, 77
他人使用　　174, 176, 178, 179
他人使用基準　　178
他人の通信の媒介　　178, 181, 186, 192
他人の通信を媒介　　83, 186, 190
タブレット　　20
地域通信会社　　68
地域通信事業者　　62, 70, 72
中小企業 VAN　　178, 182
長期増分費用（LRIC：Long Run Incremental Cost）　　218, 230
長距離通信事業者　　62, 68
直接的な外部性　　216
直接的な内部相互補助　　144
著作権　　52, 224
通商産業省（通産省）　　173, 178, 182
通信　　164
通信処理　　164, 178, 183
通信の秘密　　ii, iii, 23, 83, 171, 186-192, 196, 199, 203, 206, 207
通信・放送の在り方に関する懇談会　報告書　　27, 49, 62
通信・放送の在り方に関する政府与党合意　　27
通信・放送の総合的な法体系に関する研究会　　49
「通信・放送の総合的な法体系の在り方」に関する情報通信審議会の答申　　52, 95
通信・放送分野の改革に関する工程プログラム　　27, 49
ティア 1（Tier 1）　　153, 155-159, 162, 170
ティア 2　　155, 157
ティア 3　　157
定額制　　99
デジタルアジェンダ　　112

デジタル化　　61
データ管理者　　202
データ処理　　165, 173, 177-179, 183, 187, 191
データ通信　　99, 102, 103, 105, 107, 171-173, 178, 185, 186, 190-192
データ通信回線サービス　　172
データ通信事業者　　189, 192
データ通信設備サービス　　172
データ通信利用規程　　184
データパック M（標準）　　107
データ保護規則　　200
デフォルト設定（初期設定）　　194
電気通信　　52
電気通信役務利用放送法　　52
電気通信業務　　150
電気通信サービス　　164, 166, 184
電気通信サービス推進協議会　　138
電気通信事業　　150, 171, 185, 186
電気通信事業会計規則　　5, 37
電気通信事業者　　171, 172, 185, 189-191, 195
電気通信事業者協会　　99, 124
電気通信事業法（事業法）　　23, 31, 32, 36-38, 46, 63, 124, 125, 127, 129, 137, 138, 140, 142, 147-149, 151, 171, 185-191, 195, 199
電気通信事業報告規則　　147
電気通信事業法施行規則　　35, 37, 38, 46, 124, 138, 141, 142, 148, 188
電気通信事業法の消費者保護ルールに関するガイドライン　　147
「電気通信市場の環境変化に対応した接続ルールの在り方について」の答申　　38
電気通信情報庁（NTIA：National Telecommunications and Information Administration）　　85
電気通信の戦略的レビュー（Strategic Review of Telecommunications）　　62
電子書籍　　20
電子通信プライバシー法（ECPA：Electronic Communications Privacy Act）　　201
電子メール　　166
電電公社（日本電信電話公社）　　12, 172, 173, 182, 183, 185
電波監理委員会　　96
電波監理審議会　　52
電波法　　40, 81, 83
動画配信　　133, 161, 167
導管（Conduit）　　166
東西 NTT　　ii, 30, 32, 34, 36, 56, 59, 62-66, 72, 129, 133, 138, 168, 169, 209, 223
銅線　　74
透明性　　164
土管（Dum Pipe）　　1, 23

独占禁止法　14
特定卸役務　34
特定商取引に関する法律　137
特定通信回線　173, 174, 178, 179, 181
特別二種事業者　186
匿名化　194, 195, 198, 204
匿名加工情報　204
独立規制委員会　84
独立規制機関　ii, 81, 82, 90, 92, 96-98
独立行政委員会　81, 92, 93
独立行政機関　83
ドーナツ型ピアリング　157
ドミナント規制　30
ドメインネーム　165
トラヒック　156
トランジット（Transit）　iii, 154-158, 162, 167
トランジット料金　159, 160
取引拒絶　56
取引費用　56, 57, 73, 75, 77-79, 217
トリプルプレー　15

な行

内閣府設置法　97
内部相互補助　149-151
二重の限界化（Double Marginalisation）　58
二種事業　186
2003年情報通信フレームワーク　50, 69, 112
2020-ICT基盤政策特別部会　33
2020年代に向けた情報通信政策の在り方　33, 34
2年縛り　iii, 6, 25, 109, 129, 135, 137, 143, 145, 147, 149
2年縛り契約　48, 53, 82
日本再興戦略　203
日本版FCC　81, 82, 92, 93, 96, 98
認定放送持株会社　52
ネットフリックス　161, 167, 198
ネットワーク　73
ネットワーク管理　164
ネットワークの外部性　44, 209, 213
ネットワークの中立性　29, 162, 170

は行

排他的取引　229
パケット　157, 166
パケット交換　185
場所（Site）　77
パスモ（PASMO）　194
パーソナルデータの利活用に関する制度見直し方針　203
バックボーン　158, 161, 163, 169

ハード・ソフト一致の原則　95
ハーバード学派　94
パワードコム　6
番号ポータビリティ（MNP：Mobile Number Portability）　5, 136, 143
バンドリング　57, 135
販売奨励金　5, 25, 37, 48, 140, 143-147, 150, 151
ピアリング（Peering）　iii, 20, 154-159, 161, 162, 167, 170
非価格差別　57, 78
比較審査方式　14, 25, 39, 40, 43, 53
光コラボレーション　33
光の道　30, 33, 56, 62
『光の道』構想実現に向けた工程表　30
『光の道』構想に関する基本方針　30
非対称規制　69, 72, 169
非対称性　191, 192, 205, 207
ビッグデータ　iii, 23, 171, 172, 187, 189, 191-193, 195, 196, 198, 200, 202-204, 206, 249
必需財　110
ビルアンドキープ（Bill & Keep）　154
ファイアーウォール　32, 63
フィルタリング　95
フェイスブック　i, 17, 18, 22
付加価値通信分野　178
不確実性（Uncertainty）　77
複雑性（Complexity）　77
複占　169
附帯業務　150
物理的（Physical）　77
プライス・キャップ　iii, 113, 116, 119, 123, 150, 151
プライス・キャップ規制　114, 138
プライバシ　83, 171, 189, 191-194, 196, 198, 201-203, 205-207, 224
プライバシー・コミッショナー　203
プライバシー保護と越境個人データに関するガイドライン　201
プライバシーポリシー　196
プラットフォーム　iv, 21-23, 209-211, 213-217, 220, 221, 224-231, 249
プロトコル変換　165
ブロードバンド　i, ii, 1, 6, 8, 11, 15, 23, 25, 26, 31, 35, 36, 48, 56, 60, 62, 63, 66, 69, 73, 76, 77, 79, 129-131, 135-139, 151, 153, 193, 209, 223, 249
ブロードバンド普及促進のための環境整備の在り方　32
分割民営化　61
分離子会社　60
米国　i-iv, 1, 8, 15, 18, 23, 25, 55, 58, 60, 62,

255

66, 67, 72, 81, 84, 88, 89, 94, 101, 110, 157, 159, 168, 184, 187, 193, 198, 200-202, 206, 210
ページランク方式　18, 195
ベストエフォート（Best Effort）　131, 133, 137, 223
貿易産業省（Department of Trade & Industry）　91
放送法　52, 81, 95
放送法等の一部を改正する法律案　52
放送倫理・番組向上機構（BPO：Broadcasting Ethics and Program Improvement Organization）　94
ホスティング　157, 163
ボーダフォン　6, 40, 120
ボトルネック　38, 62, 68, 76
ボトルネック設備　31
ホールドアップ（Hold Up）　57, 73, 75, 77, 79
本電話機　173

ま行

マイクロソフト　17, 18
埋没費用（Sunk Cost）　77
マークアップ　111, 113, 116
マージン・スクイーズ（Margin Squeeze）　57, 64, 123
マスメディア集中排除原則　52
マラケシュ（Marrākesh）協定　88
マン・エルキンズ法（Mann-Elkins Act）　85
みどりの窓口　172
民営化　12, 172, 182, 185, 192
民主党　30, 81, 82, 92, 96
無線局の免許　39
無線通信　52
迷惑メール　166
メタル回線のコストの在り方に関する検討会　33
メッセージ交換　173-176, 179, 183
メディア融合　26, 53
目的達成業務　32
持株会社　15, 56, 59, 61
モバイル接続料算定に係る研究会　38
モバイル・ブロードバンド　163
モバイルビジネス活性化プラン　5, 36

や行

約束表（Commitment）　89
ヤフー　18, 189, 190, 199
融合法制　25
有償（Paid）ピアリング　167
郵政省　173, 178, 182, 188

郵政省令　175, 179, 184
有線テレビジョン放送法　52
有線ラジオ放送法　52
ユニバーサルサービス　29, 31, 87, 166

ら行

ライバル企業のコストの引き上げ　57
ラインシェアリング　63, 68, 72, 223
略奪的な価格設定　209, 222, 229
料金規制　83, 147, 166
料金ショック　115
利用者視点を踏まえたICTサービスに係る諸問題に関する研究会　138
利用の外部性　220
ルーティング　154, 159
レイヤー別分離　i, 48, 73, 95
ロックイン　48, 131, 135

わ行

忘れられる権利　200

欧文

ADSL（Asymmetric Digital Subscriber Line）　i, 8
Android　i, 19, 21, 249
AOL　198
App Store　i, 22, 197
ARPU（Average Revenue Per Unit）　4, 11, 121
AS（Autonomous System）　153, 154, 161, 170
AS番号　154
AT&T　55, 59, 60, 68, 87, 168, 169
AWS（Amazon Web Services）　21
BBモバイル　39, 40
BGP（Border Gateway Protocol）　156
BIAS（Broadband Internet Access Service）　iii, 161, 163-170
BT（British Telecommunications）　59, 62, 70, 73, 90
Calling Party Pays System　220
CBS　87
CCITT（Comité Consultif International Télégraphique et Téléphonique：国際電信電話諮問委員会）　178
CDN（Content Delivery Network）　i, iii, 19, 23, 153, 161-163, 167
CIA（Central Intelligence Agency：中央情報局）　202
CLEC（Competitive Local Exchange Carrier）

68
Commitment　78
Contestable　122, 123
CS 適正化イニシアティブ　138

DNS（Domain Name System）　165, 166
DNT（Do Not Track）　201
DSL　63, 64, 67, 68, 70, 72, 76, 78, 223
DT（Deutsche Telekom）　70
Dum Pipe　1, 23

ERG（European Regulatory Group）　71
EU（European Union）　ii, iii, iv, 8, 25, 38, 49, 50, 59, 60, 69-73, 91, 103, 112, 113, 117-119, 122, 123, 125, 126, 129, 199, 200, 201, 206
EU データ保護指令　200

FBI（Federal Bureau of Investigation：連邦捜査局）　202
FCC（Federal Communications Commission）　67, 68, 81, 82, 84, 85, 87, 88, 92, 93, 154, 161-163, 165, 167-169
Free　144
FTTx（Fiber To The x）　i, 8, 9, 33, 62-65, 72, 74, 76-79, 133, 223

GATS（General Agreement on Trade in Services）　89
GATT（General Agreement on Trade and Tariff）　88
Gmail　189, 190, 195, 199, 202
Google アカウント　196
Google ダッシュボード　196

HHI（Herfindahl-Hirschman Index：ハーフィンダール・ハーシュマン指数）　110
Hot Potato Routing（ホットポテトルーティング）　156

ICT（Information and Communication Technology）　12
ICT サービス安心・安全研究会　129, 138, 143
i-mode　1, 226, 249
Information Service（情報サービス）　68, 163
IOT（Inter Operator Tariff）　104, 105, 108, 111, 120, 124, 125
IoT（Internet of Things）　i, ii, 171, 193, 205, 249
iPad　i, 21, 197

iPhone　i, 4, 6, 21, 22, 134, 136, 144, 197
iPod　21
IPv4　75
IPv6　75, 224
IP アドレス　159, 165
IP 化の進展に対応した競争ルールの在り方に関する懇談会　27
IP 再送信　224
IP テレビ　52
IP 電話　1, 9
ISP（Internet Service Provider）　19, 153-157, 159, 161, 162, 168-170, 216, 225, 227-229
IT（Information Technology）　i
ITU（International Telecommunications Union：国際電気通信連合）　178
IT 国家戦略　26

J:COM　6
JR 東日本　194, 198

KDD　89
KDDI　ii, 4-6, 11, 12, 15, 33, 34, 38, 42, 133, 149, 169

Last-mile　167
LATA　61
LINE　1, 9, 11, 120, 191
LLU（Local Loop Unbundling）　69, 72
LTE（Long Term Evolution）　i, 8, 11, 41, 63, 76, 134

MCI　68, 87
MNO（Mobile Network Operator）　44, 48
MSO（Multiple System Operator）　66, 69
multi-homing　227, 228
Multi-Sided Markets　224
MVNO（Mobile Virtual Network Operator）　20, 36, 37, 44, 45, 47, 116, 136, 141, 144, 147, 149
MVNO に係る電気通信事業法及び電波法の適用関係に関するガイドライン　45

NGN（Next Generation Network）　iv, 32, 64, 75, 210, 211, 224, 225, 228-230
NHK　53, 93, 94
NRA（National Regulatory Authority）　112
NSA（National Security Agency：国家安全保障局）　202
NTT　ii, 2, 6, 8, 9, 12, 15, 25, 27, 30, 31, 33, 53, 56, 59, 61, 62, 72, 78, 79, 82, 89, 94, 188, 192, 210, 224, 249

NTT コミュニケーションズ　59
NTT データ　173
NTT 東西の FTTH アクセスサービス等の卸電気通信役務に係る電気通信事業法の適用に関するガイドライン　34
NTT ドコモ　ii, 2, 4, 6, 11, 34, 38, 41, 42, 59, 99, 101, 106, 120-122, 126, 134, 136, 148, 149
NTT 東日本　131, 133
NTT（日本電信電話株式会社）法　31, 32, 63

OECD（Organisation for Economic Co-operation and Development）　43, 71, 82, 90, 101, 112, 122, 125, 126, 200, 201
Ofcom（Office of Communications）　62, 70, 91-93
OFTEL（Office of Telecommunications）　91
Open Access　67
Openreach　59, 62, 70, 76
OPTA（Onafhankelijke Post en Telecommunicatie Autoriteit）　72
OTT（Over The ToP）　ii, 1, 9, 11, 25, 153, 170

Post Office　90
POTS（Plain Old Telephone Service）　ii, 27, 30, 53, 60, 61, 63, 69, 73, 75, 79

RBOC（Regional Bell Operating Company）　55, 61

SBC　68, 87
SCP（Structure ⇒ Conduct ⇒ Performance）のパラダイム　76, 79, 94

Significant Market Power　113
SIM（Subscriber Identity Module）ロック　iii, 6, 37, 48, 53, 108, 109, 126, 129, 136, 137, 140, 142, 144, 147, 149
SIM ロック解除に関するガイドライン　136, 140
single-homing　227, 228
Skype　1, 9, 11, 191
SMS（Short Message Service）　106, 114
SNS（Social Networking Service）　i, 22, 193, 198, 205

Telecommunications Service（電気通信サービス）　163
Telecoms Single Market（TSM）　112
Two-Sided Markets　iv, 209-214, 216-218, 221-224, 229, 230

UQ コミュニケーションズ　41, 42

VAN（Value Added Network）　178, 182
VDSL（Very high bit rate Digital Subscriber Line）　74
Verizon　68, 87, 168, 169
Verizon 訴訟判決　163
VoIP（Voice over Internet Protocol）　67, 110, 120
VPN（Virtual Private Network）　163

Wi-Fi　19, 110
WiMAX　41, 74, 76
World Wing　101
WTO（World Trade Organization）　89

YouTube　19, 133, 213, 228

人名索引

あ行
安倍晋三　94, 129
鬼木甫　44

か行
川端達夫　189

た行
高市早苗　81
田中六助　178

な行
中川昭一　94

は行
橋本龍太郎　178
原口一博　93, 96

欧文
Anderson, Chris　144
Armstrong, Mark　227

Cave, Martin　59, 75-78
Cortade, Thomas　222

Evans, David Sparks　214, 222

Huber, Peter　87

Rochet, Jean Marcel　210, 211, 213, 221

Snowden, Edward Joseph　202

Tirole, Jean-Charles　210, 211, 213, 221

Williamson, Oliver Eaton　77, 79

■著者紹介

福家秀紀（ふけ・ひでのり）

駒澤大学グローバル・メディア・スタディーズ学部教授。国際公共政策博士（大阪大学）。1970年東京大学経済学部卒業。同年日本電信電話公社（現NTT）入社。政府派遣の在外研究員として1975年から77年まで英国グラスゴー大学大学院社会経済学研究科留学。NTT退職後、株式会社情報通信総合研究所取締役を経て、2000年関西大学総合情報学部教授。2007年より現職。主な著書に、『情報通信産業の構造と規制緩和：日米英比較研究』（NTT出版、2000年）、『ブロードバンド時代の情報通信政策』（NTT出版、2007年）、*Smart Revolution Toward the Sustainable Digital Society: Beyond the Era of Convergence*（共編著、Edward Elgar Publishing, 2015年）等。

■ IoT 時代の情報通信政策
Info-Communications Policy in the IoT Era

■発行日──2017年1月16日　初版発行　　〈検印省略〉

■著　者──福家　秀紀
■発行者──大矢栄一郎
■発行所──株式会社　白桃書房
　　　　　〒101-0021　東京都千代田区外神田5-1-15
　　　　　☎03-3836-4781　FAX 03-3836-9530　振替 00100-4-20192
　　　　　http://www.hakutou.co.jp/

■印刷／製本──亜細亜印刷株式会社

© Hidenori Fuke 2017　　Printed in Japan
ISBN 978-4-561-26684-6 C3034

本書のコピー、スキャン、デジタル化等の無断複製は著作権法上での例外を除き禁じられています。本書を代行業者等の第三者に依頼してスキャンやデジタル化することは、たとえ個人や家庭内の利用であっても著作権法上認められておりません。

JCOPY 〈(社)出版者著作権管理機構　委託出版物〉
本書の無断複写は著作権法上での例外を除き禁じられています。複写される場合は、そのつど事前に、(社)出版者著作権管理機構（電話 03-3513-6969、FAX 03-3513-6979、e-mail：info@jcopy.or.jp）の許諾を得て下さい。

落丁本・乱丁本はおとりかえいたします。

好評書

コンテンツの多様性
多様な情報に接しているのか
浅井澄子著

デジタル化の流れの中で，目に触れる手に取れる情報は，多様かつ，大量になった。実際に私たちは多様なコンテンツに触れているのか。放送と音楽を切り口に，経済学の見地からコンテンツの多様性を論じる。

本体価格3400円

電力システム改革の検証
開かれた議論と国民の選択のために
山内弘隆・澤 昭裕編

本書は，日本国民がこれまで知らないで済ませてきた「電力」というものの特徴を分かりやすく解説し，電力システム改革をきちんと議論できるような基礎知識を与えてくれる。正しい理解の上で判断し，選択していく重要性を説く。

本体価格2750円

日本鉄道業の事業戦略
鉄道経営と地域活性化
那須野育大著

地方鉄道の事業戦略とは。鉄道運行主体の経営効率化，沿線地域社会への広義の利益創出，関連・非関連事業への進出による多角化等，広く地域社会への外部経済効果を踏まえた鉄道事業のあるべき姿を複数事例から考察。

本体価格2750円

水道事業経営の基本
石井晴夫・宮崎正信・一柳善郎・山村尊房著

水道事業は，安全でおいしい水の提供に加えて，持続可能な事業経営へとシフトすべき時代を迎えた。ハード面のさらなる利活用，ソフト面の人材やノウハウの有効活用の必要性等，水道事業経営の新たな方向性を解説。

本体価格2200円

白桃書房

本広告の価格は税抜き価格です。別途消費税がかかります。